Bożena Zofia Lamek-Creutz

Bildgebende Auswerteverfahren für die akustische Mikroskopie auf der Basis mehrkanaliger Ultraschallwandler

TUDpress

DRESDNER BEITRÄGE ZUR SENSORIK

Herausgegeben von

Gerald Gerlach

Band 45

Bożena Zofia Lamek-Creutz

Bildgebende Auswerteverfahren für die akustische Mikroskopie auf der Basis mehrkanaliger Ultraschallwandler

TUDpress

2012

Die vorliegende Arbeit wurde am 30. Mai 2011 als Dissertation an der Fakultät Elektrotechnik und Informationstechnik der Technischen Universität Dresden eingereicht und am 15. Dezember 2011 erfolgreich verteidigt.

Vorsitzender der Prüfungskommission:	Prof. Dr.-Ing. habil. Klaus-Jürgen Wolter
Gutachter:	Prof. Dr.-Ing. habil. Gerald Gerlach
	Prof. Dr.-Ing. Bernd Henning
	apl. Prof. Dr. rer. nat et Ing. habil. Elfgard Kühnicke

Bibliografische Information der Deutschen Nationalbibliothek
Die Deutsche Nationalbibliothek verzeichnet diese Publikation in der Deutschen Nationalbibliografie; detaillierte bibliografische Daten sind im Internet über http://dnb.d-nb.de abrufbar.

Bibliographic information published by the Deutsche Nationalbibliothek
The Deutsche Nationalbibliothek lists this publication in the Deutsche Nationalbibliografie; detailed bibliographic data are available in the Internet at http://dnb.d-nb.de.

ISBN 978-3-942710-68-8

Verlag der Wissenschaften GmbH
Bergstr. 70 | D-01069 Dresden
Tel.: 0351/47 96 97 20 | Fax: 0351/47 96 08 19
http://www.tudpress.de

Gesetzt vom Autor.
Printed in Germany.

Technische Universität Dresden

Bildgebende Auswerteverfahren für die akustische Mikroskopie auf der Basis mehrkanaliger Ultraschallwandler

Bożena Zofia Lamek-Creutz

von der Fakultät Elektrotechnik und Informationstechnik
der Technischen Universität Dresden

zur Erlangung des akademischen Grades eines

Doktoringenieurs

(Dr.-Ing.)

genehmigte Dissertation

Tag der Einreichung: 30.05.2011
Tag der Verteidigung: 15.12.2011

Promotionsausschuss:

1. Prof. Dr.-Ing. habil. Klaus-Jürgen Wolter, TU Dresden (Vorsitzender)
2. Prof. Dr.-Ing. habil. Gerald Gerlach, TU Dresden (Gutachter)
3. Prof. Dr.-Ing. Bernd Henning, Universität Paderborn (Gutachter)
4. apl. Prof. Dr. rer. nat et Ing. habil. Elfgard Kühnicke, TU Dresden

Vorwort des Herausgebers

Bei der zerstörungsfreien Werkstoffprüfung (zfP; engl. non-destructive evaluation bzw. NDE) wird die Qualität von Werkstücken und Baugruppen getestet, ohne das Material selbst zu beschädigen. Die Ultraschall- (US-)Technik ist eines der wichtigsten Werkzeuge zur zerstörungsfreien Prüfung von dreidimensionalen Körpern, z.B. zur Bestimmung von Materialdefekten in Werkstücken, in elektronischen Baugruppen oder in der Medizin.

Die Ultraschallprüfung beruht darauf, dass sich Schallwellen in unterschiedlichen Medien verschieden schnell ausbreiten. An Grenzflächen mit unterschiedlicher Wellenimpedanz werden die Schallwellen teilweise reflektiert, ein anderer Teil breitet sich- oft bei geänderter Richtung- weiter aus. Aus den reflektierten Schallwellen lassen sich somit Aussagen zum Aufbau der Werkstücke und- wenn der Sollaufbau bekannt ist- zu Defekten ableiten. Um für diese Körper in kurzer Zeit Bilder mit hoher Ortsauflösung zu erhalten, werden US-Arrays verwendet. Dabei kann das Schallbündel geschwenkt und fokussiert werden, indem die einzelnen Arrayelemente zeitverzögert angesteuert werden. Damit wäre es prinzipiell auch möglich, bei scannenden Ultraschallprüfsystemen ganz auf mechanische Scanner zu verzichten.

Diese Arbeit untersucht nun zwei spezielle Aspekte solcher Phased-Array-Systeme, (i) die Entwicklung von Simulationstools zur Schallfeldberechnung von US-Arrays, wodurch deren Übertragungsverhalten hinsichtlich Elementanzahl, Elementgröße und Anregungsimpulsform effektiv berechnet und optimiert werden kann, und (ii) die Entwicklung effektiver Rekonstruktionsalgorithmen für die Auswertung von US-Arrays mit mechanischem Scanner. Von Interesse ist nun, wie mit solcherart optimal angesteuerten US-Arrays Defekte in komplizierten Prüfkörpern effektiv und mit hoher Auflösung ermittelt werden können.

In diesem Sinne stellt die vorliegende Arbeit, mit der die Autorin, Bożena Lamek-Creutz, an der TU Dresden promoviert wurde, einen wichtigen Beitrag zur Weiterentwicklung des Gebiets der zerstörungsfreien Werkstoffprüfung mit US-Arrays dar. Ich wünsche der Arbeit deshalb die ihr gebührende Aufmerksamkeit der Fachwelt.

Dresden, im Januar 2012 — Gerald Gerlach

Selbständigkeitserklärung

Hiermit versichere ich, dass ich die vorliegende Arbeit ohne unzulässige Hilfe Dritter und ohne Benutzung anderer als der angegebenen Hilfsmittel angefertigt habe; die aus fremden Quellen direkt oder indirekt übernommenen Gedanken sind als solche kenntlich gemacht. Bei der Auswahl und Auswertung des Materials sowie bei der Herstellung des Manuskripts habe ich Unterstützungsleistungen von folgenden Personen erhalten: Prof. Gerald Gerlach (TU Dresden) und Dr. Frank Schubert (Fraunhofer IZFP-D).

Weitere Personen waren an der geistigen Herstellung der vorliegenden Arbeit nicht beteiligt. Insbesondere habe ich nicht die Hilfe eines Promotionsberaters in Anspruch genommen. Dritte haben von mir weder unmittelbar noch mittelbar geldwerte Leistungen für Arbeiten erhalten, die im Zusammenhang mit dem Inhalt der vorgelegten Dissertation stehen.

Die Arbeit wurde bisher weder im Inland noch im Ausland in gleicher oder ähnlicher Form einer anderen Prüfungsbehörde vorgelegt und ist auch noch nicht veröffentlicht worden.

Ich bestätige, dass ich die Promotionsordnung der Fakultät Elektrotechnik und Informationstechnik der TU Dresden anerkenne.

Dresden, 30.05.2011

Bożena Lamek

Danksagung

Diese Arbeit entstand während meiner Doktorandentätigkeit (01.10.2007-31.12.2010) am Fraunhofer IZFP-D. An dieser Stelle möchte ich mich bei allen Personen bedanken, die mich bei meinem Promotionsprojekt unterstützt haben.

Prof. Gerald Gerlach danke ich ganz herzlich für die wissenschaftliche Betreuung der Arbeit und für die Durchsicht des Manuskripts. Ich bin für unsere regelmäßigen Gespräche zum Stand der Arbeit sehr dankbar.

Prof. Bernd Henning danke ich ganz herzlich für die Erstellung des Zweitgutachtens und für die Gelegenheit auf dem „Piezoforum“ einen Vortrag über meine Arbeit zu halten.

Dem Institutsleiter Prof. Norbert Meyendorf danke ich für die Möglichkeit, am Fraunhofer IZFP-D wissenschaftlich zu arbeiten und meine Doktorarbeit anzufertigen.

Bei Dr. Frank Schubert bedanke ich mich für die Themenübergabe, für die Betreuung der Arbeit am Fraunhofer IZFP-D und für wissenschaftliche Diskussionen zur EFIT, SAFT und Phased-Array-Technik.

I would also thank Dr. Kazuyuki Nakahata for our discussions about analytical modeling of ultrasonic transducers and about imaging algorithms.

Ich bedanke mich bei den Mitarbeitern der Abteilung „Prüfsysteme” am Fraunhofer IZFP-D für die Unterstützung beim Aufbau des Messplatzes.

Ich bedanke mich bei der Fraunhofer Gesellschaft für das Stipendium im Rahmen des Doktorandinnenprogramms und für die Möglichkeit am Mentoring Programm teilzunehmen.

Bei meinem Verlobten Dipl.-Inf. Stephan Creutz bedanke ich mich für zahlreiche Hinweise zur Programmierung in C und C# sowie zur Textverarbeitung in Latex. Danke Schatzi, dass du mich von Anfang an motiviert hast, besonders während meiner wiederkehrenden Anflüge von Selbstzweifeln.

Szczególne podziękowania należą się moim Rodzicom, mojej Siostrze mgr-inż. Ani Lamek i naszemu cudownemu cockerowi spanielowi Leosiowi. Dziękuję za wsparcie w trudnych chwilach. Zapraszam Was na moją uroczystość obrony doktoratu.

Summary

Scanning acoustic microscopy (SAM) is a well-known technique in materials testing with ultrasound. Microelectronic components, complex materials like GRP and CFRP, and biological cells can be observed under an "acoustical magnifying glass". Information from different depths of the sample can be visualized. Traditional SAM systems are based on single-channel focused ultrasonic transducers. Their main drawback is that the focus length is defined through the lens curvature, and can not be changed during the measurement. In this work a mechanical scanner system like scanning acoustic microscope was combined with multi-channel ultrasonic transducers.

This dissertation consists of two parts. In the first part effective techniques for sound field calculations of multi-channel ultrasonics transducers are described. The increasing interest in ultrasonic phased-array techniques for non-destructive evaluation (NDE) and structural health monitoring (SHM) applications is based on the fact that reasonably priced, easy-to-use transducers and multi-channel measuring systems become more and more available. As a consequence the need for fast and reliable modelling tools for the design and optimization of phased-array wave fields is also increasing. While semianalytical methods for wave field synthesis are usually very fast but often suffer from several approximations like neglecting of near field effects, multiple scattering, and mode conversions, purely numerical methods include all relevant wave phenomena but are characterized by significantly larger computation times and memory requirements, especially in 3-D. In this dissertation a new hybrid method is presented which combines the Elastodynamic Finite Integration Technique (EFIT) with the concept of transient point source synthesis. As a result, broadband 3-D ultrasonic wave fields generated by arrays of connected and distributed transducers can be calculated within a few seconds on a common PC. Various examples of applications including high-frequency phased arrays for volume inspection and low-frequency guided-wave arrays are presented. It is also discussed how the proposed technique can be expanded to multilayers and anisotropic media.

It is necessary to develop the efficient simulation platform for the optimization of multi-channel ultrasonic transducers which will be used later for different practical measurements. In this dissertation, for example, a multi-channel ultrasonic phased array (PA) transducer is combined with an automated scanning system with a maximum scanning speed of 150 mm/s. The obtained imaging algorithms are scalable in principle, and thus can be also used for higher frequency SAM applications working at a few hundred MHz. First, the software solutions are implemented and validated for aluminium test samples with artificial defects. Additionally, the scanning system is also used for measurements of CFRP components. Instead of conventional PA technique, which is applied in the medical diagnostics for many years, the Sampling PA technique combined with Synthetic Aperture Focusing Technique (SAFT) was employed. Here the focusing does not take place physically, but it can be calculated and optimized on a pure software basis after the measurement (digital beam forming). In this way a better resolution for each voxel can be achieved. Also covered and inclined defects can be detected in this way. The algorithms are implemented by taking the scan movement explicitly into account. They are compared with numerical EFIT simulations.

Inhaltsverzeichnis

1 Einführung

1.1 Motivation

Traditionelle Systeme für die zerstörungsfreie Ultraschallprüfung arbeiten einkanalig mit der Puls-Echo-Methode. Das von einem Ultraschallwandler gesendete Zeitsignal wird von Materialdefekten reflektiert und durch den gleichen Ultraschallwandler empfangen. Aus der Laufzeit dieses Signals und aus der bekannten Schallgeschwindigkeit des Materials lässt sich die Lage des Fehlers bestimmen. Mithilfe moderner Ultraschallprüftechnik, wie das zum Beispiel bei der akustischen Mikroskopie der Fall ist, wird die Oberfläche des Prüfobjektes mithilfe eines mechanischen Scanners abgetastet. Dabei verwendet man hochfrequente fokussierende Einzelelementwandler. Bei der Messung wird ein in Tiefenrichtung ausgedehnter Fokus des Wandlers angestrebt. Auf diese Art und Weise werden Fokuskorrekturen im Rahmen einer einzelnen Messung vermieden. Das hat allerdings den großen Nachteil, dass die Empfindlichkeit sinkt, wenn kleinere Fehler erreicht werden sollen. Außerdem arbeiten Wandler in der Ultraschallmikroskopie als sogenannte Normalprüfköpfe, was zu Einschränkungen der Prüfmöglichkeiten führt. Es können nur solche Fehler detektiert werden, die parallel zur Wandler- und Bauteiloberfläche liegen.

Die Ultraschallmikroskopie konnte bisher nur selten in der Fertigungstechnik eingesetzt werden. Gerade das mechanische Abtasten von langen Prüfobjekten sowie die Anpassung der Fokuslage an das jeweilige Prüfproblem kann in der Ultraschallmikroskopie viel Zeit in Anspruch nehmen. Auch die Prüfung mehrschichtiger Bauelemente ist für die Ultraschallmikroskopie nicht trivial. Im Vergleich zu Röntgenstrahlen ist die Wechselwirkung von Ultraschallwellen mit dem Prüfobjekt komplex. Das gesendete Signal wird von einzelnen Schichten reflektiert, zusätzlich dazu treten Modenumwandlungen auf. Die einzelnen Reflexionen können sich überlagern und bei der Auswertung der Echosignale kann man nicht eindeutig feststellen, aus welcher Schicht das Echo kommt.

Die gesamten Probleme der konventionellen Ultraschallmikroskopie können durch den Einsatz von mehrkanaligen Ultraschallwandlern gelöst werden. Bereits das Zusammenschalten mehrerer Ultraschallwandler bietet einen Vorteil gegenüber den traditionellen Einzelelementwandlern, da sich so die Apertur des Gesamtwandlers vergrößert, was die Prüfung größerer Komponenten in kürzerer Zeit ermöglicht. Dieses Verfahren wurde bisher erfolgreich in der Luft- und Raumfahrttechnik zur Prüfung großer Aluminium- und CFK-Komponenten eingesetzt [1],[2]. Ein Vorteil der Arraytechnik besteht aber vor allem darin, dass es durch die zeitverzögerte Ansteuerung einzelner Elemente möglich ist, die Schallbündel elektronisch zu beeinflussen. So lassen sich im Prüfobjekt verschiedene Fokuspunkte und Einschallwinkel realisieren. Durch den Einsatz der elektronischen Fokussierung bei der Ultraschallmikroskopie wäre eine Änderung des Fokusabstandes im Rahmen einer einzelnen Messung möglich. Außerdem kann man mithilfe der Arraytechnik den Fokus präziser einstellen und somit eine noch bessere laterale Auflösung erreichen. Durch die elektronische Realisierung verschiedener Schwenkwinkel wäre es sogar denkbar, auf die Benutzung eines mechanischen Scanners im Ultraschallmikroskop zu verzichten, was die Prüfgeschwindigkeit weiter erhöhen würde.

Neben dem Einsatz der konventionellen Arraytechnik käme auch die Anwendung des getakteten Gruppenstrahlers (engl. Full Matrix Capture oder Sampling Phased Array) in Frage [3]. Bei dieser Technik wird die Fokussierung und das Schwenken des Schallbündels von der Hardware- auf die

Softwareseite des Systems verlegt. Technisch wird das so erreicht, dass nur ein Arrayelement sendet, während alle anderen empfangen. Der Vorgang wird dann für alle möglichen Sendeelemente wiederholt. Aus den gespeicherten Zeitsignalen kann im Rahmen einer einzelnen Messung eine vollständige Bildrekonstruktion des Prüfobjektes mit einer Fokussierung auf jedem Bildpunkt berechnet werden. Bei dem heutigen Stand der Rechentechnik (Multi-Core-Rechner, Programmierung auf Graphikkarten) wäre es denkbar, diese bildgebende Algorithmen im Ultraschallmikroskop online einzusetzen. Damit könnte man dreidimensionale Bilder des Prüfobjektes in Echtzeit erstellen, wie es bereits aus der 3D-Computertomographie oder aus der medizinischen Ultraschalldiagnostik bekannt ist. Dank der Auswertung von Signalen für verschiedene Sender-Empfänger-Kombinationen lassen sich auch schräg zur Bauteiloberfläche liegende Fehler detektieren.
Durch die Verbindung eines Ultraschallmikroskops (oder allgemein eines scannenden Ultraschallsystems) mit der Arraytechnik ist zum Einem der Übergang von Einzelelement- zu mehrkanaligen Ultraschallwandlern und zum Anderen der Übergang von der Handprüfung zu automatisierten Prüfanlagen möglich.

1.2 Präzisierung der Aufgabenstellung

Das Ziel dieser Arbeit ist, die Anwendung der Phased-Array-Technik in Verbindung mit einem mechanischen Scanner zu untersuchen. Die Arbeit besteht aus zwei großen Teilen.
Im ersten Teil der Arbeit werden im Sinne eines Vorwärtsproblems effektive Simulationstools zur Schallfeldberechnung von mehrkanaligen Ultraschallwandlern entwickelt. Die Simulationen sollen zuerst unter der Annahme eines isotropen Ausbreitungsmediums erfolgen. Durch die Schallfeldberechnungen lassen sich mehrkanalige Ultraschallwandler bezüglich Elementanzahl, Elementgröße und Anregungsimpuls optimieren.
Der zweite Teil der Arbeit soll sich dann mit der Entwicklung von bildgebenden Auswertealgorithmen für einen getakteten Gruppenstrahler in Verbindung mit einem mechanischen Scanner beschäftigen (inverses Problem). Ausgangspunkt sind dabei die aus der konventionellen Ultraschall- und Radartechnik bekannten Rekonstruktionsalgorithmen wie SAFT (Synthetic Aperture Focusing Technique) und SAR (Synthetic Aperture Radar). Typischerweise werden sie in Verbindung mit einem Einzelelementwandler im Puls-Echo-Modus verwendet. Messungen erfolgen in der Kontakttechnik. In dieser Arbeit dagegen werden die bildgebenden Algorithmen in Verbindung mit mehrkanaligen Ultraschallwandlern, sowohl im Puls-Echo- als auch im Pitch-Catch-Modus, implementiert. Messungen erfolgen nicht nur in der Kontakttechnik, sondern auch in der Immersionstechnik. Die experimentellen Untersuchungen im Rahmen dieser Arbeit nutzen Linienarrays im Frequenzbereich von 2 bis zu 10 MHz und deren Integration in einem mechanischen Scanner. Die Grundprinzipien der Mehrkanaltechnik und der Rekonstruktionsalgorithmen lassen sich so in einem Ultraschallsystem demonstrieren und testen. Mit einem mechanischen Scanner kann man den Betrieb des Ultraschallmikroskops simulieren, wenn auch mit deutlich geringerer Geschwindigkeit. Da die Auswertealgorithmen aber im Prinzip skalierbar sind, können sie später direkt auf die hochfrequente Lösung übertragen werden.

1.3 Gliederung der Arbeit

In der vorliegenden Arbeit werden neue Ansätze zur Schallfeldberechnung von mehrkanaligen Ultraschallwandlern sowie bildgebende Auswerteverfahren für scannende Ultraschallsysteme entwickelt. Kapitel 2 stellt zunächst den Stand der Technik auf diesem Forschungsgebiet dar.

In Kapitel 3 werden die bisher bekannten Methoden beschrieben, die als Ausgangspunkt für die Weiterentwicklungen in dieser Arbeit dienen. Es werden Vor- und Nachteile verschiedener Simulationstechniken zur Schallfeldberechung von Ultraschallwandlern dargestellt, vor allem der Finiten Integrationstechnik für elastische Wellen (EFIT). Dieses Kapitel stellt auch theoretische Grundlagen des SAFT-Verfahrens im Zeitbereich dar.

Die nachfolgenden Kapitel 4 bis 6 stellen die Ergebnisse der eigenen Beiträge vor.
Kapitel 4 beinhaltet verbesserte und damit effektivere Techniken zur dreidimensionalen Schallfeldberechnung von mehrkanaligen Ultraschallwandlern. Es wird dort vor allem ein neuer Ansatz vorgestellt, bei dem die EFIT mit der transienten Punktquellensynthese kombiniert wurde. Diese Hybridtechnik wird dann für die Schallfeldberechung von Einzelelementwandlern sowie von linearen Arrays angewendet. Die Implementierung des Algorithmus erfolgt auf Mehrkernprozessorrechnern.

Kapitel 5 und 6 beschäftigen sich mit den bildgebenden Auswertealgorithmen.
In Kapitel 5 wird das SAFT-Verfahren für den getakteten Gruppenstrahler in Verbindung mit einem scannenden Ultraschallsystem implementiert. Die Rekonstruktionsalgorithmen wurden für die Materialprüfung in der Kontakt- und Immersionstechnik entwickelt und optimiert. Die Rekonstruktionsbilder werden in diesem Kapitel aus den synthetischen Daten berechnet, d.h. die EFIT-Simulation dient als Eingabe für die SAFT-Algorithmen.
Im Kapitel 6 werden die bildgebenden Auswerteverfahren durch experimentelle Untersuchungen überprüft. Dazu wurde ein Messplatz aufgebaut, in dem ein mechanischer Scanner mit dem getakteten Gruppenstrahler kombiniert ist. Die Messungen erfolgten für isotrope Testkörper aus Aluminium sowie anisotrope Bauteile aus kohlenstofffaserverstärktem Kunststoff (CFK).

Im letzten Kapitel 7 werden die wichtigsten Punkte der Arbeit zusammengefasst. Da sich der Messplatz derzeit im Prototypenstadium befindet, werden anschließend Aufgaben vorgeschlagen, die zu seiner Weiterentwicklung zu einem Produkt sinnvoll wären.

2 Stand der Technik

2.1 Mehrkanalige Ultraschallwandler

Mehrkanalige Ultraschallwandler werden seit Jahren standardmäßig in der Medizin angewendet. Die Auswertung aktueller Forschungsarbeiten ergibt ihre wachsende Bedeutung auch für die ZfP. Die Anwendung der Arraytechnik hat folgende Vorteile für die Werkstoffprüfung mit Ultraschall [4]:

- Reduktion der Anzahl der benötigten Prüfköpfe.
- Bessere laterale Auflösung und damit ein besserer Fehlernachweis.
- Schnelle und automatisierte Prüfung von Bauteilen.
- Bessere Anpassung an unterschiedliche Prüfbedingungen.

Mehrkanalige Ultraschallwandler können sowohl im konventionellen als auch im Sampling-Phased-Array- (SPA-) Betrieb arbeiten.

2.1.1 Konventioneller Betrieb

a) Beeinflussung des Schallfeldes

Im konventionellen Betrieb arbeiten alle Arrayelemente gleichzeitig als Sender und Empfänger von Ultraschallwellen. Durch eine elektronische Ansteuerung einzelner Elemente ergeben sich drei verschiedene Möglichkeiten, das Schallfeld zu beeinflussen (Abbildung 2.1) [4]:

- Verschiebung des Schallbündels (Realtime-Scanner, Abbildung 2.1a): Arrayelemente werden hier in Elementgruppen unterteilt. Zu einem bestimmten Zeitpunkt werden Signale aus einer Elementgruppe (sog. aktive Gruppe) gesendet und empfangen. Im nächsten Zeitpunkt wird zu der nächsten Elementgruppe umgeschaltet, so dass sich das Schallbündel im Prüfkörper verschiebt. Somit wird das mechanische Scannen durch elektronisches Scannen ersetzt. Diese Möglichkeit wird vor allem zur Prüfung großer Bauteile wie Turbinen, Pipelines sowie Aluminium- und CFK-Platten in der Luftfahrttechnik genutzt.
- Schwenken des Schallbündels (Abbildung 2.1b): Durch eine lineare Verzögerung der Anregung einzelner Elemente wird die Richtung des Schallbündels geändert. Die Arrayelemente bilden einen virtuellen Keil. Somit kann man nun mit einem mehrkanaligen Ultraschallwandler unterschiedliche Einschallwinkel realisieren. Diese Möglichkeit wird vor allem dort benutzt, wo die Zugangsfläche begrenzt ist und wo mehrere Einschallwinkel bei der Prüfung realisiert werden müssen, z.B. bei der Schweißnahtprüfung.
- Fokussierung des Schallbündels (Abbildung 2.1c): Hier werden die Verzögerungszeiten so berechnet, dass einzelne Elemente virtuell eine fokussierende Linse bilden. Damit kann das Schallbündel auf bestimmte Bereiche fokussiert werden. Für diesen Zweck ist hier ein einzelner mehrkanaliger Wandler statt mehrerer Einzelwandler mit verschiedenen Linsenkrümmungen ausreichend.

Diese drei Möglichkeiten können auch kombiniert werden, um so z.B. eine Fokussierung unter einem bestimmten Winkel zu erzielen [4].

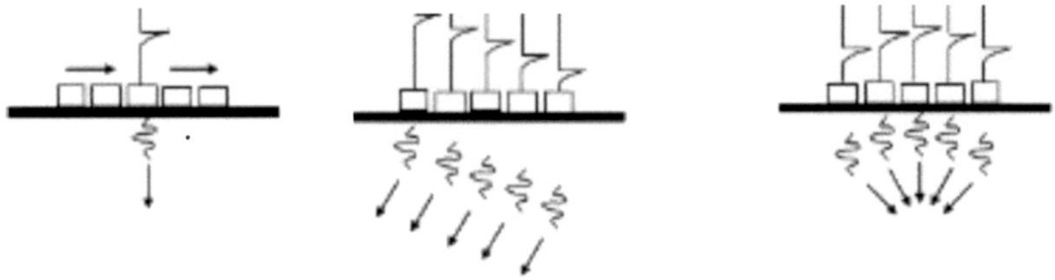

(a) Verschiebung (b) Schwenken (c) Fokussierung

Abbildung 2.1: Beeinflussung des Schallfeldes mit der konventionellen Arraytechnik (nach [4]).

b) Arraygeometrien

Abhängig vom Prüfproblem kommen verschiedene Arraygeometrien in Frage (Abbildung 2.2):

- Lineararrays (Abbildung 2.2a): Rechteckige Elemente gleicher Breite sind entlang einer Linie angeordnet; Fokussierung und Schwenken des Schallbündels sind nur in einer Ebene möglich [5], [6], [4], [7], [2].
- Annulare Arrays (Abbildung 2.2b): Elemente sind hier konzentrische Ringe, meistens gleicher Fläche mit den entsprechend verschiedenen Elementbreiten; eine dreidimensionale Fokussierung ist entlang der Symmetrieachse möglich. Wegen der Arraygeometrie kann man hier mit wenigen Schwingerelementen eine bessere Fokussierung im Vergleich zu Linienarrays erreichen. Um die Fokussierungsmöglichkeiten zu verbessern, können Arrayelemente zusäzlich auf eine konkav gekrümmte Fläche gesetzt werden [8], [9], [10], [11], [12].
- Matrixarrays (Abbildung 2.2c): Erweiterung traditioneller Linien- und Annulararrays durch eine zweidimensionale Anordnung von rechteckigen Elementen bzw. durch eine r-θ-Anordnung von trapezförmigen Elementen [13].

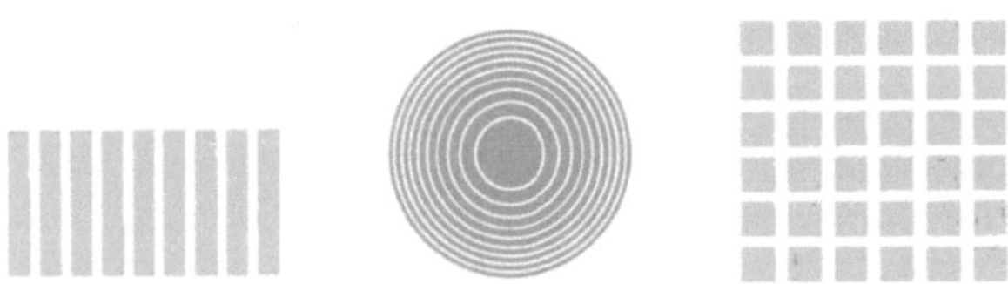

(a) Linienarray (b) Annulares Array (c) Matrixarray

Abbildung 2.2: Typische Geometrien von mehrkanaligen Ultraschallwandlern (nach [14]).

c) Nachteile der konventionellen Arraytechnik

Für die Werkstoffprüfung mit der konventionellen Arraytechnik treten folgende Nachteile auf:

- Mit der elektronischen Fokussierung kann keine ideale Punktfokussierung erreicht werden.
- Will man mit einem mehrkanaligen Ultraschallwandler viele Einschallwinkel und Fokustiefen realisieren, müssen für jeden Einschallwinkel und jede neue Fokustiefe neue Verzögerungszeiten eingestellt werden. Somit steigt die notwendige Prüfzeit.
- Es ist schwer, auf oberflächennahe Bereiche zu schwenken und zu fokussieren. Direkt unter der Oberfläche entsteht eine „tote Zone“.

Diese Nachteile können im SPA-Betrieb minimiert werden.

2.1.2 SPA-Betrieb

Beim SPA-Betrieb (auch als getakteter Gruppenstrahler [15] oder Full Matrix Capture [16] bezeichnet) wird die Beeinflussung des Schallfeldes eines mehrkanaligen Ultraschallwandlers von der Hardware- auf die Softwareseite verlegt. Das Ziel dabei ist, mithilfe der Arraytechnik möglichst viele Informationen aus dem Prüfobjekt zu gewinnen. Zum Beispiel bekommt man bei einem n-Elemente-Lineararray eine $n \times n$-Matrix von Zeitsignalen aus allen Sender-Empfänger-Kombinationen. Diese Informationsmatrix kann im Rechner beliebig weiter bearbeitet werden. Viele Autoren verwenden für die SPA-Technik den SAFT-Algorithmus. Dieses Verfahren ist als synfoSPA [15], Total Focusing Technique [17] oder Synthetic Transmit Aperture [18] bekannt.

a) Vorteile des synfoSPA-Verfahrens:

- Man kann softwaremäßig auf jedes Bildpixel fokussieren und so die Bildqualität im Vergleich zur konventionellen Ultraschallbildgebung verbessern.
- Die Prüfzeiten verkürzen sich, da der komplette Datensatz für alle mögliche Fokuspunkte und Schwenkwinkel bereits nach einer einzigen Messung vorhanden ist.
- Da neben der Information aus dem Puls-Echo-Modus ($k = j$, wobei k die Sendenummer und j die Empfängernummer ist) auch die Information aus dem Pitch-Catch-Modus ($k \neq j$) in die Auswertung einbezogen wird, kann man mit diesem Verfahren besser oberflächennahe Fehler und Fehler, die nicht parallel zur Oberfläche liegen, nachweisen.

b) Nachteile des synfoSPA-Verfahrens:

- Es besitzt ein schlechtes Signal-Rausch-Verhältnis, da getaktet immer nur mit einem Arrayelement gesendet wird.
- Da bei diesem Verfahren große Datenmengen gespeichert und verarbeitet werden, sind für die Auswertung der Ergebnisse in Echtzeit spezielle Softwareansätze notwendig.

2.1.3 Auflösungsvermögen

Bei der Phased-Array-Technik unterscheidet man zwischen einem axialen und lateralen Auflösungsvermögen.

a) Axiale Auflösung

Unter der axialen Auflösung versteht man einen minimalen Abstand Δz zwischen zwei Reflektoren, der noch in Tiefenrichtung unterschieden werden kann. Die axiale Auflösung ist von der Länge des Anregungsimpulses abhängig [19]:

$$\Delta z = \frac{PL}{2} \tag{2.1}$$

wobei PL die Pulslänge ist.
Mit einem kürzeren Anregungsimpuls (d.h. für gut bedämpfte Schwinger und/oder hohe Prüffrequenzen) erreicht man eine bessere axiale Auflösung.

b) Laterale Auflösung

Die laterale Auflösung bezeichnet den minimalen Abstand Δx zwischen zwei Reflektoren gleicher Tiefe, so dass die dazwischen liegende Lücke noch erkannt wird. Die laterale Auflösung beschreibt, wie schmal man einen Schallstrahl fokussieren kann. Sie ist von der Prüffrequenz, der Elementanzahl und der Lage eines Reflektors abhängig [19]:

$$\Delta x = \frac{0,11 \cdot c}{f \sin(\theta)} \tag{2.2}$$

wobei Δx einem Viertel der Bündelbreite im Fokuspunkt entspricht. Die Bündelbreite ist durch die 6 dB-Grenze definiert. c ist die Schallgeschwindigkeit, f die Prüffrequenz und θ der Winkel, unter dem die effektive Apertur vom Fokuspunkt aus gesehen wird (Abbildung 2.3).
Eine Verbesserung der lateralen Auflösung erreicht man durch höhere Prüffrequenzen und mit mehreren Arrayelementen.

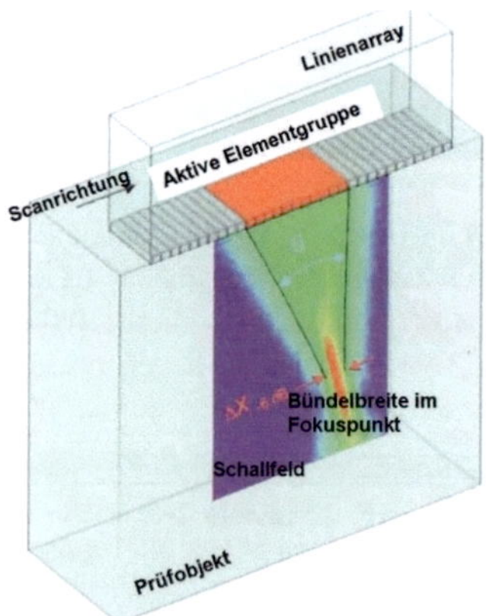

Abbildung 2.3: Laterale Auflösung bei der Phased-Array-Technik [19].

2.1.4 Anwendungen

Die Phased-Array-Technik umfasst ein breites Spektrum von Anwendungen. Üblich sind Linienarrays mit 16, 32 und 64 Elementen und Prüffrequenzen bis 20 MHz. In der industriellen Praxis verwendet man immer noch hauptsächlich die konventionelle Arraytechnik. In der Forschung beschäftigt man sich zurzeit mit folgenden Problemen:

- Einsatz der Sampling-Phased-Array-Technik für industrielle Anwendungen, vor allem für die Echtzeit-Prüfung (z.B. von Radsatzwellen),
- Prüfung von Komponenten mit komplizierten Geometrien (z.B. mit stark gekrümmten Oberflächen),
- Prüfung von anisotropen Materialien (wie Schweißnahtprüfung in der Kernkrafttechnik, CFK/GFK-Prüfung in der Luft- und Raumfahrtechnik),
- hochfrequente Arraytechnik (> 50 MHz),
- Annular- und Matrixarrays in der zerstörungsfreien Prüfung.

2.2 Scannende Ultraschallsysteme

2.2.1 Grundlagen der Ultraschallmikroskopie

Die Ultraschallmikroskopie (SAM: Scanning Acoustic Microscopy) ist ein akustisches Verfahren, das hauptsächlich zur zerstörungsfreien Prüfung mikroelektronischer Bauelemente oder zur in vitro-Prüfung von biologischen Zellen eingesetzt wird. Physikalisch gesehen basiert diese Methode auf der Reflexion von Ultraschallwellen an der Grenzfläche zwischen zwei Medien mit verschiedenen akustischen Eigenschaften. Trifft eine Welle auf Fehlstellen im Werkstoff (wie Risse oder Delaminationen), kommt es zu einer Amplituden- und Phasenänderung des reflektierten Signals. Da Ultraschall, abhängig von der Prüffrequenz, tief ins Material eindringen kann, ist die Ultraschallmikroskopie nicht nur auf die Oberflächenprüfung begrenzt, sondern kann auch Informationen aus verschiedenen Schichten des Prüfobjektes liefern.

Abbildung 2.4 zeigt den schematischen Aufbau eines Ultraschallmikroskops. Der Hauptteil des Ultraschallmikroskops ist eine akustische Linse, die die Fokussierung der Ultraschallwellen auf einen Bereich innerhalb der Materialprobe ermöglicht. Eine Seite der Linse ist eben und trägt den Ultraschallwandler. Die andere Seite besitzt eine konkave sphärische Oberfläche. Zur Erzeugung von Ultraschallwellen wird der piezoelektrische Effekt genutzt. Als Piezoelemente dienen bei Frequenzen unter 100 MHz Kristalle aus Piezokeramik. Oberhalb davon setzt man meistens piezoelektrische Halbleiter, z.B. Zinkoxid, ein. Die Prüfung erfolgt in der Immersionstechnik. Der Ultraschallwandler, der auf einem mechanischen Scanner befestigt wird, tastet das Prüfobjekt in der x-y-Ebene ab.

Die Ultraschallmikroskopie ist ein bildgebendes Verfahren. Es gibt prinzipiell drei Darstellungsmöglichkeiten für Ultraschallbilder (Abbildung 2.5):

- A-Scan: Der Wandler befindet sich in einer festen Position auf der Bauteiloberfläche und empfängt die von Defekten und Grenzflächen reflektierten Signale. Signalamplituden werden als Funktion der Zeit dargestellt.
- B-Scan: Der Wandler bewegt sich auf der Bauteiloberfläche. An jeder Position wird ein A-Scan aufgenommen. Die empfangenen Echos werden als Funktion der Ortskoordinate x und der Zeitkoordinate t (zugleich Tiefenkoordinate) dargestellt.
- C-Scan: Der Wandler bewegt sich auf der Bauteiloberfäche. An jeder Position werden Echos nur aus einer bestimmten Tiefe empfangen. Die empfangenen Echos werden als Funktion der x- und y-Koordinate bei t = const. dargestellt.

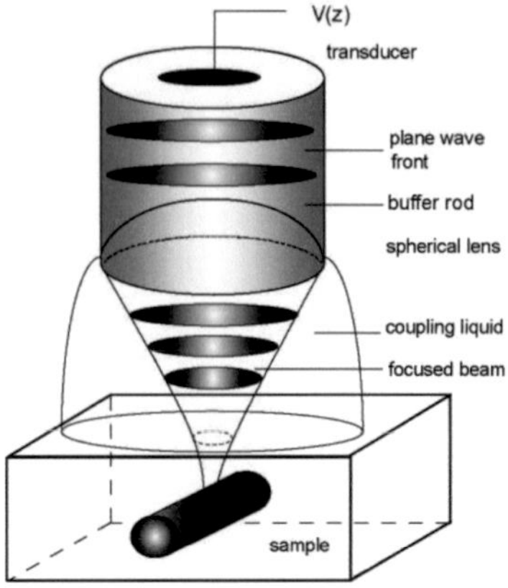

Abbildung 2.4: Schematischer Aufbau eines Ultraschallmikroskops (nach [20]).

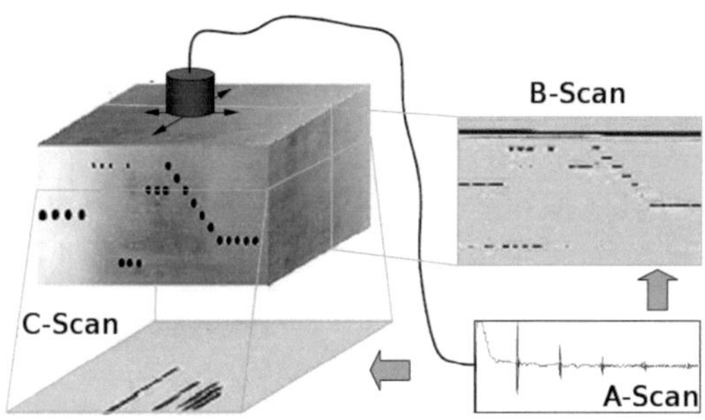

Abbildung 2.5: Abbildungsmöglichkeiten bei der Ultraschallmikroskopie.

Tabelle 2.1 zeigt typische Anwendungen für die Ultraschallmikroskopie.

Anwendung	**Prüffrequenz in MHz**	**Auflösung in μm** (für Wasser)
Korossion an Stahlproben CFK-Teile mit T-Profil Mikroelektronische Bauelemente	10	150
Wafer	100	15
Verbindungen	400	4
Biologische Zellen	1000	> 1

Tabelle 2.1: Typische SAM-Anwendungen.

2.2.2 Kommerzielle Ultraschallmikroskope

Zu den größten Herstellern auf dem Gebiet der Ultraschallmikroskopie zählen die deutsche Firma PVA TePla (früher Samtec) [21] und die US-amerikanische Firma Sonoscan [22].
Die Firma PVA Tepla bietet drei Produktlinien:

- Die Produktlinie Evolution enthält konventionelle Ultraschallmikroskope für Prüffrequenzen zwischen 3 und 400 MHz, geeignet für diverse Aufgaben in der Forschung und in der Industrie wie Detektion von (Mikro-)Rissen in kleineren Bauteilen und Prüfung von Halbleiterelementen (Computerchips). Bei allen Ultraschallmikroskopen ist hier sowohl der Puls-Echo-Betrieb als auch der Durchschallungsbetrieb möglich.

- Die Produktlinie Premium Evolution wurde speziell für hochfrequente Anwendungen bis 2 GHz entwickelt, wie zum Beispiel zur Charakterisierung von Krebszellen. Bei diesen Frequenzen ist die Schalldämpfung im Wasser sehr hoch und der Schallweg damit auf wenige μm begrenzt, so dass die konventionelle Prüfung in der Tauchtechnik nicht mehr möglich ist. Die Ankopplung zwischen der biologischen Probe und dem Ultraschallwandler erfolgt in diesem Fall lediglich über einen dünnen Wasserfilm.

- Eine Verbesserung der traditionellen Bildgebung über den sogenannten Z-Scan bietet der Acoustic Tomograph Sat I. Hier wurde das Prinzip der akustischen Tomographie eingesetzt, bei der ein Volumenbild der Probe aus mehreren zweidimensionalen Schnittbildern rekonstruiert wird.

- Die neueste Entwicklung der Firma PVA Tepla bildet die Produktlinie Evolution Wafer Automation. Diese modernen Ultraschallmikroskope ermöglichen eine vollautomatisierte Prüfung von Siliziumwafern.

- Mit dem Ultraschallmikroskop Twin Scan steht eine erste Lösung in der Mehrkanaltechnik bereit. Hier können parallel bis zu vier Ultraschallwandler mit einer Prüffrequenz von bis zu 400 MHz die Bauteiloberfläche scannen.

Für die eigenen Untersuchungen stand das Ultraschallmikroskop Evolution II zur Verfügung (Abbildung 2.6a). Es ermöglicht die Prüfung im Frequenzbereich zwischen 20 MHz und 2 GHz. Abbildung 2.6b zeigt fokussierende Ultraschallprüfköpfe der Firma Panametrics, die in diesem Mikroskop eingesetzt wurden.

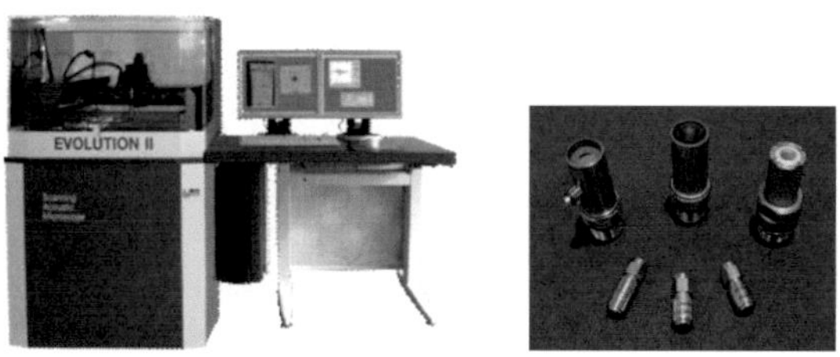

(a) (b)

Abbildung 2.6: (a) Ultraschallmikroskop Evolution II (Firma PVA TePla) sowie (b) typische Ultraschallwandler (Firma Panametrics).

Die Firma Sonoscan bietet konventionelle Ultraschallmikroskope (Typen D9000 und D9500) zur zerstörungsfreien Prüfung in der Mikroelektronik an. Bei der Bildgebung ist auch hier eine Offline-Rekonstruktion eines 3D-Bildes über den sogenannten *3V*-Scan möglich. Die Firma hat in den meisten

Modellen die patentierte Technologie *Waterfall Transducer* eingesetzt, die die Ankopplung zwischen Probe und Ultraschallwandler über einen Wasserfilm ermöglicht. Das Ultraschallmikroskop AW200 wurde speziell für die Inline-Prüfung von Siliziumwafern entwickelt.

2.2.3 Aktuelle Forschungsarbeiten auf dem Gebiet der Ultraschallmikroskopie

Aktuelle Forschungsarbeiten auf dem Gebiet der Ultraschallmikroskopie beschäftigen sich mit folgenden Problemen:

- Entwicklung hochfrequenter Ultraschallsensoren [23],
- Verbindung der Ultraschallmikroskopie mit der konventionellen Phased-Array-Technik [24], [25],
- Verbesserung der Signalauswertung [26],
- 3D-Bildrekonstruktion [27].

a) Entwicklung hochfrequenter Ultraschallsensoren

Am Fraunhofer IBMT wurden hochfrequente (Prüffrequenz: 2 GHz) fokussierende Ultraschallsensoren zur Prüfung von biologischen Zellen hergestellt [23]. Wie die bisherige Erfahrung zeigte, hat das Echo des Linsenrings Einfluss auf den Verlauf des reflektierten Signals. Es kann dazu kommen, dass sich die reflektierten Signale von der Materialprobe und der Linse überlagern. In diesem Fall lässt sich nicht mehr unterscheiden, welches Echo von der Linse und welches von der Probe kommt. Bisher hat man dieses Problem hauptsächlich dadurch gelöst, dass sich die Materialproben im Fernfeld des Wandlers befanden. Allerdings muss man dann mit anderen störenden Effekten rechnen, wie z.B. mit der großen Dämpfung auf der Strecke zwischen dem Ultraschallwandler und der Materialprobe und mit dem schlechten Signal-Rausch-Verhältnis. Die am Fraunhofer IBMT entwickelte Methode zur Anfertigung von akustischen Linsen ermöglicht die Prüfung von Materialproben im Nahfeld des Ultraschallwandlers und garantiert zugleich die korrekte Trennung von reflektierten Signalen von der Probe und dem Linsenring. Da die Prüfung im Nahfeld erfolgt, ist auch das Signal-Rausch-Verhältnis sehr gut. Der gesamte Herstellungsprozess erfolgt mikromechanisch und nutzt hauptsächlich Technologien, die aus der Halbleitertechnik bekannt sind. Im ersten Schritt wurden sphärische Linsenkapseln auf der Oberseite eines Silizium-Wafers durch Nassätzen angefertigt. Auf der Unterseite des Wafers sind die ZnO-Piezowandler platziert. Durch das zusätzliche Trockenätzen des Siliziums um die Linsenkapseln wird dann der Linsenring entsprechend verkleinert, um das störende Echo vom Linsenring zu vermeiden.

b) Verbindung der Ultraschallmikroskopie mit der konventionellen Phased-Array-Technik

Meist arbeiten Ultraschallmikroskope einkanalig mit einem fokussierenden Einzelelementwandler. [24] und [25] stellen die ersten Forschungsarbeiten vor, die sich mit der Phased-Array-Entwicklung für den möglichen Einsatz in der Ultraschallmikroskopie beschäftigen. In [25] wurde die Entwicklung eines Linienarrays (128 Elemente, Elementabstand 0,2 mm, Prüffrequenz 25 MHz) zur Inline-Prüfung von integrierten Schaltungen vorgestellt. Das Linienarray wurde an einem mechanischen Scanner befestigt, der nur in einer Richtung (y-Richtung) scannt. Das mechanische Scannen in der x-Richtung

wurde durch elektronisches Scannen (Real-Time-Scanner mit einer aktiven Gruppe aus 16 Elementen) ersetzt. Dadurch wird die Zeit, die beim rein mechanischen Scannen für die Richtungsänderung notwendig ist, gespart. Zusätzlich dazu ist es möglich, mit einzelnen Arrayelementen elektronisch zu fokussieren. Um die laterale Auflösung zu verbessern, wurde das Array mit einer Linse versehen. Die theoretisch berechneten Fokuslänge und Fokusbreite des Arrays wurden mithilfe von Schallfeldmessungen überprüft. So konnte man z.B. bei 14,5 mm Fokuslänge 0,34 mm Fokusbreite erreichen. Anschließend wurde mithilfe des Linienarrays eine Teststruktur (IC-Struktur, 22 mm × 15 mm) geprüft. Erste Ergebnisse haben gezeigt, dass der Einsatz des elektronischen Real-Time-Scanners in Verbindung mit einem traditionellen mechanischen Scanner eine Verbesserung der Prüfgeschwindigkeit um einen Faktor 30 mit sich bringt.
In [24] wurde die Entwicklung eines Linienarrays (32 Elemente, Elementabstand 100 μm, Prüffrequenz 100 MHz) für den Einsatz in der Ultraschallmikroskopie beschrieben. Die einzelnen Elemente waren 90 μm breit, 3,2 mm lang und 10 μm dick. Als Piezoelement wurde Zinkoxid verwendet. Die Arrayelemente wurden auf einer Saphirlinse mit einer Dicke von 0,3 mm platziert. Die Fokussierung des Schallbündels erfolgte zum Einem mechanisch über die Saphirlinse und zum Anderen elektronisch durch Berechnung entsprechender Verzögerungszeiten für einzelne Arrayelemente. Das Linienarray wurde auf einem mechanischen Scanner befestigt und bewegte sich entlang eines Reflektors, welcher sich im Wassertank befand. Die gemessene laterale Auflösung betrug 57 μm.

c) Verbesserung der Signalauswertung

Ein häufig auftretendes Problem in der Ultraschallmikroskopie ist die Prüfung von Schichtstapeln in Bauelementen. Zwischen den dünnen Schichten des Materials kommt es zu Mehrfachreflexionen, so dass sich die Reflexionen der einzelnen Schichten überlagern. Man kann damit nicht mehr unterscheiden, von welcher Grenzfläche das Signal kommt. Befinden sich dazwischen noch Fehler (Risse, Delamination), wird die Signalinterpretation noch schwieriger. In [26] wurde ein Verfahren zur Trennung von Mehrfachreflexionen vorgestellt. Aus der Systemtheorie ist bekannt, dass das Ausgangssignal durch Faltung des Anregungsimpulses mit der Impulsantwort des Raumes bestimmt werden kann. Durch Errechnung der Impulsantwort der Probe können einzelne Echos mit ihren Laufzeiten und Amplituden ermittelt werden.

d) 3D-Bildrekonstruktion

In [27] wurde mit einem Ultraschallmikroskop der Versuch unternommen, eine dreidimensionale Bildrekonstruktion durchzuführen. Vom Testkörper aus Aluminium konnte ein 3D-Bild der Struktur rekonstruiert werden, wie das bisher aus der 3D-Computertomographie bekannt ist. Dazu wurde ein SAFT-Algorithmus eingesetzt.

2.2.4 Weitere Anwendungen für scannende Ultraschallsysteme

Das Ultraschallmikroskop ist nur ein Beispiel für ein scannendes Prüfsystem. In der Forschung und in der Industrie werden oft ein- und mehrkanalige Ultraschallscanners verwendet, die eine preisgünstigere Variante eines Ultraschallmikroskops darstellen.

a) Einkanalige Scannersysteme am Fraunhofer IZFP-D

Am Fraunhofer IZFP-D befinden sich zurzeit drei einkanalige Scannersysteme im Einsatz:

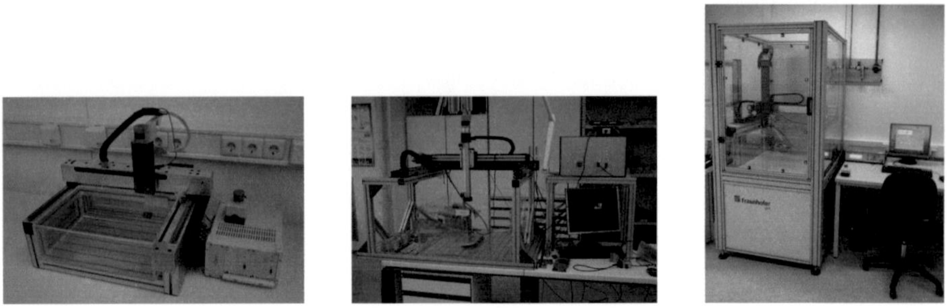

(a) (b) (c)

Abbildung 2.7: Einkanalige Scannersysteme am Fraunhofer IZFP-D: (a) Tischscanner, (b) Schallfeldmessplatz, (c) US-Scanner.

- Tischscanner (Abbildung 2.7a): Das Kompaktscansystem für die Prüfung in der Immersionstechnik enthält das Ultraschall-Frontend PCUS11 zur Steuerung von Ultraschallwandlern und eine extern entwickelte Software. Damit sind Prüffrequenzen bis 20 MHz möglich.
- Schallfeldmessplatz (Abbildung 2.7b): 4-achsiges (3 Linear- und 1 Rotationsachse) Scansystem zur Schallfeldvermessung von Ultraschallwandlern und zur Prüfung größerer Bauteile. Prüffrequenzen bis 20 MHz.
- Ultraschallscanner (Abbildung 2.7c) mit LabView-Software und Pulser/Receiver von der Firma Olympus für Prüffrequenzen bis 200 MHz.

b) Mehrkanaliges Scannersystem für die Betonprüfung

In [28] wurde ein mehrkanaliges Scannersystem für die Betonprüfung vorgestellt (Abbildung 2.8). Der x-y-Scanner arbeitet in Verbindung mit der Mehrkanaltechnik (Ultraschallarray mit 48 verteilten Elementen, Abildung 2.8b) im SPA-Betrieb. Die Software enthält eine 3D-Visualisierung von Prüfobjekten (Abbildung 2.8c).

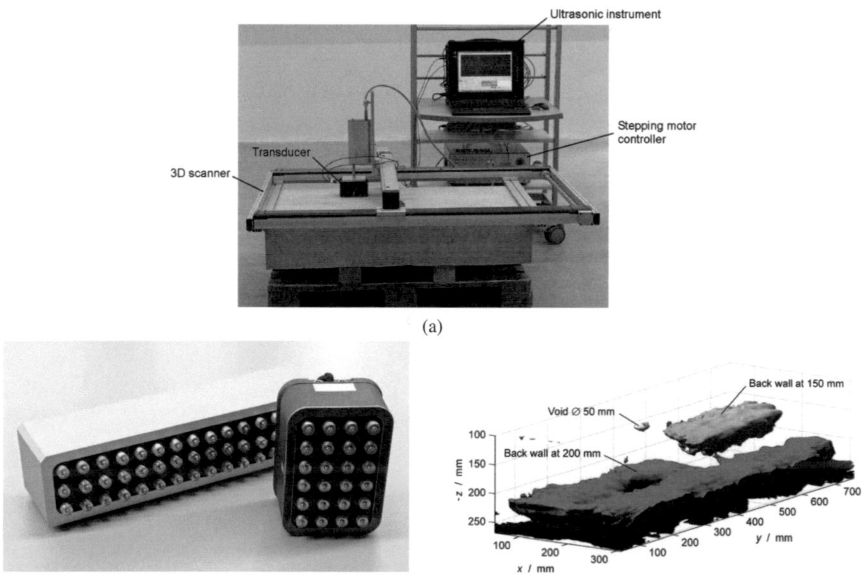

(a)

(b)

(c)

Abbildung 2.8: Mehrkanaliges Scannersystem für die Betonprüfung [28]: (a) Scannersystem, (b) Mehrkanaltechnik, (c) 3D-Visualisierung.

3 Theoretische Grundlagen

3.1 Schallfeldberechnung von Ultraschallwandlern

Die verschiedenen Simulationstechniken zur Berechnung der Schallausbreitung kann man in zwei Gruppen einteilen:

- (Halb)Analytische Methoden (Integraltransformationsmethoden, Integralformen) [29], [30],
- Numerische Verfahren [31], [32].

Tabelle 3.1 zeigt den Vergleich zwischen (halb)analytischen und numerischen Verfahren. Die wich-

Merkmal	**(Halb)Analytische Verfahren**	**Numerische Verfahren**
Berechnungsbereich	− Frequenzbereich	+ Zeitbereich
Diskretisierung	+ nur Grenzflächen (Belegung mit Punktquellen)	− Volumendiskretisierung
Wellenphysik	− basieren auf Näherungen (z.B. Fernfeldnäherung)	+ exakte Lösung der Wellengleichung Berücksichtigung von Oberflächenwellen, Modenkonversion und Mehrfachreflexionen
Berechnungszeit	+ kurz	− lang (vor allem für 3D-Berechnungen)
Speicherplatz	+ klein	− groß (vor allem für 3D-Berechnungen)

Tabelle 3.1: Übersicht über Simulationstechniken zur Modellierung der Schallausbreitung, + Vorteile, − Nachteile.

tigsten numerischen Methoden, mit denen die Wellenausbreitung in Festkörpern berechnet wird, sind:

- Finite-Elemente-Methode (FEM),
- Randelementmethode (Boundary Element Method - BEM),
- Finite-Volumen-Methode (FVM),
- Finite-Differenzen-Methode im Zeitbereich (Finite Differences in Time Domain - FDTD),
- Finite Integrationstechnik (FIT).

Die FEM wird oft in kommerzieller Software genutzt. Vorteilhaft ist hier eine adaptive Netzgenerierung und damit eine gute Diskretisierung von gekrümmten Oberflächen. Lange Rechenzeiten und großer Spicherbedarf für transiente Berechnungsprobleme sind Nachteile dieser Simulationstechnik. Bei der BEM wird, im Gegensatz zur FEM, nur der Rand eines Berechnungsgebietes diskretisiert.

Die unbekannten physikalischen Größen befinden sich nur auf dem Rand. Bei der BEM ist die Anzahl der diskreten Gitterzellen wesentlich niedriger als bei der FEM. Die BEM wird vorteilhaft in Fällen eingesetzt, bei denen die FEM zu hohem numerischen Aufwand führt, z.B. bei Halbraum-Kontaktproblemen, bei denen der Halbraum unendlich ausgedehnt ist [33].
Im Fall der FVM wird ein Berechnungsgebiet in einheitliche Zellen (Kontrollvolumen genannt) geteilt. Das Verfahren benutzt in seiner Herleitung eine integrale Form der Erhaltungssätze [33].
Die Implementierungen der FDTD und der FIT sind zueinander sehr ähnlich. Der einzige Unterschied liegt in der Herleitung. Bei der FDTD werden die physikalischen Grundgleichungen aus ihrer differentiellen Form und bei der FIT aus ihrer Integralform in diskrete Gleichungen überführt. Das Berechnungsgebiet wird dabei in einheitliche quaderförmige (2D: rechteckige) Zellen unterteilt.

3.1.1 Auswahl der Methode

Zur Schallfeldberechnung von Ultraschallwandlern wird in dieser Arbeit die EFIT verwendet. Wie die Tabelle 3.1 zeigt, berücksichtigt diese Simulationstechnik alle Wellenphänomena. Innerhalb einer Simulation kann man sowohl das reflektierte als auch das transmittierte Schallfeld berechnen. Mit dieser Methode lassen sich gut Prüfprobleme mit komplizierten Geometrien simulieren.
Im Vergleich zu anderen numerischen Methoden sind die Implementierung dieses Verfahrens sehr anschaulich und die Berechnungszeiten kürzer. Für die Diskretisierung resultieren die FIT und die FDTD in sehr ähnlichen Endgleichungen. Die FIT zeigt jedoch Vorteile, wenn das Diskretisierungsgitter komplexer wird, z.B. bei Berechnungen für inhomogene und anisotrope Medien [33].

3.2 Finite Integrationstechnik für elastische Wellen (EFIT)

Die Finite Integrationstechnik (FIT) wurde von Langenberg zur Berechnung der Ausbreitung elektromagnetischer Wellen im Zeitbereich entwickelt (EMFIT) [34]. Marklein [32] erweiterte diese Technik auf die Berechnung akustischer (AFIT) und elastischer (EFIT) Wellen in homogenen und heterogenen Medien. Bei dieser Methode wird die Anregung und der Empfang über piezoelektrische Wandler vernachlässigt. Man geht von der bekannten Kräfteverteilung auf der Prüfkopfoberfläche aus. Der Algorithmus wurde für zwei- und dreidimensionale Berechnungen in kartesischen Koordinaten entwickelt (2D- und 3D-AFIT, 2D- und 3D-EFIT). Peiffer [35] implementierte AFIT und Schubert [31] EFIT in zylindrischen Koordinaten (CAFIT und CEFIT). Mit diesem Ansatz lassen sich auch dreidimensionale achsensymmetrische Probleme effektiv zweidimensional (r, z) modellieren. Nakahata [36] nutzte die Vorteile der parallelen Programmierung, um die 3D-EFIT zur Berechnung der Schallausbreitung in Beton zu implementieren. Hegemann [33] verwendete die 3D-EFIT für die Berechnung der Wellenausbreitung in anisotropen CFK-Bauteilen.
Die theoretischen Grundlagen der EFIT-Technik werden hier mithilfe des 2D-EFIT-Algorithmus erläutert. Dabei wird zuerst die Wellenausbreitung im unendlich ausgedehnten Raum besprochen. Auf die physikalischen Grundlagen zur Diskretisierung der Bewegungsgleichungen und des Hooke'schen Gesetzes wird im Abschnitt 3.3.1 und 3.3.2 eingegangen. Im Abschnitt 3.3.4 werden Stabilitätsbedingungen besprochen. In dieser Arbeit soll die EFIT-Technik für die Berechnung der Wellenausbreitung in isotropen homogenen und heterogenen Medien verwendet werden. Auf die Implementierung der dazu notwendigen Randbedingungen wird in Abschnitt 3.3.5 eingegangen. Weiterhin wird die 2D-EFIT im Kapitel 5 verwendet, um synthetische Daten für den SAFT-Algorithmus zu berechnen.
Abschnitt 3.4 beschreibt die theoretischen Grundlagen der CEFIT. Die achsensymmetrische Variante der EFIT wird dann im Kapitel 4 verwendet.

3.3 2D-EFIT

3.3.1 Grundgleichungen

Die Grundgleichungen zur Berechnung der Wellenausbreitung in isotropen elastischen Festkörpern sind die Bewegungsgleichung [32]:

$$\sum_j \frac{\partial T_{ji}}{\partial x_j} + f = \rho \frac{\partial v_i}{\partial t} \tag{3.1}$$

und das Hooke'sche Gesetz:

$$\frac{\partial T_{ji}}{\partial t} = \lambda \delta_{ji} \frac{\partial v_i}{\partial x_i} + 2\mu \left(\frac{\partial v_i}{\partial x_j} + \frac{\partial v_j}{\partial x_i} \right) \tag{3.2}$$

Hier sind j=1, 2 und i=1, 2 Indizes, welche die x- und y-Richtung repräsentieren. T ist die mechanische Spannung, v die Teilchengeschwindigkeit, λ und μ Lame'sche Konstanten, ρ die Materialdichte, δ_{ji} das Kronecker-Symbol und f der Quellterm (Volumenkraft als Anregungsfunktion).

3.3.2 Räumliche Diskretisierung bei der 2D-EFIT

Im EFIT-Algorithmus diskretisiert man analog zu anderen numerischen Verfahren das Ausbreitungsmedium mit räumlichen Gitterzellen. Abbildung 3.1a zeigt die Platzierung der T_{ji}- und v_i- Komponenten in jeder Zelle. Die blauen Zellen sind Materialzellen. Die grauen Zellen sind virtuelle Zellen, die über die Grenzen des Ausbreitungsmediums hinausgehen, aber zur korrekten Festlegung der Randbedingungen im Rechenspeicher abgelegt werden müssen. Bei der Implementierung des EFIT-Algorithmus wurden die Zellen folgendermaßen nummeriert:

- Die aktuelle Materialzelle sowie die Normalspannungskomponenten in dieser Zelle wurden jeweils mit dem Index n versehen.
- Mit dem gleichen Index n wurden auch die Teilchengeschwindigkeitskomponenten links und oben nummeriert sowie die Scherspannungskomponente links oben (Abbildung 3.1b).

Zur Berechnung der physikalischen Größen in jeder Zelle werden die Gleichungen (3.1) und (3.2) diskretisiert. Der Diskretisierungsvorgang wird hier am Beispiel der Gleichung (3.1) für die Teilchengeschwindigkeitskomponente in y-Richtung (v_y) gezeigt:

$$\rho \dot{v}_y = \frac{\partial T_{yy}}{\partial y} + \frac{\partial T_{xy}}{\partial x} + f_y \tag{3.3}$$

Die partielle Ableitung wird so realisiert, dass die zu berechnenden Spannungskomponenten aus zwei benachbarten Spannungskomponenten berechnet und durch die diskrete räumliche Schrittweite geteilt werden. Aus Gleichung (3.3) wird dann:

$$\rho \dot{v}_y^{(n)} = \frac{T_{yy}^{(n+M)} - T_{yy}^{(n)}}{\Delta y} + \frac{T_{xy}^{(n)} - T_{xy}^{(n-1)}}{\Delta x} + f_y \tag{3.4}$$

Wie Gleichung (3.4) zeigt, braucht man zur Berechnung der v_y-Komponente mit der Nummer n die benachbarten Größen in der x- und y-Richtung. In der y-Richtung sind es die Komponenten der Normalspannung T_{yy} aus der aktuellen Zelle n und aus der oben angrenzenden Zelle $(n{+}M)$. In

der x-Richtung sind es die Komponenten der Scherspannung T_{xy} aus der aktuellen Zelle sowie aus der links angrenzenden Zelle $(n-1)$. Die Terme der Anregungsfunktion f_y sind nur in den Zellen ungleich Null, in denen sich die Quellen befinden. Standardmäßig realisiert man die Anregung über v_y-Komponenten, die sich an der unteren Grenzfläche des Berechnungsgebietes befinden.
Die anderen diskreten Gleichungen, die sich für ein 2D-EFIT-Modell aus den Gleichungen (3.1) und (3.2) ergeben, lauten:

$$\rho \dot{v}_x^{(n)} = \frac{T_{yy}^{(n+1)} - T_{yy}^{(n)}}{\Delta x} + \frac{T_{xy}^{(n)} - T_{xy}^{(n-M)}}{\Delta y} \tag{3.5}$$

$$\dot{T}_{xx}^{(n)} = (\lambda + 2\mu)\,\frac{v_x^{(n)} - v_x^{(n-1)}}{\Delta x} + \lambda \frac{v_y^{(n)} - v_y^{(n-M)}}{\Delta y} \tag{3.6}$$

$$\dot{T}_{yy}^{(n)} = (\lambda + 2\mu)\,\frac{v_y^{(n)} - v_y^{(n-M)}}{\Delta y} + \lambda \frac{v_x^{(n)} - v_x^{(n-1)}}{\Delta x} \tag{3.7}$$

$$\dot{T}_{xy}^{(n)} = \mu \left[\frac{v_y^{(n+1)} - v_y^{(n)}}{\Delta x} + \frac{v_x^{(n+M)} - v_x^{(n)}}{\Delta y} \right] \tag{3.8}$$

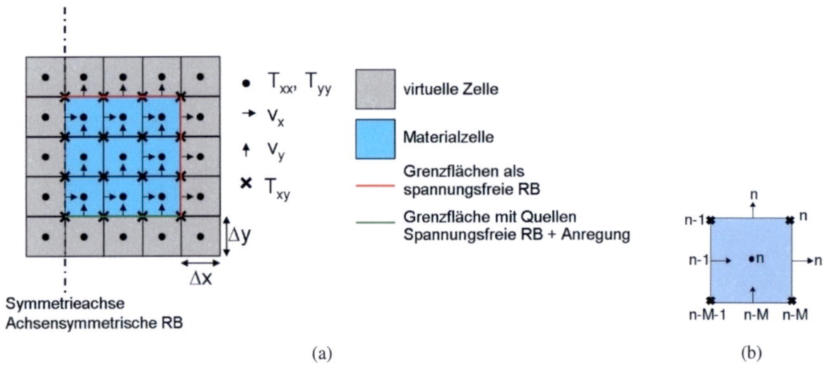

Abbildung 3.1: (a) Räumliches Gitter bei der 2D-EFIT sowie (b) einzelne Materialzelle.

3.3.3 Zeitliche Diskretisierung bei der 2D-EFIT

Der EFIT-Algorithmus arbeitet im Zeitbereich, d.h. die physikalischen Größen in den räumlichen Zellen werden in jedem diskreten Zeitschritt neu berechnet. Diese Berechnung erfolgt mithilfe des Differenzenquotienten:

$$\dot{v}_i^{(l-\frac{1}{2})} = \frac{v_i^{(l)} - v_i^{(l-1)}}{\Delta t} \Longrightarrow v_i^{(l)} = v_i^{(l-1)} + \dot{v}_i^{(l-\frac{1}{2})} \Delta t \tag{3.9}$$

$$\dot{T}_{ji}^{(l)} = \frac{T_{ji}^{(l+\frac{1}{2})} - T_{ji}^{(l-\frac{1}{2})}}{\Delta t} \Longrightarrow T_{ji}^{(l+\frac{1}{2})} = T_{ji}^{(l-\frac{1}{2})} + \dot{T}_{ji}^{(l)} \Delta t \tag{3.10}$$

Der Index l steht für ganze bzw. halbe Zeitschritte, Δt ist die Zeitschrittweite. Wie beispielsweise die Gleichung (3.9) zeigt, braucht man zur Berechnung der Teilchengeschwindigkeitskomponente im aktuellen Zeitschritt l den Wert dieser Komponente zum Zeitpunkt $(l-1)$ sowie deren zeitliche Ableitung, die sich gemäß Gleichung (3.4) aus den Spannungskomponenten im vorherigen Zeitschritt ergibt. Man spricht hier von einem zeitlichen Gitter. Mithilfe der EFIT-Technik lässt sich somit die Wellenausbreitung gleichzeitig im Raum und in der Zeit simulieren.

3.3.4 Stabilitätsbedingung

Für den 2D-EFIT Algorithmus kann man in der Literatur (siehe zum Beispiel [37], [32]) die Stabilitätsbedingungen in der Zeit und im Raum finden. Der Algorithmus bleibt im Zeitbereich stabil, wenn die zeitliche Schrittweite Δt folgende Bedingung erfüllt:

$$\Delta t \leqslant \frac{1}{c_{max}\sqrt{\frac{1}{\Delta x^2}+\frac{1}{\Delta y^2}}} \tag{3.11}$$

c_{max} ist die maximale Schallgeschwindigkeit und entspricht der Geschwindigkeit der Longitudinalwelle. Ist ein räumliches Gitter quadratisch, d.h. $\Delta x = \Delta y$, dann vereinfacht sich Gleichung (3.11) zu

$$\Delta t \leqslant \frac{\Delta x}{c_{max}\sqrt{2}}. \tag{3.12}$$

Für die räumliche Stabilität soll folgende Bedingung gelten:

$$\Delta x \approx \frac{\lambda_{min}}{10} = \frac{1}{10}\frac{c_{min}}{f_{max}}. \tag{3.13}$$

Gleichung (3.13) bedeutet, dass die kleinste mögliche Wellenlänge im Signal durch mindestens zehn räumlichen Gitterzellen diskretisiert werden muss. Die kleinste mögliche Wellenlänge errechnet sich aus der minimalen Schallgeschwindigkeit (Geschwindigkeit der Transversalwelle) und aus der maximalen Frequenz.

3.3.5 Randbedingungen

a) Spannungsfreie Randbedingungen

In der Realität breitet sich die Welle nicht im unbegrenzten Medium aus, da der Festkörper an Luft grenzt. Im EFIT-Modell werden spannungsfreie Randbedingungen zur Beschreibung der Grenzfläche zwischen Festkörper und Luft implementiert [32]. Praktisch bedeutet das, dass alle Spannungen auf der Grenzfläche des EFIT-Modells auf Null gesetzt werden müssen. Die Scherspannungskomponenten T_{xy} liegen direkt auf der Grenzfläche des EFIT-Modells (siehe auch Abbildung 3.1a) und können deswegen direkt auf Null gesetzt werden:

$$T_{xy}^{(\text{linke\_Grenze})} = T_{xy}^{(\text{rechte\_Grenze})} = T_{xy}^{(\text{obere\_Grenze})} = T_{xy}^{(\text{untere\_Grenze})} = 0, \tag{3.14}$$

Die Normalspannungskomponenten T_{xx} und T_{yy} liegen dagegen nicht direkt auf der Grenzfläche, sondern wurden um eine halbe Schrittweite von der Grenzfläche entfernt platziert. Hier erreicht man die Spannungsfreiheit auf der Grenzfläche durch die Interpolation benachbarter T_{xx} und T_{yy}-Komponenten. Damit auf der linken Grenzfläche die T_{xx}-Komponente Null ist, muss folgende Bedingung erfüllt werden:

$$T_{xx}^{(\text{linke\_Grenze})} = 0 \tag{3.15a}$$

$$T_{xx}^{(\text{links\_von\_der\_Grenze})} = -T_{xx}^{(\text{rechts\_von\_der\_Grenze})} \tag{3.15b}$$

$T_{xx}^{(\text{links\_von\_der\_Grenze})}$ ist eine virtuelle Komponente (platziert links von der Grenzfläche in der virtuellen Zelle). $T_{xx}^{(\text{rechts\_von\_der\_Grenze})}$ ist eine Komponente aus der ersten rechts von der Grenzfläche liegenden Materialzelle.
Für die T_{xx}-Komponente auf der rechten Grenzfläche gilt dagegen:

$$T_{xx}^{(\text{rechte\_Grenze})} = 0, \tag{3.16a}$$

$$T_{xx}^{(\text{rechts\_von\_der\_Grenze})} = -T_{xx}^{(\text{links\_von\_der\_Grenze})}. \tag{3.16b}$$

Analog sehen die spannungsfreien Randbedingungen für T_{yy}-Komponente auf der oberen und unteren Grenzfläche aus:

$$T_{yy}^{(\text{obere\_Grenze})} = 0, \tag{3.17a}$$

$$T_{yy}^{(\text{oben\_von\_der\_Grenze})} = -T_{yy}^{(\text{unten\_von\_der\_Grenze})}. \tag{3.17b}$$

$$T_{yy}^{(\text{untere\_Grenze})} = 0, \tag{3.18a}$$

$$T_{yy}^{(\text{unten\_von\_der\_Grenze})} = -T_{yy}^{(\text{oben\_von\_der\_Grenze})}. \tag{3.18b}$$

Durch die spannungsfreien Randbedingungen vereinfachen sich die diskreten Gleichungen für die Teilchengeschwindigkeitskomponenten, die auf den Grenzflächen liegen. Für die v_y-Komponente, die auf der unteren Grenzfläche liegt, vereinfacht sich die Gleichung (3.4) zu:

$$\rho \dot{v}_y^{(n)} = \frac{T_{yy}^{(n+M)} - (-T_{yy}^{(n+M)})}{\Delta y} + f_y = \frac{2T_{yy}^{(n+M)}}{\Delta y} + f_y. \tag{3.19}$$

Unter der Annahme, dass die Quellen nur auf der unteren Grenzfläche liegen, vereinfacht sich die Gleichung (3.4) für die v_y-Komponente, die sich dagegen auf der oberen Grenzfläche befindet, zu:

$$\rho \dot{v}_y^{(n)} = \frac{-2T_{yy}^{(n)}}{\Delta y}. \tag{3.20}$$

Ebenso vereinfachen sich die diskreten Gleichungen für v_x-Komponenten, die auf der rechten (Gleichung (3.21)) bzw. linken (Gleichung (3.22)) Grenzfläche liegen, zu:

$$\rho \dot{v}_x^{(n)} = \frac{-2T_{xx}^{(n)}}{\Delta x}, \tag{3.21}$$

$$\rho \dot{v}_x^{(n)} = \frac{2T_{xx}^{(n+1)}}{\Delta x}. \tag{3.22}$$

b) Achsensymmetrische Randbedingungen

Viele Abstrahlungsprobleme kann man als achsensymmetrische Probleme betrachten (bezüglich der y-Achse). In diesem Fall ist es ausreichend, wenn man im 2D-EFIT-Modell im räumlichen Gitter nur die Größen für $y > 0$ berechnet und anschließend an der y-Achse spiegelt. Auf der Symmetrieachse implementiert man im EFIT-Modell achsensymmetrische Randbedingungen. Alle physikalischen Größen, die sich auf der Symmetrieachse befinden (d.h. v_x- und T_{xy}-Komponenten) werden auf Null gesetzt. Dort brauchen damit keine physikalischen Größen berechnet werden.

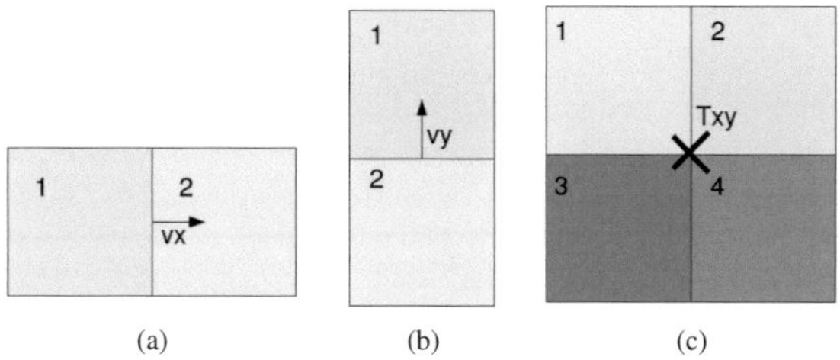

Abbildung 3.2: Schematisches Bild zur Berechnung der Komponenten auf der Grenzfläche zwischen verschiedenen Medien. Erläuterungen im Text.

3.3.6 Wellenausbreitung in heterogenen Medien

Bisher wurde der 2D-EFIT-Algorithmus für homogene Medien beschrieben. Die EFIT-Technik ist aber auch für die Modellierung heterogener und anisotroper Medien geeignet [32]. In diesem Kapitel wird kurz auf die Simulation in heterogenen Medien eingegangen. Mit der EFIT-Technik lassen sich beispielsweise folgende heterogene Wellenausbreitungsprobleme berechnen:

- Ultraschallprüfung in der Immersionstechnik (Wellenausbreitung in Schichtstapeln: erste Schicht ist Wasser, zweite Schicht ist Festkörper, z.B. Stahl),
- Wellenausbreitung an Fehlern verschiedener Geometrien (z.B. Lufteinschlüsse in Festkörpern).

Modelliert man ein geschichtetes Problem für das ganze Simulationsgebiet, dann sind die Materialkonstanten ρ, λ und μ nicht mehr konstant, sondern ändern sich in jeder Schicht. Liegen bestimmte Spannungs- oder Teilchengeschwindigkeitskomponenten gerade auf der Grenzfläche zwischen Schichten, dann müssen für diese Komponenten die EFIT-Gleichungen bezüglich der Materialkonstanten modifiziert werden:

- Modifizierung für v_x (siehe Abbildung 3.2a), Dichteberechnung durch eine lineare Werteinterpolation aus zwei benachbarten Schichten:

$$\rho_{v_x} = \frac{\rho^{(1)} + \rho^{(2)}}{2}, \tag{3.23}$$

- Modifizierung für v_y (siehe Abbildung 3.2b), Dichteberechnung durch eine lineare Werteinterpolation aus zwei benachbarten Schichten:

$$\rho v_y = \frac{\rho^{(1)} + \rho^{(2)}}{2}, \tag{3.24}$$

- Modifizierung für T_{xy} (siehe Abbildung 3.2c), Berechnung der Lame'schen Konstanten durch eine lineare Werteinterpolation aus vier benachbarten Schichten :

$$\mu = \frac{4}{\frac{1}{\mu^{(1)}} + \frac{1}{\mu^{(2)}} + \frac{1}{\mu^{(3)}} + \frac{1}{\mu^{(4)}}}. \tag{3.25}$$

Simuliert man mithilfe der 2D-EFIT einen kreisförmigen Lufteinschluss, dann betrachtet man den Rand des Lufteinschlusses als spannungsfreie Grenzfläche. Die diskreten v_x- und v_y-Komponenten auf der Grenzfläche berechnet man mit dem im Abschnitt 3.3.5 beschriebenen Verfahren.

3.4 CEFIT

Mit der CEFIT (Cylindrical Elastodynamic Finite Integration Technique) lassen sich dreidimensionale achsensymmetrische Probleme effektiv in zwei Dimensionen (r, z) berechnen [31]. Zum Beispiel lässt sich die Wellenausbreitung von einem kreisförmigen Wandler aus auf die Berechnung der Wellenausbreitung einer Linienquelle reduzieren. Die theoretischen Grundlagen und Ansätze der CEFIT entsprechen denen des 2D-EFIT-Algorithmus.

3.4.1 Grundgleichungen

Ausgangspunkt für den CEFIT-Algorithmus sind die Bewegungsgleichungen und das Hooke'sche Gesetz in zylindrischen Koordinaten [31]:

$$\rho \dot{v}_r = \frac{\partial T_{rr}}{\partial r} + \frac{\partial T_{rz}}{\partial z} + \frac{T_{rr} - T_{\varphi\varphi}}{r} \tag{3.26}$$

$$\rho \dot{v}_z = \frac{\partial T_{rz}}{\partial r} + \frac{\partial T_{zz}}{\partial z} + \frac{T_{rz}}{r} + f_z \tag{3.27}$$

$$\dot{T}_{rr} = (\lambda + 2\mu) \frac{\partial v_r}{\partial r} + \lambda \left[\frac{v_r}{r} + \frac{\partial v_z}{\partial z} \right] \tag{3.28}$$

$$\dot{T}_{zz} = (\lambda + 2\mu) \frac{\partial v_z}{\partial z} + \lambda \left[\frac{\partial v_r}{\partial r} + \frac{v_r}{r} \right] \tag{3.29}$$

$$\dot{T}_{\varphi\varphi} = (\lambda + 2\mu) \frac{v_r}{r} + \lambda \left[\frac{\partial v_r}{\partial r} + \frac{\partial v_z}{\partial z} \right] \tag{3.30}$$

$$\dot{T}_{rz} = \mu \left[\frac{\partial v_r}{\partial z} + \frac{\partial v_z}{\partial r} \right]. \tag{3.31}$$

Da hier nur achsensymmetrische Probleme betrachtet werden, haben die Komponenten v_φ, $T_{\varphi r}$ und $T_{\varphi z}$ keine Bedeutung und wurden hier nicht angegeben. Die Gleichungen (3.26) bis (3.31) müssen diskretisiert werden.

3.4.2 Räumliche und zeitliche Diskretisierung bei der CEFIT

Bei der CEFIT diskretisiert man das Ausbreitungsmedium mit den Gitterzellen analog zum 2D-EFIT-Algorithmus. Abbildung 3.3 zeigt ein räumliches Gitter für CEFIT. Als Beispiel wird hier die Gleichung (3.27) diskretisiert. Der erste und der zweite Summand in dieser Gleichung werden identisch zur Gleichung (3.4) diskretisiert:

$$\frac{\partial T_{rz}}{\partial r} = \frac{T_{rz}^{(n)} - T_{rz}^{(n-1)}}{\Delta r} \tag{3.32}$$

$$\frac{\partial T_{zz}}{\partial z} = \frac{T_{zz}^{(n+M)} - T_{zz}^{(n)}}{\Delta z}. \tag{3.33}$$

Im dritten Summand muss gemäß Gleichung (3.27) die Scherspannungskomponente T_{rz} an der Stelle r berechnet werden, wobei r der Abstand zwischen der aktuellen v_z-Komponente und Symmetrieachse ist. Da aber an der Stelle r keine T_{rz}-Komponente platziert wird, muss diese Spannungskomponente durch eine lineare Interpolation aus zwei benachbarten T_{rz}-Komponenten berechnet werden:

$$\frac{T_{rz}}{r} = \frac{T_{rz}^{(n)} + T_{rz}^{(n-1)}}{2} \frac{1}{r^{(n)}}. \tag{3.34}$$

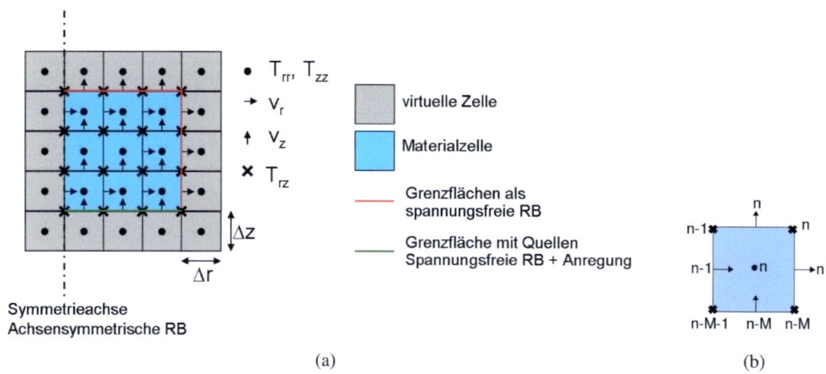

Abbildung 3.3: (a) Räumliches Gitter bei der CEFIT sowie (b) einzelne Materialzelle.

Die Gleichung sieht (3.27) nach dem Diskretisierungsverfahren folgendermaßen aus:

$$\rho \dot{v}_z^{(n)} = \frac{T_{rz}^{(n)} - T_{rz}^{(n-1)}}{\Delta r} + \frac{T_{zz}^{(n+M)} - T_{zz}^{(n)}}{\Delta z} + \frac{T_{rz}^{(n)} + T_{rz}^{(n-1)}}{2r^{(n)}} + f_z. \tag{3.35}$$

Aus den Gleichungen (3.26), (3.28) bis (3.31) ergibt sich nach der Diskretisierung:

$$\rho \dot{v}_r^{(n)} = \frac{T_{rr}^{(n+1)} - T_{rr}^{(n)}}{\Delta r} + \frac{T_{rz}^{(n)} - T_{rz}^{(n-M)}}{\Delta z} + \frac{T_{rr}^{(n+1)} + T_{rr}^{(n)} - T_{\varphi\varphi}^{(n+1)} - T_{\varphi\varphi}^{(n)}}{2r^{(n)}} \tag{3.36}$$

$$\dot{T}_{rr}^{(n)} = (\lambda + 2\mu) \frac{v_r^{(n)} - v_r^{(n-1)}}{\Delta r} + \lambda \left[\frac{v_r^{(n)} + v_r^{(n-1)}}{2r^{(n)}} + \frac{v_z^{(n)} - v_z^{(n-M)}}{\Delta z} \right] \tag{3.37}$$

$$\dot{T}_{zz}^{(n)} = (\lambda + 2\mu) \frac{v_z^{(n)} - v_z^{(n-M)}}{\Delta z} + \lambda \left[\frac{v_r^{(n)} - v_r^{(n-1)}}{\Delta r} + \frac{v_r^{(n)} + v_r^{(n-1)}}{2r^{(n)}} \right] \tag{3.38}$$

$$\dot{T}_{\varphi\varphi}^{(n)} = (\lambda + 2\mu) \frac{v_r^{(n)} + v_r^{(n-1)}}{2r^{(n)}} + \lambda \left[\frac{v_r^{(n)} - v_r^{(n-1)}}{\Delta r} + \frac{v_z^{(n)} - v_z^{(n-M)}}{\Delta z} \right] \tag{3.39}$$

$$\dot{T}_{rz}^{(n)} = \mu \left[\frac{v_r^{(n+M)} - v_r^{(n)}}{\Delta z} + \frac{v_z^{(n+1)} - v_z^{(n)}}{\Delta r} \right]. \tag{3.40}$$

Die zeitliche Diskretisierung bei der CEFIT-Technik verläuft analog zur Diskretisierung beim 2D-EFIT-Algorithmus (siehe Abschnitt 3.3.2).

3.4.3 Stabilitäts- und Randbedingungen bei der CEFIT

Analog zum 2D-EFIT-Algorithmus (Abschnitt 3.3.5) wurden an den Begrenzungen des Modells spannungsfreie und achsensymmetrische Randbedingungen implementiert. An den spannungsfreien Grenzflächen müssen alle Spanungskomponenten Null sein. Die auf der Grenzfläche platzierten T_{rz}-Komponenten können direkt auf Null gesetzt werden. Bei den Normalspannungskomponenten T_{rr}, T_{zz} und $T_{\varphi\varphi}$ wird die Spannungsfreiheit auf der Grenzfläche durch eine lineare Interpolation von Werten aus benachbarten Gitterzellen erreicht. Auf der Symmetrieachse können alle dort liegenden Feldgrößen (T_{rz}- und v_r-Komponenten) auf Null gesetzt werden. Nach der Implementierung der Randbedingungen vereinfachen sich die CEFIT-Gleichungen (3.35) und (3.36) für die auf den Grenzflächen liegenden Teilchengeschwindigkeitskomponenten v_z bzw. v_r:

- untere Grenzfläche:

$$\rho \dot{v}_z^{(n)} = \frac{T_{zz}^{(n+M)} - (-T_{zz}^{(n+M)})}{\Delta z} + f_z = \frac{2T_{zz}^{(n+M)}}{\Delta z} + f_z \tag{3.41}$$

- obere Grenzfläche:

$$\rho \dot{v}_z^{(n)} = \frac{-T_{zz}^{(n)} - T_{zz}^{(n)}}{\Delta z} + f_z = \frac{-2T_{zz}^{(n)}}{\Delta z} + f_z \tag{3.42}$$

- linke Grenzfläche (achsensymmetrische Grenzfläche):

$$\dot{v}_r^{(n)} = 0. \tag{3.43}$$

Für die Modifizierung der v_r-Gleichung an der rechten Grenzfläche wird in Gleichung (3.36) der erste Summand zu

$$T_{rr}^{(n+1)} = -T_{rr}^{(n)} \tag{3.44}$$

gesetzt, um spannungsfreie Randbedingungen bezüglich der T_{rr}-Komponente zu implementieren. Der zweite Summand verschwindet. Im dritten Summand hat man (neben der T_{rr}-Komponente) die $T_{\varphi\varphi}$-Komponente, die man durch eine lineare Extrapolation aus den Werten der zwei benachbarten Gitterzellen berechnet:

$$T_{\varphi\varphi}^{(n+1)} = 2T_{\varphi\varphi}^{(n)} - T_{\varphi\varphi}^{(n-1)}. \tag{3.45}$$

Die Gleichung (3.36) vereinfacht sich damit insgesamt zu

$$\rho \dot{v}_r^{(n)} = \frac{-2T_{rr}^{(n)}}{\Delta r} + \frac{(-3T_{\varphi\varphi}^{(n)} + T_{\varphi\varphi}^{(n-1)})}{2r^{(n)}}. \tag{3.46}$$

Die Stabilitätsbedingungen bei der CEFIT-Technik sind identisch mit den Bedingungen für den 2D-EFIT-Algorithmus. In den Gleichungen (3.11) und (3.13) sind lediglich Δx durch Δr und Δy durch Δz zu ersetzen.

3.4.4 Wellenausbreitung in heterogenen Medien

Die Entwicklung des Modells zur Berechnung der Wellenausbreitung in heterogenen Medien erfolgt analog zur Implementierung im 2D-EFIT-Modell (Abschnitt 3.3.6). Für die Feldkomponenten, die an der Grenze zwischen zwei verschiedenen Materialschichten liegen, müssen die Materialkonstanten durch eine lineare Interpolation berechnet werden. Die Materialdichte ρ für die v_r- und v_z-Komponenten wird dann durch eine Interpolation der Werte aus zwei benachbarten und die Lame'sche Konstante μ für die T_{rz}-Komponente aus vier benachbarten Materialzellen bestimmt.

3.5 Bildgebende Auswerteverfahren

In der Elastodynamik unterscheidet man zwischen direkten und inversen Problemen. Ein direktes Problem liegt vor, wenn die Reflektoren (z.B. Materialdeffekte), das Ausbreitungsmedium und die Anregungsfunktion bekannt sind und das reflektierte Schallfeld berechnet werden soll. Bei einem inversen Problem dagegen ist das Ausbreitungsmedium, das einfallende und das reflektierte Schallfeld bekannt und die Geometrie des Fehlers soll berechnet werden. Tabelle 3.2 zeigt den Vergleich zwischen direkten und inversen Problemen.
In den letzten Abschnitten 3.1 bis 3.4 wurde die Finite Integrationstechnik beschrieben. Es ist eine Methode zur Berechnung des Teilchengeschwindigkeitsvektors als Folge von der Anregung mit der Normalkraft (direktes Problem in der Elastodynamik). In diesem Abschnitt wird die Synthetic Aperture Focusing Technique (SAFT) besprochen. Sie ist ein bildgebendes Verfahren zur Lösung des inversen Problems in der Elastodynamik, d.h. zur Bestimmung der Geometrie von Fehlern in einem Volumen aus den reflektierten Zeitsignalen.

Merkmal	**direkte Probleme**	**inverse Probleme**
Gegeben	Prüfkopfgeometrie, Ausbreitungsmedium, Fehlergeometrie	reflektierte Ultraschallsignale
Aufgabe	Berechnung der Wellenausbreitung, Optimierung der Prüfbedingungen	Bildrekonstruktion des Prüfobjektes, Ermittlung der Größe und Position des Fehlers
Lösungsmethode	Simulationstechniken, z.B. EFIT	bildgebende Auswerteverfahren: SAFT, Tomographie, Holographie

Tabelle 3.2: Übersicht über direkte und inverse Probleme in der Elastodynamik.

3.5.1 Hauptidee der SAFT

In der traditionellen Ultraschalltechnik zur Detektion von Fehlern in Prüfkörpern arbeitet man mit A-Scans. Über die Laufzeit des Signals bestimmt man die Fehlerlage und über die Amplitude die Fehlergröße. Die SAFT ist dagegen ein bildgebendes Verfahren, mit dem man die Konturen des Fehlers erkennen kann.
Die Hauptidee des Verfahrens ist bereits in seinem Namen enthalten:

- Synthetic Aperture: Die Messung der reflektierten Signale wird an mehreren Positionen auf der Oberfläche des Prüfkörpers durchgeführt. Dazu wird typischerweise ein Einzelelementwandler entlang einer Prüfbahn mechanisch verschoben. So werden die Materialfehler aus verschiedenen Prüfkopfpositionen eingeschallt. Dieses Messprinzip wird deswegen als das Prinzip der synthetischen Apertur bezeichnet, weil die Apertur des Prüfkopfes infolge von Messungen an verschiedenen Positionen künstlich vergrößert wird.

- Focusing Technique: Der Algorithmus ermöglicht softwaremäßig eine gleichzeitige Fokussierung auf jedes Bildpixel innerhalb der Nahfeldlänge der synthetischen Apertur. Eine solche

Fokussierung ist bei hardwarebasierten Fokussierungstechniken nicht möglich. Im Fall der fokussierenden Ultraschallwandler ist durch eine Linsengeometrie und ihre Materialeigenschaften ein konstanter Fokusabstand definiert. Bei der konventionellen Phased-Array-Technik ist ein wiederholtes Senden und eine mehrfache Berechnung der Verzögerungzeiten notwendig, um auf verschiedene Tiefen im Prüfkörper zu fokussieren.

3.5.2 Implementierung

Für die späteren Untersuchungen in den Kapiteln 4 bis 6 wird ein Linienarray verwendet, das die 2D-Fokussierung und das 2D-Schwenken ermöglicht. Aus diesem Grund wird an dieser Stelle eine zweidimensionale Variante der SAFT im Zeitbereich besprochen [37]. Prinzipiell ist aber auch eine dreidimensionale Implementierung im Frequenzbereich möglich [34]. Es wird angenommen, dass das Ausbreitungsmedium homogen und isotrop ist und dass der Ultraschallwandler Longitudinalwellen sendet und empfängt.

Der Rekonstruktionsbereich stellt einen Schnitt des Prüfobjektes dar, der parallel zur Prüfbahn liegt. Dieser Bereich wird in Pixel aufgeteilt. Gegeben sei ein Pixel F mit den Koordinaten (x_F, y_F). Die Sendeposition ist fest. Der Sender befindet sich an der Position $S(x_S, y_S)$ und der aktuelle Empfänger an der Position $E(x_E, y_E)$. Aus der geometrischen Akustik werden für das Pixel F die Schallwege s_1 zwischen dem Sender und diesem Pixel und s_2 zwischen dem Pixel und dem aktuellen Empfänger berechnet:

$$s_1 = \sqrt{(x_F - x_S)^2 + (y_F - y_S)^2} \tag{3.47a}$$

$$s_2 = \sqrt{(x_E - x_F)^2 + (y_E - y_F)^2}. \tag{3.47b}$$

Der Gesamtschallweg beträgt damit

$$s_{gesamt} = s_1 + s_2. \tag{3.48}$$

Aus dem am Empfänger aufgenommenen Ultraschallsignal, welches die diskrete Amplitudenwerte für das Zeitintervall $t = (0, t_{max})$ enthält, kann man den entsprechenden Amplitudenwert $A_F(x_F, y_F, t_F)$ für das Pixel F ermitteln:

$$A_F\left(x_F, y_F, t_F\right) = A_F\left(x_F, y_F, \frac{s_{gesamt}}{c_L}\right), \tag{3.49}$$

wobei c_L die Schallgeschwindigkeit der Longitudinalwelle im Ausbreitungsmedium ist. Wird angenommen, dass die Echosignale an n Empfängerpositionen gemessen wurden, dann ergibt sich für die Amplitude A_F:

$$A_F\left(x_F, y_F, t_F\right) = \sum_n A_F^n\left(x_F, y_F, x_E^n, y_E^n, t_F^n\right). \tag{3.50}$$

In der Gleichung (3.50) addiert man die Amplitudenwerte aus verschiedenen Empfängerpositionen, ohne die Wegunterschiede zwichen der jeweiligen Position und dem Pixel F zu berücksichtigen. Es handelt sich hier um eine konstruktive Überlagerung von Ultraschallsignalen. Damit erreicht man softwaremäßig die Fokussierung auf dem Pixel F (Abbildung 3.4). Der durch die Gleichungen (3.47) bis (3.50) beschriebene Algorithmus wird nun für jedes Pixel im Rekonstruktionsbereich wiederholt.

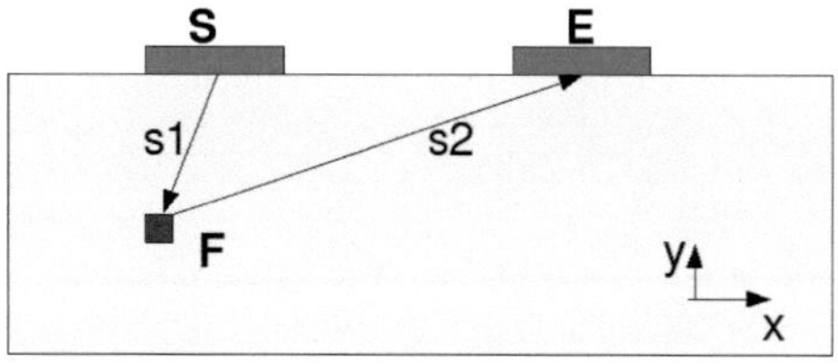

Abbildung 3.4: Berechnung der Schallwege von Sender S und Empfänger E zum Fokuspunkt F.

3.5.3 Auflösungsvermögen

Die axiale Auflösung wird durch die Länge des Anregungssignals begrenzt:

$$\triangle z = \frac{PL}{2}, \tag{3.51}$$

wobei PL die Pulslänge ist. Die Länge des Anregungsimpulses spiegelt sich in einem Rekonstruktionsbild wider. Dieser Effekt kann durch spezielle Signalverarbeitungstechniken in der SAFT-Rekonstruktion beseitigt werden. Die axiale Auflösung kann zum Beispiel durch eine Entfaltung des reflektierten Signals mit dem einfallenden Impuls oder durch die Anwendung der Hilbert-Transformation verbessert werden [34].
Die laterale Auflösung ist durch die Abmessungen eines Ultraschallwandlers begrenzt. Die typische Größe der Arrayelemente beträgt $\lambda/2$, wobei λ eine halbe Wellenlänge bei der Mittenfrequenz ist. Somit beträgt die maximal erreichbare laterale Auflösung:

$$\triangle x = \frac{\lambda}{2}. \tag{3.52}$$

3.5.4 Varianten des Algorithmus

Die SAFT wird bei vielen ZfP-Aufgaben verwendet. Die in der Literatur beschriebenen Algorithmen unterscheiden sich in folgenden Merkmalen:

1. Die Implementierung erfolgt entweder im Zeit- oder im Frequenzbereich.

2. Die Signale für die Bildrekonstruktion werden mithilfe (fokussierender) Einzel- und Mehrelementwandler aufgenommen.

3. Es werden verschiedene Techniken für die Signalaufnahme an verschiedenen Messpositionen verwendet.

4. Falls die Messungen in der Immersionstechnik durchgeführt werden, werden spezielle Korrekturen des SAFT-Algorithmus vorgenommen.

5. Die Datenaufnahme erfolgt im Puls-Echo- und im Pitch-Catch-Modus.

6. Für das Post-Processing werden unterschiedliche Signalverarbeitungstechniken verwendet.

a) Implementierung im Zeit- und Frequenzbereich

Die Implementierung des SAFT-Algorithmus im Zeitbereich ist in [38] und im Frequenzbereich in [34] beschrieben. Bei der Variante im Zeitbereich sind die Rechenzeiten für 3D-Probleme länger. Vorteilhaft hier ist eine anschauliche, auf der geometrischen Akustik basierte Implementierung. Außerdem arbeitet man in diesem Fall mit reellen Zeitsignalen und nicht nur mit den ausgewählten Harmonischen. Seitdem immer häufiger Matrixarrays zum Einsatz kommen, gewinnt die Variante im Frequenzbereich zunehmend an Bedeutung. Im Fall eines Matrixarrays ist eine dreidimensionale Implementierung nötig, da die Fokussierung und das Schwenken auf jeden räumlichen Abbildungspunkt möglich ist.

b) SAFT für Einzel- und Mehrelementwandler

In der konventionellen SAFT werden die Signale mit einem Einzelelementwandler gesendet und empfangen [37]. Der Wandler soll dabei einen großen Öffnungswinkel haben, um so möglichst umfangreiche Prüfbereiche an einer Messposition zu erfassen. Um mehr Informationen über die Geometrie und Zusammensetzung des Ausbreitungsmediums zu gewinnen, verwendet man für die Messung auch mehrkanalige Ultraschallwandler. Typisch sind hier Linien- [39] oder Matrixarrays [13]. In der nachfolgenden Bildrekonstruktion kann man in diesem Fall die Informationen aus verschiedenen Sender-Empfänger-Kombinationen auswerten.

c) Datenaufnahmetechnik

Es gibt zwei Datenaufnahmetechniken: die Puls-Echo-Aufnahme (wo der Sender auch der Empfänger ist) und die Pitch-Catch-Aufnahme (mit einem fixierten Sender und einem abtastenden Empfänger). In manchen Fällen werden die reflektierten Signale statt mit einem Ultraschallwandler mithilfe eines Laservibrometers aufgenommen [37].

d) Algorithmus in der Kontakt- und Immersionstechnik

Der klassische SAFT-Algorithmus wurde für die Prüfung in der Kontakttechnik entwickelt. Die Laufzeiten lassen sich in diesem Fall einfach aus dem Abstand zwischen dem Sender, dem aktuellen Pixel und dem Empfänger sowie aus der bekannten Schallgeschwindigkeit im Ausbreitungsmedium berechnen. Doch bei den meisten ZfP-Aufgaben erfolgt die Messung in der Immersionstechnik. Da die akustischen Wellen an der Grenzfläche Wasser-Festkörper gebrochen werden, ist hier die Korrektur des SAFT-Algorithmus notwendig. In der Literatur kann man dazu zwei verschiedene Ansätze finden: ein Verfahren mit einer virtuellen Quelle [40] oder eine auf dem Brechungsgesetz basierte Methode [38]. Im ersten Fall erfolgt im SAFT-Algorithmus eine zusätzliche Fokussierung auf der Oberfläche des Prüfkörpers. Damit muss die Brechung auf der Grenzfläche Wasser-Festköper nicht explizit berücksichtigt werden. Physikalisch gesehen verhält sich die virtuelle Quelle auf der Oberfläche wie eine Punktquelle großer Leistung. Bei der zweiten Methode nach Stepinski [38] wird die Brechung an der Grenzfläche explizit berücksichtigt. Der Schallweg zwischen dem Sender und dem Aufpunkt lässt sich in diesem Fall mithilfe des Brechungsgesetzes nach Snellius bestimmen. Aus dem Fermat'schen Prinzip ist bekannt, dass der akustische Strahl immer den kürzesten Weg vom Sender zum Aufpunkt zurücklegt. Berücksichtigt man das Brechungsgesetz nicht, werden die Reflektoren an falschen Stellen abgebildet.

e) Signalverarbeitungstechniken

Für die Bildrekonstruktion verwendet man entweder Roh-Signale oder man wendet auf diese Signale diverse Signalverarbeitungstechniken an [41]. Im einfachsten Fall nutzt man beim SAFT-Algorithmus gleichgerichtete A-Scans und wertet damit nur die Amplitude aus. Durch Verwendung ungleichgerichteter Signale kann man zusätzlich die Phase in die Auswertung einbeziehen. Oft wird auch die Hilbert-Transformation berechnet. Mit der Anwendung der Hilbert-Transformation werden die Nebenmaxima unterdrückt und die Auflösung in Tiefenrichtung verbessert. Das Rauschen kann durch die Festlegung einer Signalschwelle aus dem Bild beseitigt werden. Die Amplituden, die unter der bestimmten Signalschwelle liegen, werden in die Auswertung nicht einbezogen. Eine andere Methode zur Filterung des Rauschsignals ist die Anwendung der Wavelet-Transformation.
Nakahata [42] beschäftigt sich mit der dreidimensionalen Bildrekonstruktion mithilfe eines Matrixarrays im Sampling-Phased-Array-Modus. Die reflektierten Ultraschallsignale werden mit den entsprechenden Wichtungsfaktoren ausmultipliziert. Die Wichtung basiert auf den klassischen Fensterfunktionen (z.B. Hamming-Fenster) und ist von dem Abstand zwischen dem aktuellen Sender und dem aktuellen Empfänger abhängig. Falls der Sender auch dem Empfänger entspricht (Puls-Echo-Betrieb), ist der Wichtungsfaktor größer als im Fall der weit voneinander liegenden Sender und Empfänger. Die Wichtungstechnik hat zwei Aufgaben. Zum Einem werden Artefakte im Bild unterdrückt. Zum Anderen verbessert sich dadurch das Signal-Rausch-Verhältnis, was besonders wichtig für anisotrope Materialien mit einer großen Dämpfung ist.
Für die meisten Anwendungen des SAFT-Algorithmus wird nur die Longitudinalwelle ausgewertet. Mehrfachreflexionen werden nicht berücksichtigt.

f) SAFT für mehrschichtige und anisotrope Medien

Bei der Prüfung von homogenen und isotropen Medien basiert die Implementierung des Algorithmus auf der geometrischen Akustik. Im Fall der anisotropen und mehrschichtigen Medien ist eine theoretische Ermittlung der Schallwege und Verzögerungszeiten kompliziert. Aus diesem Grund werden hier die Verzögerungszeiten für den SAFT-Algorithmus experimentell zum Beispiel mithilfe der Laservibrometrie gemessen. Beispiele für die Bildrekonstruktion für anisotrope Schweißnähte sind in [43] zu finden.

g) Korrektur für gekrümmte Grenzflächen

In den meisten Fällen gehen die SAFT-Algorithmen von einer ebenen Prüffläche aus. Korrekturen für gekrümmte Oberflächen sind momentan noch ein Forschungsthema. Eine solche Methode ist zum Beispiel in [44] vorgestellt, wo während der Messung ein Sensor den aktuellen Abstand zwischen dem Wandler und der Prüffläche ermittelt.

3.5.5 Vorteile und Nachteile des Verfahrens

Im Vergleich zu traditionellen bildgebenden Verfahren wie B- und C-Scan verfügt der SAFT-Algorithmus über folgende Vorteile [15]:

1. Gleichzeitige Fokussierung auf jedem Bildpunkt: Wie schon im Abschnitt 3.5.1 beschrieben wurde, ermöglicht der Algorithmus eine gleichzeitige softwarebasierte Fokussierung in allen Tiefen zwischen der Oberfläche des Prüfmaterials und der Nahfeldlänge. Die maximale Auflösung beträgt dabei eine halbe Wellenlänge, die sich aus der Prüffrequenz und der Schallgeschwindigkeit der Longitudinalwelle ergibt.

2. Vergrößerung der Fokustiefe durch eine synthetische Apertur: Bei der hardwarebasierten mehrkanaligen Ultraschalltechnik ist die effektive Fokussierung durch die Nahfeldlänge eines Wandlers begrenzt. Will man in größere Tiefen fokussieren, muss man in diesem Fall größere Schwinger einsetzen, was Ankopplungsprobleme auf der Oberfläche des Prüfkörpers zur Folge hat. Bei dem SAFT-Algorithmus ist die Nahfeldlänge nicht mehr durch die geometrischen Abmessungen eines Wandlers sondern durch die Länge der Prüfbahn bestimmt. Damit erreicht man eine größere Fokustiefe sogar beim Einsatz von kleinen Ultraschallwandlern.

3. Verbesserung des Signal-Rausch-Verhältnisses: Durch den SAFT-Algorithmus erfolgt die konstruktive Überlagerung von reflektierten Ultraschallsignalen. Das Rauschen wird damit unterdrückt.

Der SAFT-Algorithmus weist allerdings auch folgende Nachteile auf [15]:

1. Lange Prüfzeiten: Eine zweidimensionale Abtastung eines Prüfobjektes mit einer feinen Messschrittweite verursacht lange Prüfzeiten. Die Schrittweite ist durch die maximale laterale Auflösung bestimmt und beträgt die Hälfte der Wellenlänge.

2. Große Datenmengen, vor allem bei der dreidimensionalen SAFT im Zeitbereich: Bei der Variante des Algorithmus im Zeitbereich werden an jeder Messposition A-Scans aufgenommen. Abhängig von der Abtastfrequenz und Aufnahmelänge können die aufgenommenen Datenmengen sehr groß werden. Das erschwert die Datenauswertung in Echtzeit. Aus diesem Grund wurde der SAFT-Algorithmus bisher selten in den Online-Prüfsystemen eingesetzt.

3. Entstehung von Artefakten: Bei dem SAFT-Algorithmus wird in den meisten Fällen nur ein Anteil der Longitudinalwelle ausgewertet. Modenumwandlung und Mehrfachreflexionen werden vernachlässigt. Aus diesem Grund können im Bild Artefakte entstehen. Durch die Verwendung reeller Zeitsignale kann es bei der Bildrekonstruktion zur Verschiebung der Fehlerlage im Vergleich zu seiner tatsächlichen Position kommen.

4 Schallfeldberechnung von mehrkanaligen Ultraschallwandlern

In diesem Kapitel wird eine Simulationsplattform zur effektiven Schallfeldberechnung von mehrkanaligen Ultraschallwandlern entwickelt. Die Simulationsrechnungen im Rahmen dieser Arbeit erfüllen zwei Aufgaben. Zum Einem werden sie zur Lösung des direkten Problems eingesetzt. Mithilfe der mathematischen Modellierung können die Wellenausbreitung von Phased-Array-Wandlern berechnet und die optimalen Eingangsparameter ermittelt werden. Zum Anderen wird die Simulation zur Erzeugung von definierten Streudaten verwendet, die dann zum Testen von bildgebenden Algorithmen dienen.

4.1 EFIT-PSS-Algorithmus zur Berechnung von dreidimensionalen Schallfeldern

Die dreidimensionale Schallfeldmodellierung wurde bisher durch schnelle (halb)analytische Methoden dominiert. Der große Nachteil liegt aber darin, dass in diesem Fall bestimmte Wellenphänomena vernachlässigt werden (siehe Tabelle 3.1). Rein numerische Methoden wie die FEM/BEM dagegen wurden bisher aufgrund hoher Berechnungszeiten meistens nur für zweidimensionale Probleme eingesetzt.

In dieser Arbeit wird ein neues Hybridverfahren EFIT-PSS vorgestellt, welches die EFIT mit der bekannten Punktquellensynthese (PSS) kombiniert. Diese Methode verbindet die Vorteile der rein numerischen und der (halb)analytischen Verfahren: Zum Einem enthält die Simulation die gesamte Wellenphysik, zum Anderen verläuft die Berechnung schnell. Im Vergleich zu anderen bekannten Ansätzen, die die Punktquellensynthese im Frequenzbereich verwenden und das Schallfeld bei einer Mittenfrequenz berechnen [29], [30], erfolgt die EFIT-PSS-Simulation direkt im Zeitbereich. Es handelt sich hier also um eine transiente Punktquellensynthese.

Die Berechnung des Schallfeldes verläuft in zwei Schritten (Abbildung 4.1):

1. Berechnung des dreidimensionalen transienten Schallfeldes einer Bezugspunktquelle.
2. Überlagerung elementarer Schallfelder für alle Punktquellen innerhalb der Wandlerapertur (transiente Punktquellensynthese).

Die EFIT-PSS Technik wurde in [45], [46], [47], [48], [49], [50] und [51] ausführlich beschrieben.

Die Berechnungen in diesem Kapitel erfolgen für das homogene isotrope Medium Stahl mit folgenden akustischen Eigenschaften:

- Schallgeschwindigkeit der Longitudinalwelle c_L = 5920 m/s,
- Schallgeschwindigkeit der Transversalwelle c_T = 3200 m/s,
- Dichte ρ = 7,8 g/cm^3.

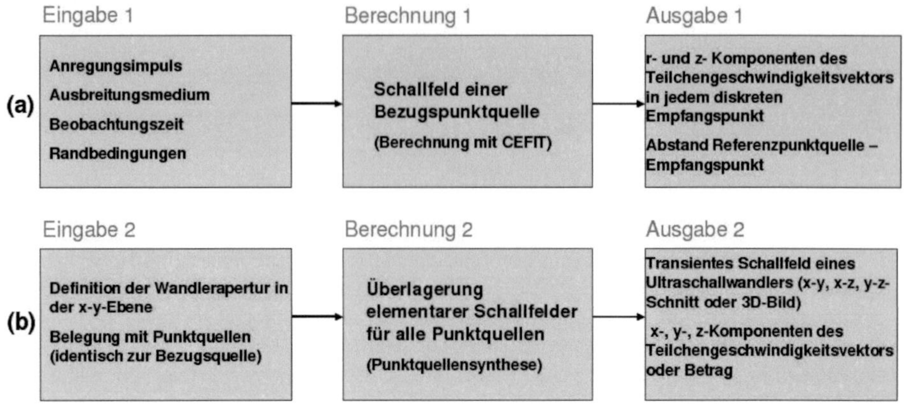

Abbildung 4.1: Berechnungsverlauf bei der EFIT-PSS-Technik. (a) Berechnung des Schallfeldes einer Bezugspunktquelle, (b) Punktquellensynthese.

Simulation	**Ziel der Berechnung**
Schallfeld einer Bezugspunktquelle	Einführung der neuen Methode
Schallfeld eines kreisförmigen Wandlers	Einführung der neuen Methode, numerische und analytische Validierung, Ermittlung der Berechnungszeiten,
Schallfeld eines rechteckigen Wandlers	EFIT-PSS für nicht achsensymmetrische Probleme, analytische Validierung, Beschreibung der Vorteile
Schallfeld eines Linienarrays	EFIT-PSS für Linienarrays, analytische Validierung, Optimierung der Eingangsparameter für das Linienarray

Tabelle 4.1: Übersicht und Ziele der Simulationsberechnungen mit der EFIT-PSS-Technik in dieser Arbeit.

Die Darstellung der Schallfelder erfolgt zumeist am Beispiel des Betrages des Teilchengeschwindigkeitsvektors (v_b) oder dessen Komponenten in Zylinder- (v_r, v_z) und kartesischen Koordinaten (v_x, v_y, v_z). Tabelle 4.1 zeigt eine Übersicht über die nachfolgenden Simulationen.

4.1.1 Schallfeld einer Bezugspunktquelle

Der erste Schritt einer EFIT-PSS-Schallfeldsimulation ist die Berechnung des Schallfeldes von einer Bezugspunktquelle.
Es wird angenommen, dass sich die Punktquelle auf der Grenzfläche zwischen Luft und Festkörper (hier: Stahl) im Ursprung des Koordinatensystems befindet. Auf diese Bezugspunktquelle wirkt eine Normalkraftdichte (d.h. Normalkraft pro Einheitsvolumen), deren zeitlicher Verlauf zum Beispiel

durch einen *RC2*[1]-Impuls (Abbildung 4.2) beschrieben ist:

$$RC2(t) = \begin{cases} \left(1 + \cos\frac{\omega_0}{2}t\right)\cos\omega_0 t & \text{für } -2\frac{\pi}{\omega_0} \leqslant t \leqslant 2\frac{\pi}{\omega_0} \\ 0 & \text{sonst} \end{cases} \tag{4.1}$$

Das Schallfeld einer Punktquelle stellt ein achsensymmetrisches (winkelunabhängiges) Abstrah-

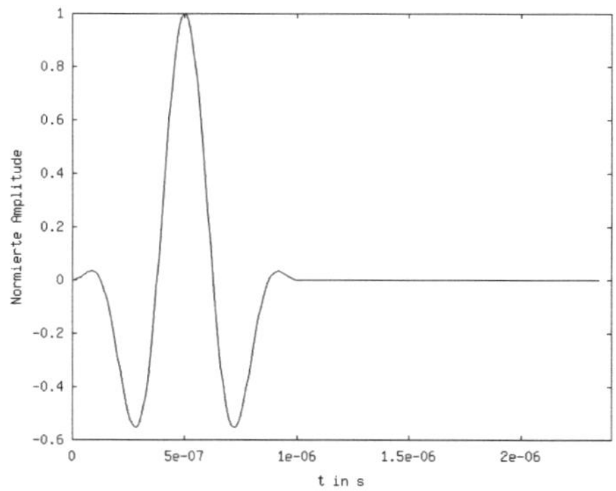

Abbildung 4.2: Zeitlicher Verlauf eines RC2-Pulses mit der Mittenfrequenz von 2 MHz.

lungsproblem dar. Auf der Grenzfläche werden spannungsfreie Randbedingungen implementiert. Um die Berechnungszeit zu reduzieren und Speicherplatz zu sparen, erfolgt die Schallfeldsimulation zweidimensional in Polarkoordinaten (r, z) statt dreidimensional in kartesischen Koordinaten (x, y, z). Für die Berechnung des Schallfeldes einer Bezugspunktquelle in Polarkoordinaten wird die CEFIT verwendet. Es ist ausreichend, die Berechnung nur für $r > 0$ durchzuführen und danach das Ergebnis entlang der z-Achse zu spiegeln.

Abbildung 4.1 fasst die Eingabeparameter zusammen. Es sind: Dauer und Form des Anregungsimpulses, die Materialeigenschaften (Schallgeschwindigkeit, Dichte) und die geometrischen Abmessungen des Ausbreitungsmediums, die Beobachtungszeit und die entsprechenden Randbedingungen. Die Simulation liefert für jeden festgelegten Zeitpunkt die Werte für die r- und z-Komponente des Teilchengeschwindigkeitsvektors in jedem Empfangspunkt innerhalb des Berechnungsgebietes. Außerdem ist für jeden Empfangspunkt sein Abstand zur Bezugsquelle bekannt.

Tabelle 4.2 zeigt das Schallfeld von einer Bezugspunktquelle nach einer impulsförmigen Anregung. Dargestellt ist die Wellenmomentaufnahme zum Zeitpunkt t = 8,4 μs. Diese Wellenmomentaufnahme ist der Ausgangspunkt für die nachfolgende Punktquellensynthese. Man erkennt halbkreisförmige (genauer halbkugelförmige) Wellenfronten der Longitudinal- und Transversalwelle sowie die Oberflächenwellen (Rayleigh-Wellen). Die Transversalwelle breitet sich langsamer aus als die Longitudinalwelle und hat eine charakteristische Nullstelle beim Einschallwinkel 0°.

4.1.2 Schallfeld eines kreisförmigen Ultraschallwandlers

Im zweiten Schritt wird die Apertur des Ultraschallwandlers in der x-y-Ebene mit identischen Punktquellen belegt. Alle Punktquellen strahlen das gleiche Schallfeld wie die Bezugspunktquelle ab; sie

[1] *RCn* = Raised Cosine mit *n* Schwingungen der Dauer T_0, die der Kreisfrequenz ω_0 gemäß $T_0 = 2\pi/\omega_0$ entsprechen.

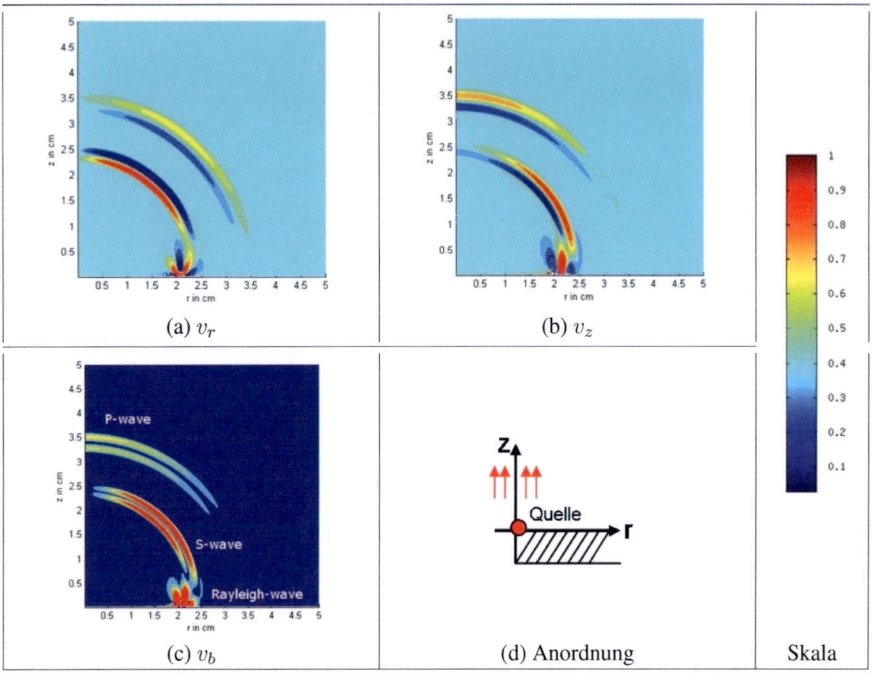

(a) v_r (b) v_z (c) v_b (d) Anordnung Skala

Tabelle 4.2: Mit CEFIT berechnetes Schallfeld einer Bezugspunktquelle an der Grenzfläche zu Stahl nach der Normalkraftanregung durch einen RC2-Puls, Mittenfrequenz 2 MHz, Wellenmomentaufnahme bei t = 8,4 μs, (a) r-Komponente, (b) z-Komponente, (c) Betrag des Teilchengeschwindigkeitsvektors, (d) schematische Anordnung. Dargestellt ist jeweils die auf das Maximum normierte Teilchengeschwindigkeit.

sind lediglich bezüglich der Bezugsquelle in der x-y-Ebene räumlich verschoben. Durch die Berechnung des räumlichen Abstandes können für jede Kombination Punktquelle/ Empfangspunkt eindeutig die r- und z-Werte aus der Berechnung für die Bezugsquelle extrahiert und in die x-, y- und z-Komponenten des Teilchengeschwindigkeitsvektors umgerechnet werden. In jedem Empfangspunkt werden anschließend Beiträge von allen Punktquellen innerhalb der Wandlerapertur aufsummiert.

a) Zielstellung

Als erstes Beispiel zur Demonstration und zum Testen der neuen Methode wird das Schallfeld eines kreisförmigen Wandlers berechnet. Da die Wellenausbreitung von einem kreisförmigen Wandler ein achsensymmetrisches Berechnungsproblem darstellt, lässt sich die neue EFIT-PSS-Technik anhand dieses Beispiels gut mit rein numerischen Verfahren vergleichen.

b) Vorgehensweise

Listing 4.1 beschreibt die Belegung der Wandlerapertur mit Punktquellen. Zuerst werden die Abmessungen des Berechnungsgebietes: *XMAX*, *YMAX* und *ZMAX* so definiert, dass die seitlichen Reflexionen vermieden werden können. Die Schrittweiten in jeder Raumrichtung *dx*, *dy* und *dz* werden so gewählt, dass die Berechnung numerisch stabil bleibt. Der Radius eines kreis- bzw. ringförmigen Wandlers wird durch *radius1* und *radius2* definiert. Aus den Abmessungen des Wandlers und aus der bekannten Schrittweite ergibt sich die Anzahl der Aperturpunkte *apknzr*. Die Belegung der Wandlerapertur mit Punktquellen erfolgt im kartesischen Koordinatensystem mit den Koordinaten *aperturx* und *apertury* für jede Quelle. Alle Quellen besitzen die gleiche Wichtung.

Listing 4.2 zeigt den Übergang von zylindrischen in kartesische Koordinaten und die nachfolgende Punktquellensynthese. Für jede Kombination Punktquelle $(apx, apy, 0)$ / Empfangspunkt $(xpos, ypos, zpos)$ wird der räumliche Abstand in r- und z-Richtung ermittelt. Teilt man diese Abstände durch die entsprechenden Schrittweiten DR und DZ aus der CEFIT-Simulation, dann bekommt man die Nummer knr der CEFIT-Gitterzelle, aus der die r- und z-Werte für eine bestimmte Kombination Punktquelle/Empfangspunkt extrahiert werden sollen. Für den Übergang von zylindrischen in kartesische Koordinaten werden die mathematischen Beziehungen aus [52] verwendet. Anschließend wird das Ergebnis der Summation in jedem Empfangspunkt auf die Anzahl der Punktquellen innerhalb der Wandlerapertur normiert. Dadurch wird die Schallfeldberechnung von der Anzahl der diskreten Punktquellen unabhängig.

Die Ergebnisse werden graphisch als Längs- oder Querschnitte dargestellt. Es ist auch eine dreidimensionale Darstellung möglich.

```
float mittex = 0.5 * XMAX; //Aperturmitte in x-Richtung
float mittey = 0.5 * YMAX; //Aperturmitte in y-Richtung

float radius1 = 0.0; //innerer Radius (fuer Ringwandler != 0)
float radius2 = 1.0e-02; //aeusserer Radius

//Ermittlung des Aperturbereiches in x- und y-Richtung
float minx = 0.5 * XMAX - radius2;
float maxx = 0.5 * XMAX + radius2;
float miny = 0.5 * YMAX - radius2;
float maxy = 0.5 * YMAX + radius2;

 int imin = (int)(minx/dx) - 1;
 int imax = (int)(maxx/dx) + 1;
 int jmin = (int)(miny/dy) - 1;
 int jmax = (int)(maxy/dy) + 1;

apknzr = -1;
 for ( int i = imin; i <= imax; i++) {
   for ( int j = jmin; j <= jmax; j++) {

     //Aperturpunkt
     aperturx = (i + 0.5) * dx;
     apertury = (j + 0.5) * dy;
     if (Abstand(mittex,mittey,0.0,aperturx,apertury,0.0) > radius2 || Abstand(mittex,mittey,0.0,aperturx,apertury,0.0) <
          radius1) continue; //Punkt liegt ausserhalb der Ringapertur
     ++apknzr;
   }
 }
```

Listing 4.1: Programmteil zur Belegung der kreis- bzw. ringförmigen Wandlerapertur mit Punktquellen.

```
 //Der jeweilige Schnitt wird ueber die k,j,i-Schleifen gesteuert
 //Rekonstruktionspunkt liegt bei (xpos,ypos,zpos)
 for ( k = 0; k < ZPIXEL; k++)
 {
   zpos = (k + 0.5 ) * dz;
   kz = (int)(zpos/DZ);
   if (kz > NZ-1) continue; //Cefit-Wert = 0.0;
```

```
for (j = 0; j < YPIXEL; j++)
{
ypos = (j + 0.5) * dy;
for ( i = 0; i < XPIXEL; i++)
  {
  xpos = (i + 0.5) * dx;

  //Summe ueber alle Punktquellen der Apertur
  summevx = summevy = summevz = 0.0;
  for ( apzr = 0; apzr < apknzr; apzr++)
      {
      //Cefit−Knoten ermitteln und aufsummieren
      kr = (int)(Abstand(xpos,ypos,0.0,apx[apzr],apy[apzr],0.0)/DR);
      if (kr > NR−1) continue; //Cefit−Wert = 0.0

      knr = kr + kz*NR;
      alpha = atan((ypos − apy[apzr])/(xdiff = xpos − apx[apzr])); //Winkel in xy−Ebene
      vorzeichenx = xdiff/fabs(xdiff);

      summevx += vr[knr]*vorzeichenx*cos(alpha);
      summevy += vr[knr]*vorzeichenx*sin(alpha);
      summevz += vz[knr];
    }
  if (xpos < 0.5*XMAX) summevx *= −1.0; //Vorzeichen−Vergleichbarkeit mit achsensymmetrischer Rechnung,
       Ursprung im Kreismittelpunkt
  if (ypos < 0.5*YMAX) summevy *= −1.0; //Vorzeichen−Vergleichbarkeit mit achsensymmetrischer Rechnung,
       Ursprung im Kreismittelpunkt
  betrag = sqrt(summevx*summevx + summevy*summevy + summevz*summevz);
  betrag/=apknzr; //Ergebnis auf die Anzahl der Punktquellen normieren
}
}
}
```

Listing 4.2: Programmteil zur Umrechnung von zylindrischen in kartesische Koordinaten und zur Punktquellensynthese.

c) Diskussion der Ergebnisse

Tabelle 4.3 zeigt die Wellenausbreitung von einem kreisförmigen Wandler mit dem Durchmesser von 2 cm, was bei der Prüffrequenz von 2 MHz ca. $0{,}7 \cdot \lambda$ (wobei $\cdot\lambda$ die Wellenlänge für die Longitudinalwelle bei der Prüffrequenz ist) entspricht. Das Schallfeld ist anhand des Betrages des Teilchengeschwindigkeitsvektors folgendermaßen zu interpretieren: Jede Punktquelle innerhalb der Apertur sendet eine Longitudinalwelle aus, die in Vorwärtsrichtung die größte Amplitude aufweist. Die Longitudinalwellen von allen Punktquellen überlagern sich daher zu einer ebenen Hauptwellenfront. Die ebenfalls von der Punktquelle ausgesendeten Transversalwellen weisen dagegen in Vorwärtsrichtung eine charakteristische Nullstelle auf. Daher kann sich keine ebene Scherwellenfront ausbilden. Das Maximum, welches hinter der Hauptwellenfront zu sehen ist, kommt durch die Überlagerung der Transversalwellen aus den Ecken des Wandlers zustande.
Die rechte Spalte der Tabelle 4.3 zeigt die Validierung der EFIT-PSS-Berechnung mit der CEFIT-Simulation. Einen detaillierten Vergleich der Ergebnisse findet man im Abschnitt 4.4.1.

d) Schallfeld eines ringförmigen Ultraschallwandlers

Ein Sonderfall eines kreisförmigen Ultraschallwandlers ist ein Ringwandler (Anhang A.1).
Tabelle A.1 zeigt das Schallfeld von einem ringförmigen Ultraschallwandler mit einem inneren Radius von 6 mm und mit einem äußeren Radius von 8 mm. Solche Wandler können beispielsweise Elemente

Phys. Größe	**EFIT-PSS**	**CEFIT**	
v_x bzw. v_r	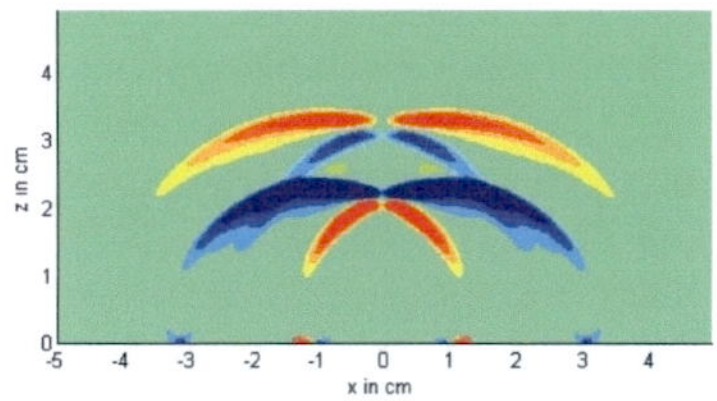	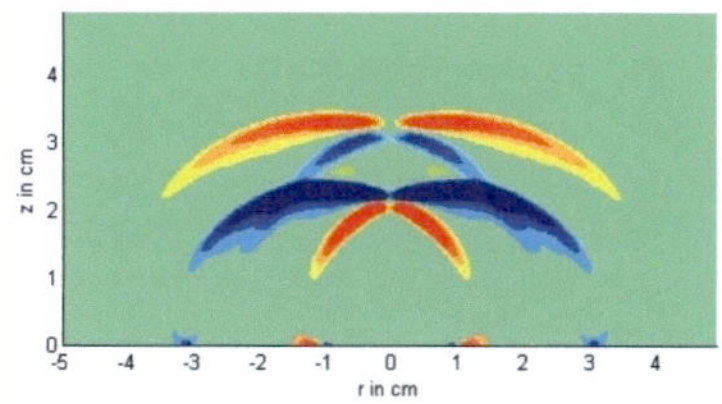	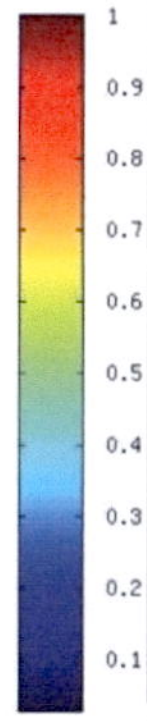
v_z	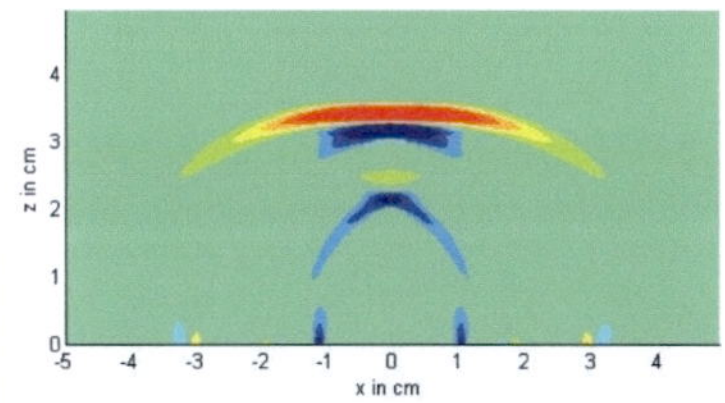	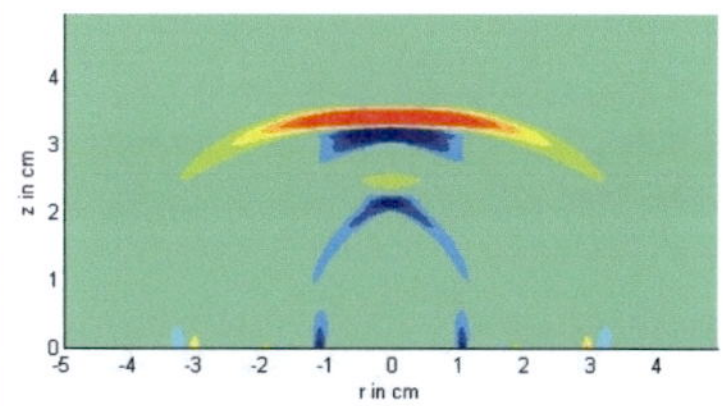	
v_b	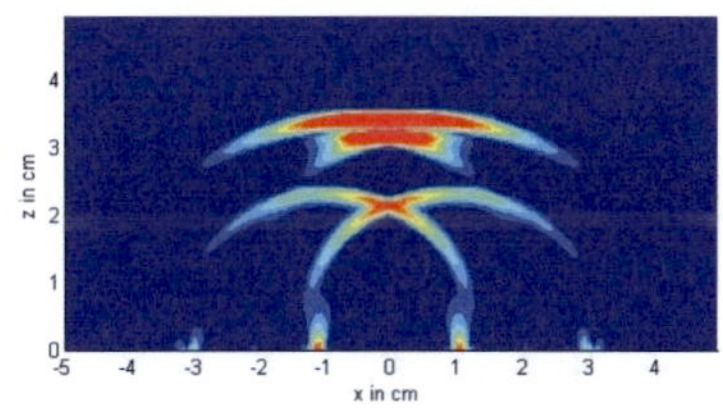	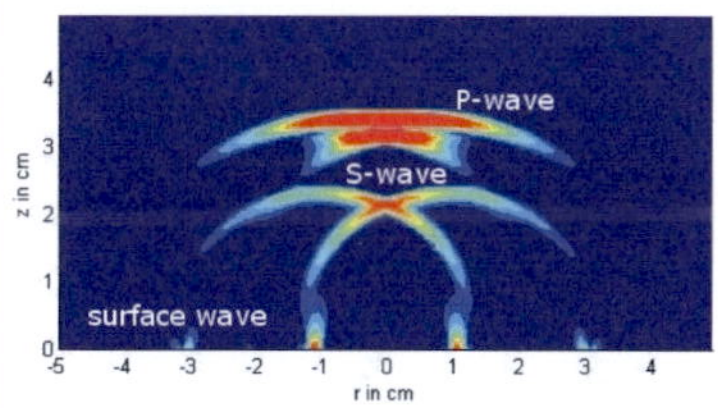	
Anordnung	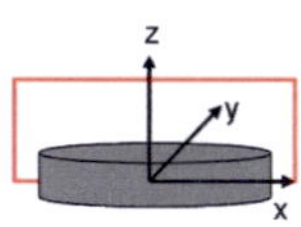		

Tabelle 4.3: Vergleich mit der EFIT-PSS- und CEFIT berechneten Schallfelder eines kreisförmigen Ultraschallwandlers mit ∅ 2 cm an der Grenzfläche zu Stahl nach der Normalkraftanregung durch einen RC2-Puls, Mittenfrequenz 2 MHz, Wellenmomentaufnahme bei t = 8,4 μs. Dargestellt ist die auf das Maximum normierte Teilchengeschwindigkeit, x-z-Schnitt bei y = 0, bzw. r-z-Schnitt.

von einem annularen Phasenarray sein und für die Prüfung von Bauteilen mit zylindrischen Geometrien eingesetzt werden (z.B. Rohrinspektion). Im Vergleich zum kreisförmigen Wandler ändern sich in diesem Fall die Energieverhältnisse. In der Transversalwelle und in den Oberflächenwellen konzentriert sich mehr Energie als in den Longitudinalwellen.

4.2 Rechteckiger Ultraschallwandler

Die große Stärke der EFIT-PSS-Technik liegt darin, dass auf der Basis einer einzelnen achsensymmetrischen Rechnung des Schallfeldes einer Bezugspunktquelle auch nichtachsensymmetrische Probleme in 3D effizient gelöst werden können, so zum Beispiel das Schallfeld eines rechteckigen Wandlers. Bisher waren in diesem Fall die rein numerischen Berechnungen besonders aufwendig, weil dieses Problem nicht mit der CEFIT modelliert werden konnte.

a) Zielstellung

Im Folgenden werden die Schallfeldberechnungen für einen rechteckigen Wandler vorgestellt. Das Ziel ist hier vor allem, die Vorteile der EFIT-PSS-Technik für Berechnungen nichtachsensymmetrischer Probleme zu zeigen. Darüber hinaus werden die Rechenzeiten im Vergleich zu rein numerischen Simulationen ermittelt.

b) Vorgehensweise

Listing 4.3 zeigt die Belegung einer rechteckigen oder quadratischen Wandlerapertur mit Punktquellen. Die Seitenlängen eines rechteckigen Wandlers sind durch $radiusx$ und $radiusy$ definiert. Die nachfolgende Punktquellensynthese verläuft identisch zu Listing 4.2 (Abschnitt 4.1.2).

c) Diskussion der Ergebnisse

Die Tabelle 4.4 zeigt das Schallfeld eines rechteckigen Ultraschallwandlers mit der Breite von 3 mm in x- und 16 mm in y-Richtung. Die Ausdehnung des Wandlers in x-Richtung liegt für 2 MHz in der Größenordnung der Wellenlänge. Aus diesem Grund sieht man im x-z-Schnitt durch den Ursprung des Koordinatensystems kaum die Energiekonzentration in der Longitudinalwelle. Im y-z-Schnitt bei $x = 0$ kann man dagegen deutlich die Energiebündelung bei der Hauptwellenfront sehen. Das zweite Maximum bildet sich durch Überlagerung zweier Transversalwellen aus den Ecken des Wandlers aus. Tabelle 4.5 zeigt den Querschnitt bei z = 42 mm für den rechteckigen Wandler. Da die Ausdehnung des Wandlers in y-Richtung viel größer ist, ist die Amplitude in x-Richtung viel höher.
Mit der Hybridtechnik EFIT-PSS verläuft die Berechnung im Vergleich zur rein numerischen 3D-EFIT 100mal schneller. Die neue Methode kann für die Schallfeldberechnung von Linienarrays, wo die Einzelelemente die Form eines Rechtecks haben, effektiv eingesetzt werden.

d) Schallfeld eines quadratischen Wandlers

Ein Sonderfall sind quadratische Ultraschallwandler, die heutzutage zum Beispiel als Elemente eines Matrixarrays verwendet werden (Anhang A.2).
Da bei der Prüffrequenz von 2 MHz die Seitenlänge viel größer als die Wellenlänge ist, sieht man

```
float mittex = 0.5 * XMAX; //Aperturmitte in x-Richtung
float mittey = 0.5 * YMAX; //Aperturmitte in y-Richtung

float radiusx = 2.48e-03; //Halbe x-Ausdehnung der Rechteckapertur (Quadratapertur)
float radiusy = 2.48e-03; //Halbe y-Ausdehnung der Rechteckapertur (Quadratapertur)

//Aperturbereich ermitteln fuer Rechteckwandler (Quadratwandler)
float minx = 0.5 * XMAX - radiusx;
float maxx = 0.5 * XMAX + radiusx;
float miny = 0.5 * YMAX - radiusy;
float maxy = 0.5 * YMAX + radiusy;

int imin = (int)(minx/dx) - 1;
int imax = (int)(maxx/dx) + 1;
int jmin = (int)(miny/dy) - 1;
int jmax = (int)(maxy/dy) + 1;

apknzr = -1;
 for ( int i = imin; i <= imax; i++) {
   for ( int j = jmin; j <= jmax; j++) {

     //Aperturpunkt
     aperturx = (i + 0.5) * dx;
     apertury = (j + 0.5) * dy;
     if(aperturx < minx || aperturx > maxx || apertury < miny || apertury > maxy) continue; //Punkt liegt ausserhalb der Rechteck-/Quadratapertur
     ++apknzr;
   }
 }
```

Listing 4.3: Programmteil zur Belegung der rechteckigen- bzw. quadratischen Wandlerapertur mit Punktquellen.

in der Tabelle A.3 eine Anisotropie des Schallfeldes. Die Amplituden in x- und y-Richtung sind viel größer als die entlang der Hauptdiagonalen.

<table>
<tr><th>Phys. Größe</th><th>x-z-Schnitt durch y = 0 cm</th><th>y-z-Schnitt durch x = 0 cm</th><th></th></tr>
<tr><td>v_b</td><td>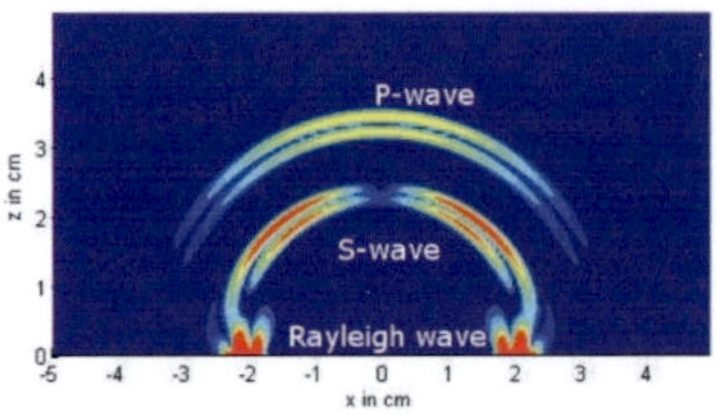</td><td>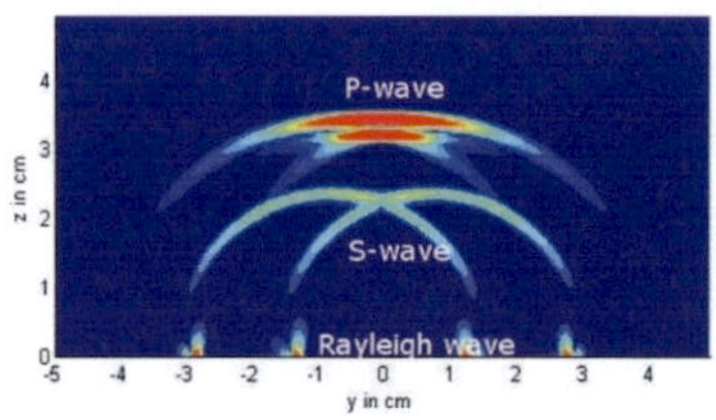</td><td rowspan="2">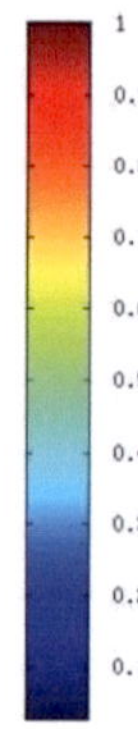</td></tr>
<tr><td>v_z</td><td>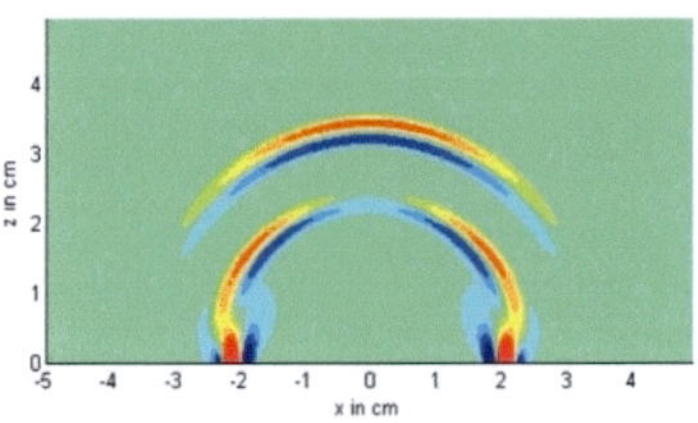</td><td>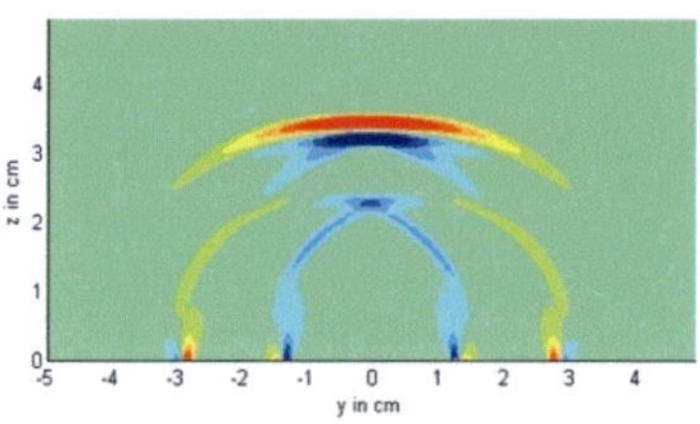</td></tr>
<tr><td>Anordnung</td><td>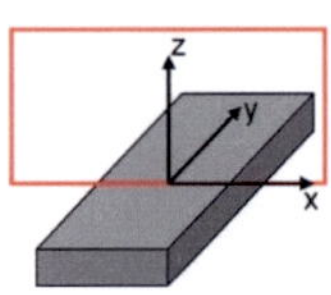</td><td>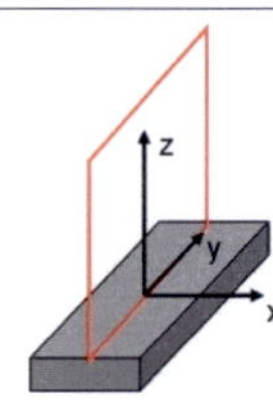</td><td></td></tr>
</table>

Tabelle 4.4: Mit EFIT-PSS berechnetes Schallfeld eines rechteckigen Ultraschallwandlers mit der Seitenlänge von 3 mm in x- und 16 mm in y-Richtung an der Grenzfläche zu Stahl nach der Normalkraftanregung durch einen RC2-Puls, Mittenfrequenz 2 MHz, Wellenmomentaufnahme bei t = 8,4 μs. Betrag des Teilchengeschwindigkeitsvektors und seine z-Komponente. Dargestellt ist die auf das Maximum normierte Teilchengeschwindigkeit.

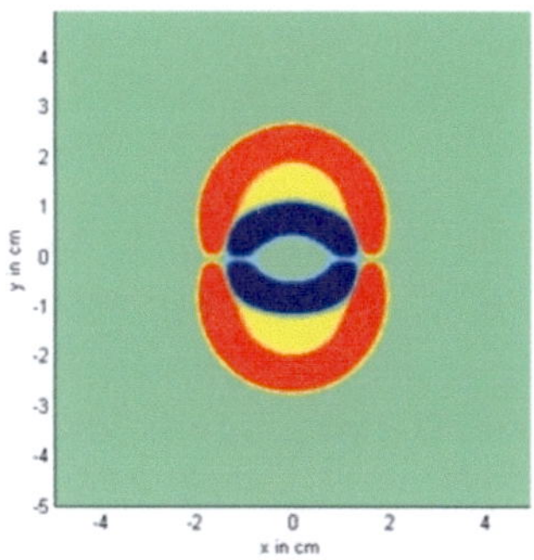

(a) v_y

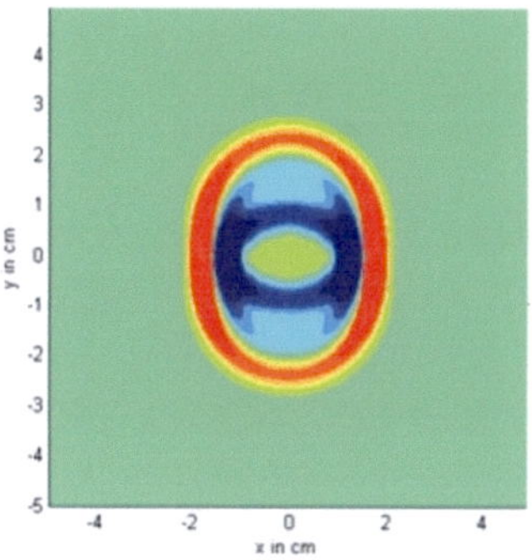

(b) v_z

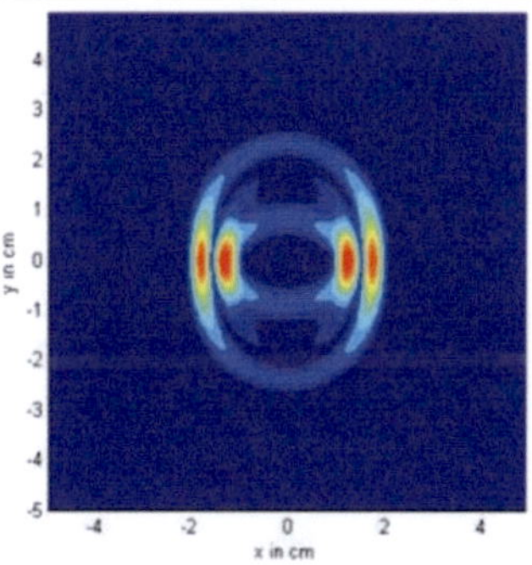

(c) v_b

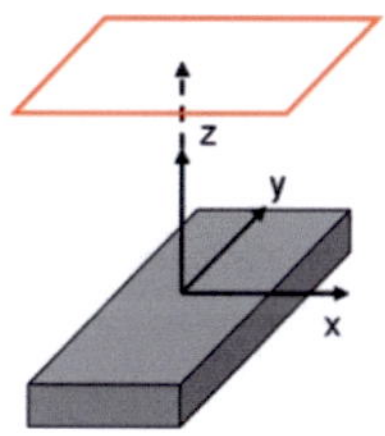

(d) Anordnung

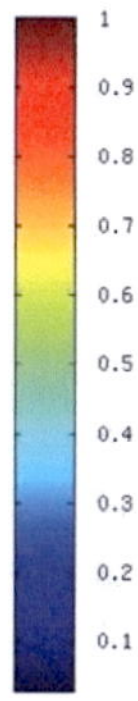

Skala

Tabelle 4.5: Mit EFIT-PSS berechnetes Schallfeld eines rechteckigen Ultraschallwandlers mit der Seitenlänge von 3 mm in x- und 16 mm in y-Richtung an der Grenzfläche zu Stahl nach der Normalkraftanregung durch einen RC2-Puls, Mittenfrequenz 2 MHz, Wellenmomentaufnahme bei t = 8,4 μs, x-y-Schnitt bei z = 42 mm. Dargestellt ist die auf das Maximum normierte Teilchengeschwindigkeit. (a) y-Komponente, (b) z-Komponente und (c) Betrag des Teilchengeschwindigkeitsvektors, (d) Anordnung.

4.3 Berechnung des Schallfeldes von Hochfrequenzlinienarrays

a) Zielstellung

In diesem Abschnitt erfolgt die Erweiterung des EFIT-PSS-Hybridkonzeptes auf die Modellierung von mehrkanaligen Ultraschallwandlern. Mithilfe der EFIT-PSS-Technik lassen sich die Eingangsparameter sowie Fokustiefen und Schwenkwinkel für unterschiedliche Prüfaufgaben mit der Phased-Array-Technik optimieren. Darüber hinaus wird im Prozess der Schallfeldmodellierung eines Linienarrays eine optimale Länge und Breite des Einzelelementes bestimmt. Die Berechnungen in diesem Abschnitt beziehen sich auf den traditionellen Phased-Array-Modus mit zeitverzögerter Anregung der Einzelelemente auf der Sendeseite.

b) Vorgehensweise

Für die Berechnung des Schallfeldes eines Linien- bzw. annularen Arrays sind folgende Schritte notwendig:

1. Festlegung von Eingangsparametern wie die gewünschte Elementanzahl und -größe, die Lage des Fokuspunktes und des Ausbreitungsmediums sowie der zeitliche Verlauf des Anregungsimpulses.
2. Berechnung der Verzögerungszeiten für die Ansteuerung der einzelnen Schwingerelemente, so dass das Ultraschallarray eine virtuelle Krümmung bildet und die Wellen aus allen Schwingerelementen zum gleichen Zeitpunkt am gewünschten Fokuspunkt eintreffen.
3. Berechnung des Schallfeldes einer Bezugspunktquelle zu verschiedenen Zeitpunkten, die durch entsprechende Verzögerungszeiten definiert werden.
4. Diskretisierung der Arrayfläche mit Punktquellen. Innerhalb eines einzelnen Schwingerelementes befinden sich Punktquellen, die alle die gleiche Verzögerungszeit haben.
5. Überlagerung der Schallfelder von allen Punktquellen innerhalb der Apertur des gesamten Wandlers (transiente Punktquellensynthese).

Die EFIT-PSS-Modelle für Phased-Array-Wandler unterscheiden sich von den Modellen für Einzelelementwandler nur darin, dass die Punktquellen nicht nur räumlich, sondern auch zeitlich zueinander verschoben sind. Das Konzept eignet sich zugleich auch für die Schallfeldberechnungen von Winkelprüfköpfen.
In diesem Abschnitt werden Schallfelder eines Linienarrays mit streifenförmigen Elementen berechnet. Allerdings lassen sich bei der Modellierung von solchen Arrays nicht alle Vorteile der EFIT-PSS-Technik zeigen. Die Fokussierung und das Schwenken ist hier nur in einer Ebene möglich. Prinzipiell lassen sich aber mit dieser Technik auch annulare (3D-Fokussierung auf der Arrayachse) und Matrixarrays (3D-Fokussierung und 3D-Schwenken) modellieren.
Die Prüfung erfolgt in der Kontakttechnik, d.h. der Wandler ist direkt an der Oberfläche angekoppelt. Jedes Arrayelement strahlt einen longitudinalen Impuls ab und dient gleichzeitig als Sensor zur Detektion reflektierter Signale. Da die Berechnungen im homogenen Medium erfolgen, eignet sich für die Berechnung der Verzögerungszeiten ein Strahlenmodell aus der geometrischen Akustik gut. Die berechneten Verzögerungszeiten beziehen sich auf die Fokussierung und das Schwenken der Longitudinalwelle. Für die Berechnung der Verzögerungszeiten bei geschichteten und vor allem anisotropen Medien muss man fortgeschrittene Techniken anwenden (wie z.B. die Time-Reversal-Mirror-Technik [53]).

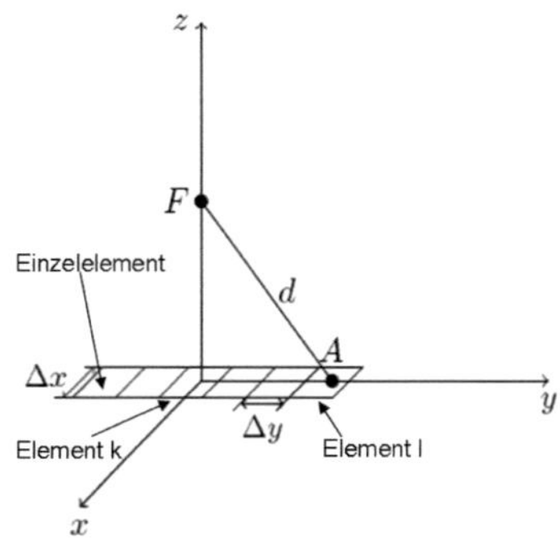

Abbildung 4.3: Schematische Darstellung eines Linienarrays im 3D-Raum. Hilfsbild zur Berechnung der Verzögerungszeiten: F - Fokuspunkt, A - Mitte des Elementes l mit den Koordinaten (x_l, y_l, z_l), Element k ist ein Bezugselement mit der Elementmitte bei $(0,0,0)$, d Abstand zwischen der Elementmitte A und dem Fokuspunkt F, $\triangle x$ Elementlänge, $\triangle y$ Elementbreite.

c) Berechnung der Verzögerungszeiten

Abbildung 4.3 zeigt die schematische Darstellung eines Linienarrays im 3D-Raum zur Berechnung der Verzögerungszeiten. Die Größe einzelner Elemente ist durch die Länge Δx und die Breite Δy festgelegt. d ist der Abstand zwischen dem gewünschten Fokuspunkt $F(x_f, y_f, z_f)$ und der Elementmitte $A(x_l, y_l, z_l)$ des Elementes l. Um die Verzögerungszeiten für einzelne Schwingerelemente zu berechnen, definiert man zuerst die Bezugszeit t_b. Sie ist die Zeit, die eine aus dem Punkt $(0,0,0)$ gesendete Welle braucht, um zum Fokuspunkt F zu gelangen. Im nächsten Schritt berechnet man die Ankunftszeiten der aus den einzelnen Elementmitten gesendeten Wellen am Fokuspunkt F:

$$t_n = \frac{\sqrt{(x_f - x_n)^2 + (y_f - y_n)^2 + (z_f - z_n)^2}}{c_p} \tag{4.2}$$

wobei n die Elementnummer mit der Elementmitte (x_n, y_n, z_n) und c_p die Schallgeschwindigkeit der Longitudinalwelle sind. Die Verzögerungszeit ergibt sich dann aus:

$$\Delta t_n = t_n - t_b \tag{4.3}$$

Die Welle aus dem Element l in der Abbildung 4.3 muss einen größeren Weg zurücklegen, um zum Fokuspunkt F zu gelangen, als beispielsweise die Welle aus Element k des Arrays. Somit braucht die Welle aus dem Element l eine um Δt_n längere Zeit bis zum Fokuspunkt. Berechnet man für die Punktquelle aus dem Element k das Schallfeld zum Zeitpunkt t, dann muss man für jede Punktquelle aus dem Element l das Schallfeld zum Zeitpunkt $t = t + \Delta t_n$ berechnen, um den Fokussierungseffekt modellieren zu können.

4.3.1 Berechnungsbeispiele für 4 MHz- und 17 MHz- Linienarrays

a) Zielstellung

Im folgenden Abschnitt werden verschiedene Simulationsexperimente für ein 4 MHz- und 17 MHz-Linienarray vorgestellt. Der gleiche Arraytyp mit ähnlichen Prüffrequenzen wird dann für experimentelle Untersuchungen sowie für die SAFT-Rekonstruktion in den Kapiteln 5 und 6 verwendet. Die nachfolgenden Simulationsexperimente haben folgende Ziele:

- Simulationsexperiment 1: Testen und Demonstration der EFIT-PSS-Technik für die Berechnung der Wellenausbreitung von Linienarrays.
- Simulationsexperiment 2: Anwendung der neuen Simulationstechnik zur Optimierung der Elementanzahl für eine optimale Fokussierung.
- Simulationsexperiment 3: Schallfeldmodellierung eines 17 MHz-Linienarrays mit der Beeinflussung des Schallbündels auf der Sendeseite.
- Simulationsexperiment 4: Anwendung der EFIT-PSS-Technik zur Optimierung der Elementlänge für eine kompakte Zone hoher Intensität.

b) Simulationsexperiment 1

Tabelle 4.6 stellt die Wellenfrontmomentaufnahmen eines 4 MHz-Linienarrays mit 16 Elementen in Stahl nach der Anregung mit einem RC2-Puls dar. Die Elementbreite beträgt 0,7 mm, was im Stahl bei 4 MHz der halben Wellenlänge ($\lambda/2$) entspricht. Die Ausdehnung des gesamten Arrays in x-Richtung beträgt damit 11,2 mm. Die Verzögerungszeiten wurden hier so berechnet, dass die Fokussierung der Longitudinalwelle auf dem Punkt $F(x = 0$ cm, $z = 2$ cm) modelliert wurde. Tabelle 4.6a zeigt die Wellenausbreitung auf dem Weg zur dem Wandler gegenüberliegenden spannungsfreien Grenzfläche. Man erkennt, dass die stärkste Fokussierung wie erwartet am Fokuspunkt $F(x = 0$ cm, $z = 2$ cm) auftritt. Nach der Reflexion an der spannungsfreien Grenzfläche breitet sich die Welle zurück zum Wandler aus. Wie aus der Tabelle 4.6b sichtbar ist, verursacht eine spannungsfreie Grenzfläche einen Phasenumkehr um 180°. Da sich die Welle entlang der akustischen Arrayachse ausbreitet, sieht man nur die Wellenfront der Longitudinalwelle und keine Transversalwelle.

c) Simulationsexperiment 2

In diesem Simulationsexperiment wird die optimale Elementanzahl für die Fokussierung auf dem Fokuspunkt aus dem Simulationsexperiment 1 ermittelt. Tabelle 4.7 zeigt die Fokussierung in Abhängigkeit von der Elementanzahl (8, 16 und 32 Elemente). Eine größere Anzahl von Schwingerelementen verringert den Öffnungswinkel des Hauptschallbündels und verbessert damit die laterale Auflösung. Damit kann man mit 32 Elementen eine bessere Fokussierung erreichen als mit 16 Elementen (Abbildungen (b) und (c) in der Tabelle 4.7). Außerdem funktioniert die Fokussierung effektiv nur im Nahfeld. Da der ausgewählte Fokuspunkt außerhalb der Nahfeldlänge N eines Linienarrays mit 8 Elementen liegt, lässt sich in diesem Fall das Schallbündel nicht gut fokussieren (Tabelle 4.7a).

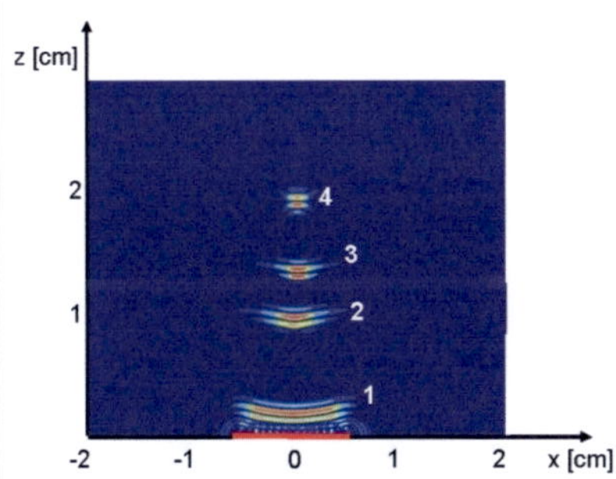	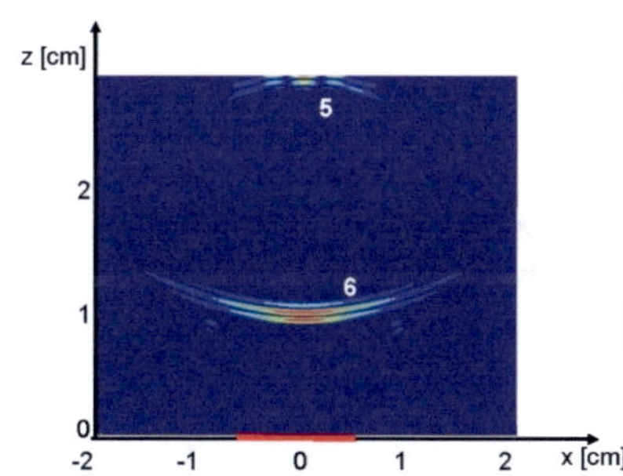	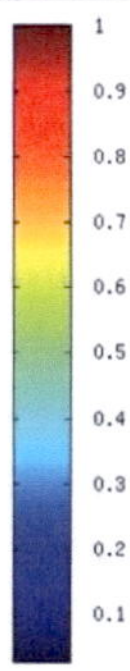
a) gesendete Welle	b) von der spannungsfreien Grenzfläche reflektierte Welle	

Tabelle 4.6: Mit der EFIT-PSS simuliertes Schallfeld eines 16-Elemente-Linienarrays. Anregungssignal RC2 mit der Mittenfrequenz 4 MHz, L-Welle ist auf Punkt F (x = 0 cm, z = 2 cm) fokussiert, Medium: Stahl. Dargestellt wurde jeweils der Betrag der z-Komponente des Teilchengeschwindigkeitsvektors als x-z-Schnitt. Wellenmomentaufnahmen für verschiedene Zeitpunkte sind auf den Bildern mit den Nummern 1-6 gekennzeichnet.

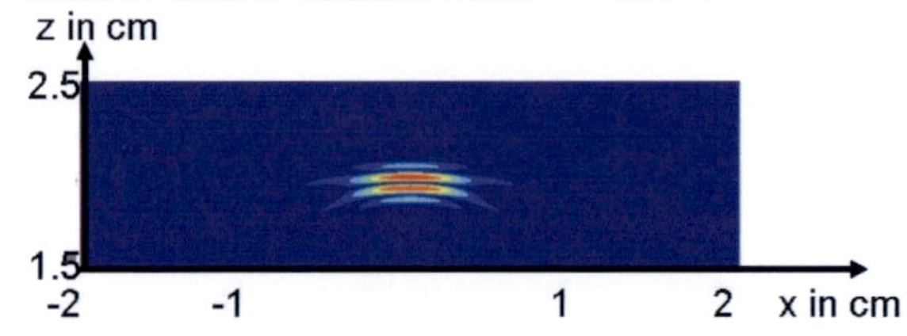

(a) 8 Elemente, N = 0,5 cm

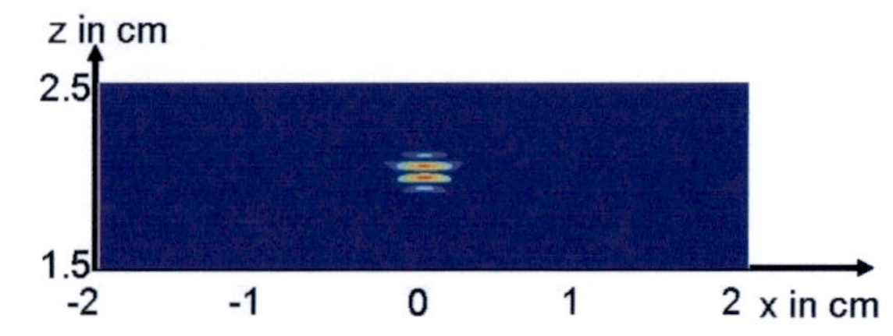

(b) 16 Elemente, N = 2,1 cm

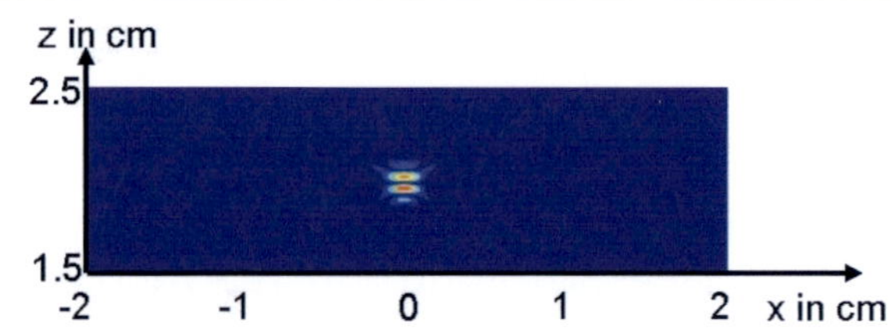

(c) 32 Elemente, N = 8,5 cm

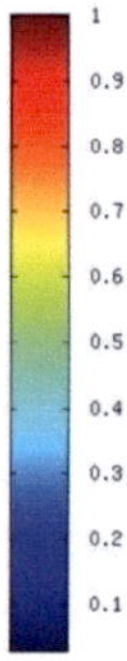

Tabelle 4.7: Mit EFIT-PSS simuliertes Schallfeld von Linienarrays mit unterschiedlicher Elementanzahl. Anregungssignal RC2 mit $f_c = 4$ MHz, L-Welle auf Punkt F (x = 0 cm, z = 2 cm) fokussiert, Medium: Stahl. Betrag der z-Komponente des Teilchengeschwindigkeitsvektors. N ist die berechnete Nahfeldlänge für ein Linienarray mit rechteckigen Elementen.

d) Simulationsexperiment 3

Im Folgenden wird die Wellenausbreitung von einem 17 MHz-Linienarrays mit 16 Elementen in Stahl berechnet. Die Elementbreite beträgt 0,17 mm, was wieder der halben Wellenlänge ($\lambda/2$) entspricht. Die Gesamtausdehnung des Arrays in Schwenkrichtung beträgt damit 2,72 mm. Die Elementlänge beträgt 0,26 mm (0,7·λ in Stahl). Zuerst werden alle Arrayelemente synchron angeregt. Tabelle 4.8 oben zeigt das Schallfeld eines Einzelelementes. Da die Elementausdehnung in der Größenordnung der Wellenlänge liegt, zeigen die x-z-, y-z- und x-y-Schnitte ein ähnliches Schallfeld zum Schallfeld einer Punktquelle. Deutlich sichtbar ist die Longitudinal- und Transversalwelle, die über eine Kopfwelle miteinander verbunden sind. Die Kopfwelle hat dabei eine deutlich kleinere Intensität. Der Querschnitt zeigt die gleichmäßige Wellenausbreitung in allen Richtungen.

Die Abbildungen in der unteren Zeile der Tabelle 4.8 zeigen das Schallfeld eines gesamten Linienarrays. Der x-z-Schnitt zeigt ein typisches Schallfeld eines ausgedehnten Ultraschallwandlers. Auf dem Querschnitt durch das Maximum sieht man die Anisotropie des Schallfeldes, da sich mehrere Zonen mit einer hohen Amplitude ausbilden. Der Grund dafür ist, dass die Arrayausdehnung in Schwenkrichtung viel größer als in y-Richtung ist.

Tabelle 4.9 zeigt die Schallfelder des gleichen 17 MHz-Arrays, diesmal aber nach asynchroner An-

	x-y-Schnitt bei y = 0 mm	y-z-Schnitt bei x = 0 mm	x-y-Schnitt bei z = 3,5 mm
Einzelelement	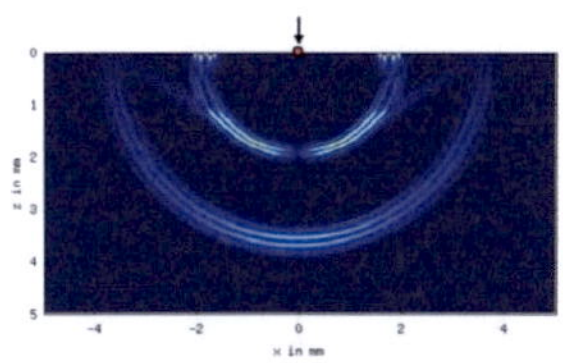	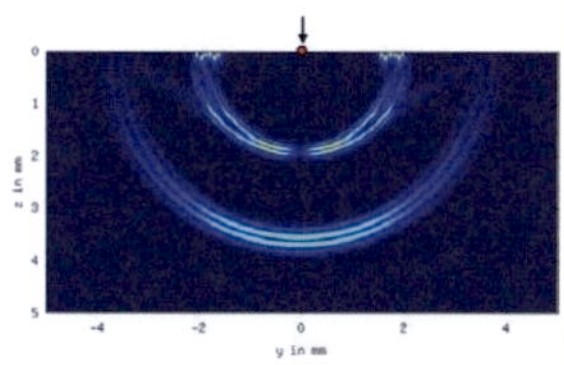	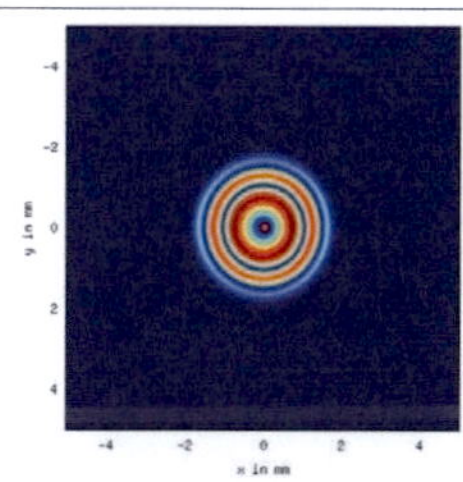
Linienarray	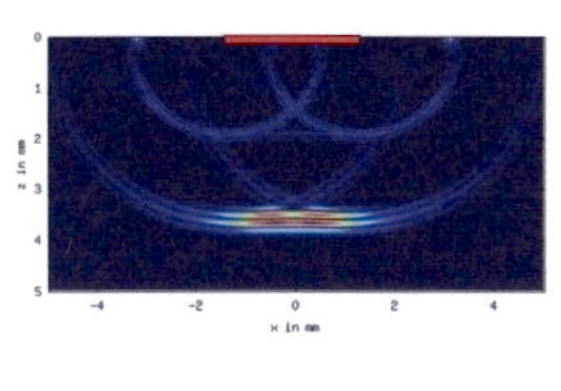	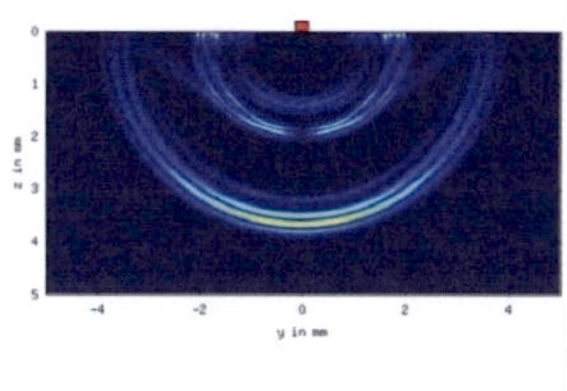	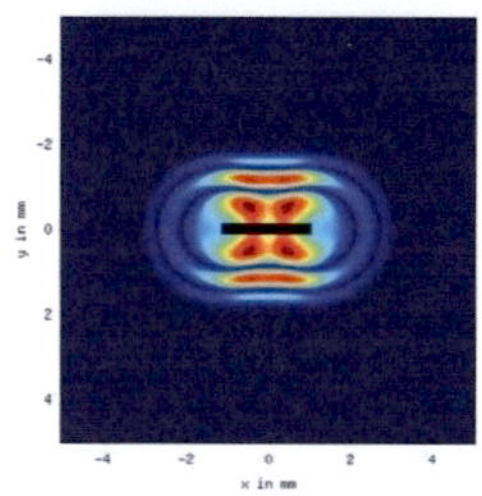
	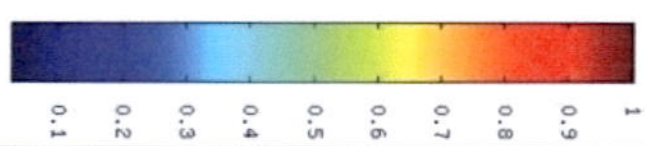		

Tabelle 4.8: Mit EFIT-PSS simuliertes Schallfeld eines 16 Elemente-Linienarrays in Stahl; synchrone Anregung aller Elemente. Wellenmomentaufnahme bei t = 0,84 μs; Mittenfrequenz 17 MHz, Elementbreite 0,17 mm, Elementlänge 0,26 mm. Dargestellt ist der auf das Maximum normierte Betrag des Teilchengeschwindigkeitsvektors v_b.

regung der einzelnen Elemente. Die Verzögerungszeiten wurden so berechnet, dass der Fokuspunkt 2,5 mm und der Schwenkwinkel für die Longitudinalwelle 30° beträgt. Es wurden Wellenmomentaufnahmen zu drei verschiedenen Zeitpunkten dargestellt. Hinter dem Fokuspunkt ist die Wellenfront defokussiert.

e) Simulationsexperiment 4

Dieses Simulationsexperiment zeigt die Optimierung der Elementlänge und -breite mit der EFIT-PSS-Technik, um eine Anisotropie des Schallfeldes im Querschnitt (Tabelle 4.8, unten) zu vermeiden. Es wurde das Schallfeld eines Linienarrays für drei verschiedene Elementlängen bei konstanter Elementbreite berechnet. Je näher die Elementlänge der Elementbreite des gesamten Wandlers liegt, umso mehr ist die Zone hoher Intensität kompakter. Erst wenn die Elementlänge und Elementbreite des gesamten Wandlers etwa gleich groß sind, strahlt das Array die Energie gleichmäßig ab (Tabelle 4.10)

t	x-z-Schnitt bei $y = 0$ mm	x-y-Schnitt durch das aktuelle Maximum
0,25 μs	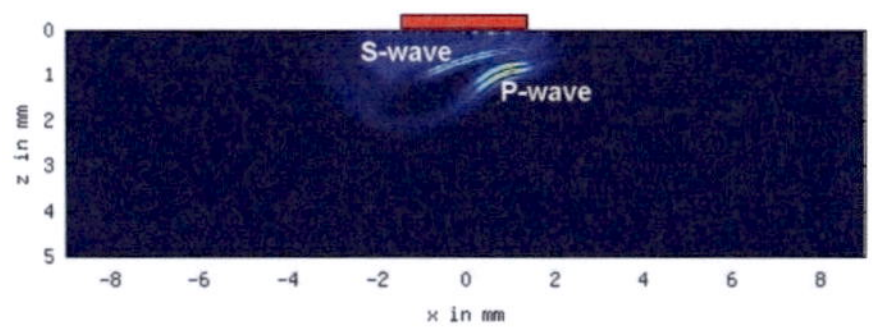	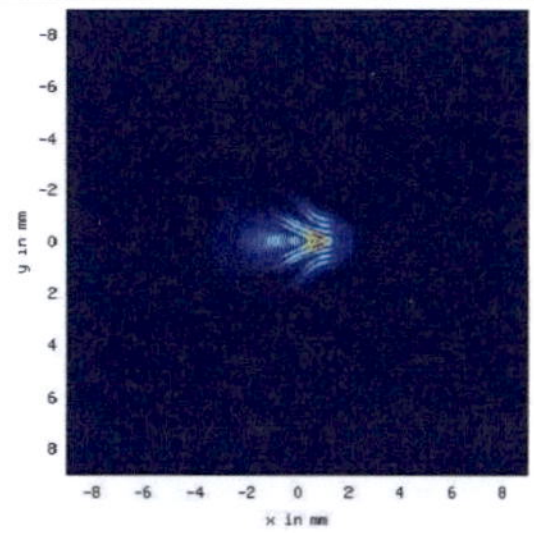
0,42 μs	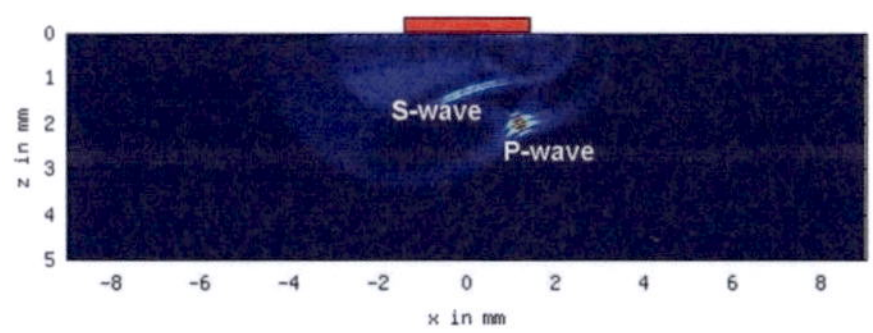	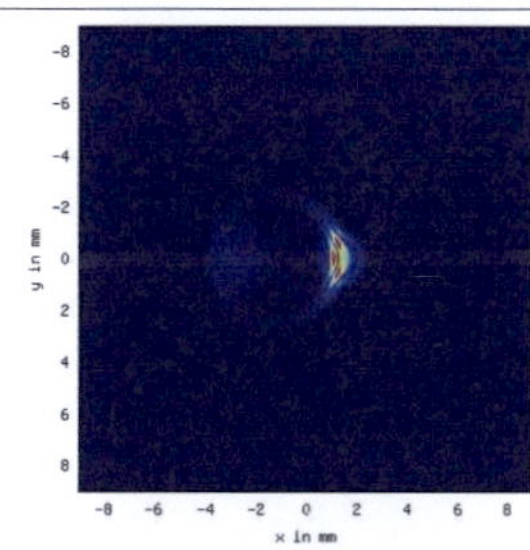
0,67 μs	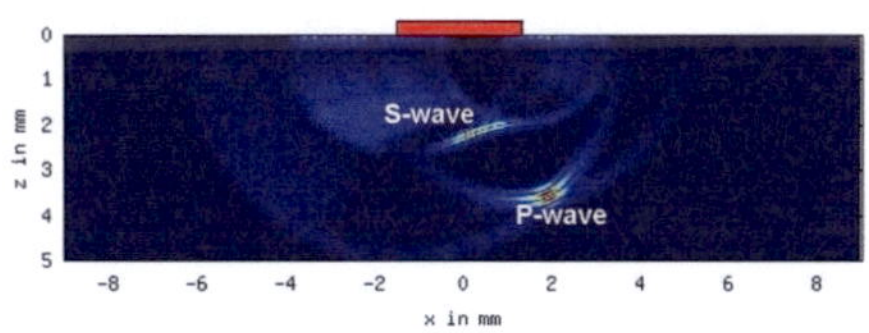	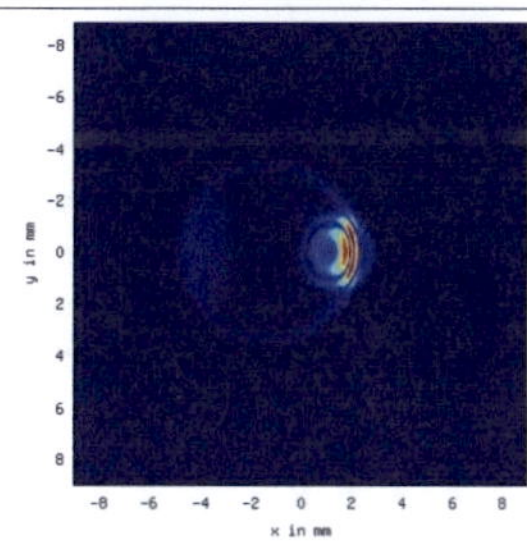
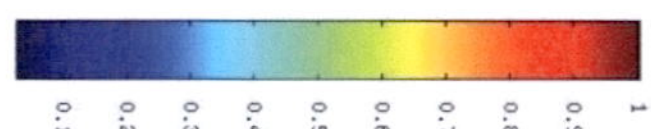		

Tabelle 4.9: Mit EFIT-PSS berechnetes Schallfeld eines 16 Elemente-Linienarrays. Elementlänge 0,26 mm, Elementbreite 0,17 mm, transiente Anregung mit der Mittenfrequenz 17 MHz, Fokustiefe 2,5 mm, Schwenkwinkel 30° für Longitudinalwelle, Stahl. Der auf das Maximum normierte Betrag des Teilchengeschwindigkeitsvektors v_b. Wellenmomentaufnahmen für verschiedene Zeitpunkte t.

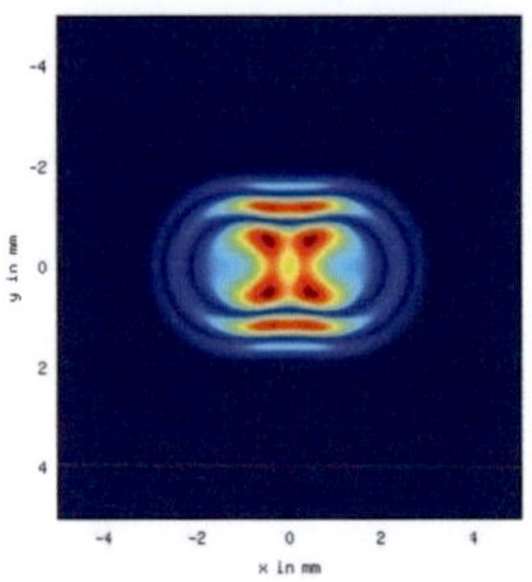	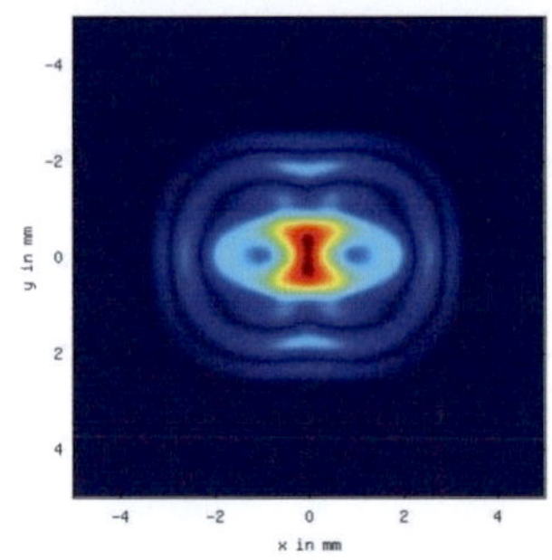	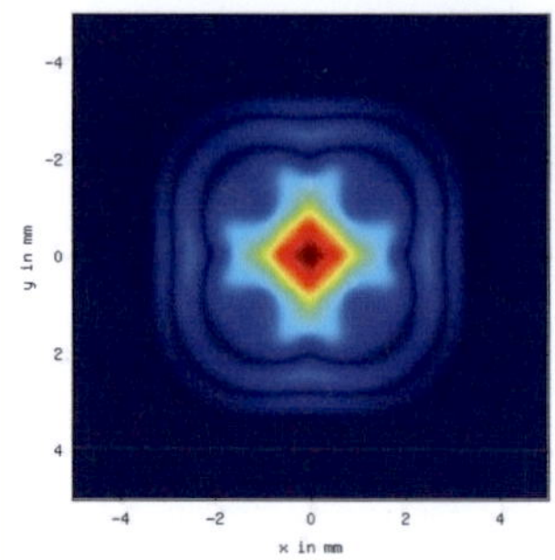
a) Elementlänge 0,26 mm	b) Elementlänge 1,36 mm	c) Elementlänge 2,72 mm
	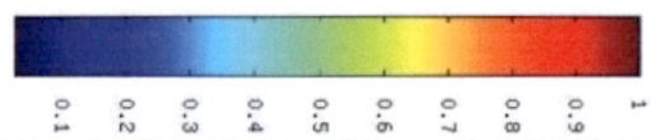	

Tabelle 4.10: Optimierung der Elementlänge eines 16 Elemente-Linienarrays. Transiente Anregung mit der Mittenfrequenz 17 MHz. Der auf das Maximum normierte Betrag des Teilchengeschwindigkeitsvektors v_b, Wellenmomentaufnahme bei t = 0,84 μs, x-y-Schnitt bei z = 3,5 mm.

4.4 Validierung der EFIT-PSS-Technik

Das Ziel dieses Abschnitts ist es die entwickelte EFIT-PSS-Technik mithilfe rein numerischer und analytischer Verfahren zu validieren. Im Rahmen dieser Arbeit wurden verschiedene Validierungsmethoden untersucht. Eine Literaturstudie ergab, dass Simulationsmethoden die auf der FIT basieren, mit verschiedenen Verfahren validiert wurden:

- In [31] wurde die Greensche Funktion zur Validierung der EFIT in zylindrischen Koordinaten verwendet. Bei der Anwendung der transienten Greenschen Funktion und deren Rücktransformation mit der Cagniard-DeHoop-Methode ergibt sich eine exakte Berechnung der Signale für einen runden und rechteckigen Wandler für den festen Halbraum [29].
- In [36] wurde die Validierung der 3D-EFIT in kartesischen Koordinaten mithilfe rein numerischer BEM durchgeführt.
- Hegemann [33] implementiert die 3D-EFIT für anisotrope Medien und führt die Validierung mit dem 3D-EFIT-Code aus [37] durch.
- In [34] wird die 2D-EFIT mit einer analytischen Punktquellensynthese validiert.

Das wichtige Kriterium für die Methodenauswahl in dieser Arbeit war, neben der Wellenphysik, der notwendige Implemetierungsaufwand. Beide für den Vergleich verwendete Methoden lassen sich einfach implementieren und wurden in der Literatur umfangreich beschrieben.
Die EFIT-PSS-Technik soll im Folgenden für zwei Anregungsvarianten validiert werden:

1. Impulsförmige Anregung. Dabei erfolgt:
   - ein numerischer Vergleich mit der konventionellen CEFIT-Technik, ohne PSS (Abschnitt 4.4.1),

- ein Vergleich mit der analytischen Punktquellensynthese in Fernfeldnäherung (Abschnitt 4.4.3).

2. Monofrequente Anregung. Hier werden die EFIT-PSS-Berechnungen mit der Methode der Gaußschen Strahlen verglichen (Abschnitt 4.4.2).

4.4.1 Vergleich mit CEFIT für eine impulsförmige Anregung

Mit der CEFIT (Abschnitt 3.4) kann man im zylindrischen Koordinatensystem das Schallfeld eines kreisförmigen Wandlers berechnen, was ein achsensymmetrisches Problem ist. Die Anregung wird über Kraftdichtequellen innerhalb der Apertur realisiert. Im Folgenden sollen die Ergebnisse der CEFIT-Berechnung mit denen der EFIT-PSS-Technik in der x-z-Ebene bei y = 0 cm verglichen werden. Tabelle 4.3 zeigt die Resultate anhand der Wellenfrontbilder. Die Übereinstimmung ist qualitativ und quantitativ sehr gut. Die mit beiden Methoden berechneten Schallfelder zeigen das gleiche Wellenbild. Die Lage der einzelnen Wellenmoden ist für alle Komponenten des Teilchengeschwindigkeitsvektors gleich. Darüber hinaus wurde festgestellt, dass bei der EFIT-PSS-Technik die räumliche Schrittweite von $\lambda/5$ ausreichend ist, um Diskretisierungsfehler zu vermeiden. Im Gegensatz dazu ist bei der CEFIT-Technik eine Gitterweite von höchstens $\lambda/10$ notwendig.

4.4.2 Vergleich mit der Methode der Gaußschen Strahlen für eine monofrequente Anregung

In diesem Abschnitt wird die Methode der Gaußschen Strahlen zur EFIT-PSS-Validierung für eine monofrequente Anregung, d.h. für eine komplexe ebene Welle mit der Kreisfrequenz ω_0

$$e^{j\omega_0 t} = \cos(\omega_0 t) + j\sin(\omega_0 t)\,, \tag{4.4}$$

verwendet.

a) Vorgehensweise

Da EFIT-PSS ein Algorithmus mit einer reellen Anregung im Zeitbereich ist, müssen für die beiden Anregungsanteile in Gleichung (4.4) zwei Teilmodellierungen mit monofrequenter Anregung durchgeführt werden. Anschließend bildet man den Betrag aus beiden Teilmodellierungen und wählt für jede Gitterzelle ein Maximum in der ausgewählten Beobachtungszeit t_b [32]. Abbildung 4.4 zeigt das Berechnungsschema.

Für eine gute Übereinstimmung zwischen der EFIT-PSS Berechnungen und der analytischen Methode der Gaußschen Strahlen sind zwei Annahmen notwendig:

- Für die EFIT-PSS Berechnung muss ein genügend großes Berechnungsgebiet ausgewählt werden, weil die Methode der Gaußschen Strahlen keine Reflexionen von den Grenzflächen berücksichtigt.
- Da sich ein typisches Interferenzbild erst nach einer bestimmten Zeit ausbildet, wird für die EFIT-PSS Simulation eine bestimmte „Vorlaufzeit" t_v eingeführt. Erst dann kann man mit der Maximumsuche beginnen.

Die klassische Methode der Gaußschen Strahlen basiert auf einer paraxialen Näherung. In dieser Arbeit wurde allerdings ein modifiziertes Modell für die Berechnung des Schallfeldes eines kreisförmigen Ultraschallwandlers verwendet, die auch weit von der akustischen Achse und für große Schwenkwinkel ihre Gültigkeit behält [54] (Anhang C).

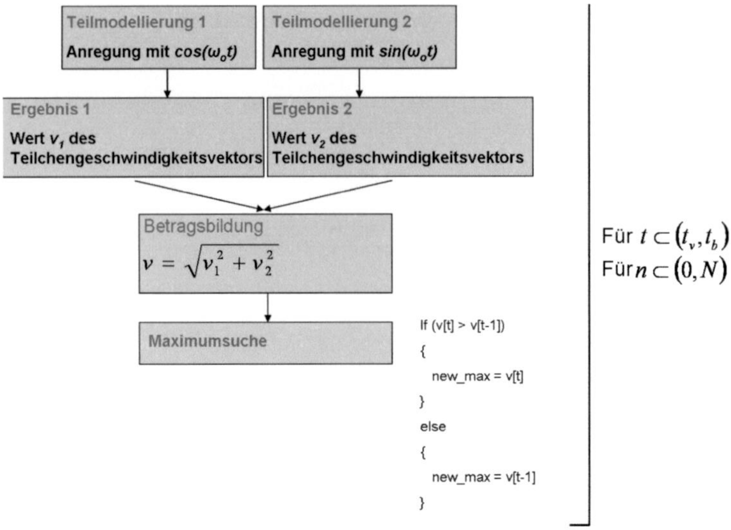

Abbildung 4.4: Schema für die EFIT-PSS-Berechnung im Fall einer monofrequenten Anregung. Die Berechnung erfolgt für alle Gitterzellen n und für alle Zeitschritte t. t_v Vorlaufzeit, t_b Beobachtungszeit, new_max aktuelles Maximum.

b) Diskussion der Ergebnisse

Abbildung 4.11 zeigt den Vergleich von EFIT-PSS-Simulationen mit analytischen Berechnungen für das Schallfeld eines kreisförmigen Wandlers mit verschiedenen Radien und Mittenfrequenzen. Die Ergebnisse stimmen sehr gut überein. In beiden Fällen ist ein typisches Schallfeld bei einer monochromatischen Anregung zu sehen. Innerhalb des Nahfeldes bildet sich ein Beugungsmuster mit mehreren Minima und Maxima. Die Lage des letzten Maximums ist bei beiden Methoden identisch. Sie kennzeichnet den Übergang vom Nah- zum Fernfeld des Ultraschallwandlers. Hinter der Nahfeldlänge[2] nimmt das Maximum zum Abstand proportional ab. Bei gleichem Radius und unterschiedlichen Mittenfrequenzen ist die Nahfeldlänge länger als bei einer höheren Mittenfrequenz.

4.4.3 Vergleich mit der analytischen PSS

In diesem Abschnitt werden die EFIT-PSS-Berechnungen mit einem analytischen Modell verglichen. Während in den letzten Abschnitten die Validierung am Beispiel eines kreisförmigen Wandlers erfolgte, werden in diesem Abschnitt Simulationsexperimente für verschiedene Wandlergeometrien, inklusive Phased-Array-Wandler, gezeigt.

Im Fall der analytischen Berechnung des Schallfeldes, die in dieser Arbeit verwendet wird, spricht Langenberg [34] von einer gemischten Nahfeld-Fernfeld-Formulierung. In der typischen Fernfeld-Formulierung wird die Wandlerapertur als eine punktförmige Quelle im Ursprung des Koordinatensystems gesehen. Hier wird dagegen die Wandlerapertur wie in der Nahfeld-Formulierung tatsäch-

[2] Als Nahfeldlänge N wird der Abstand zwischen der Prüfkopfoberfläche und dem letzten Maximum definiert. Für einen kreisförmigen Wandler lässt sich die Nahfeldlänge mithilfe der Formel $N = d^2/4\lambda$ theoretisch berechnen.

	r = 5 mm, f_c = 8 MHz, N = 33 mm	r = 5 mm, f_c = 16 MHz, N = 67 mm	r = 2,5 mm, f_c = 20 MHz, N = 21 mm
MGB	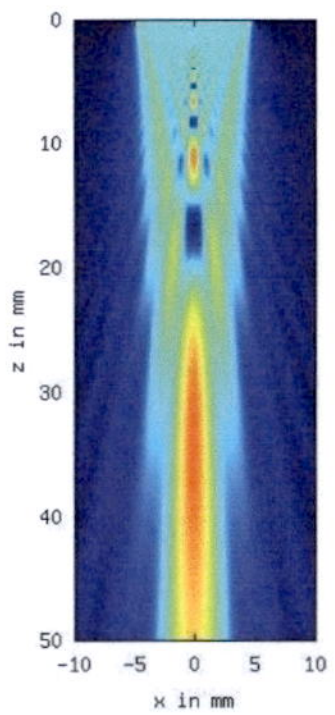	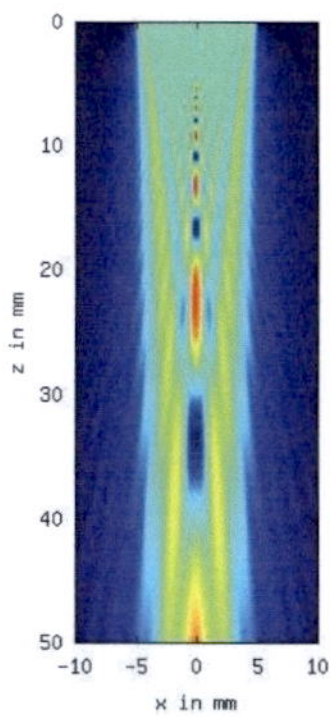	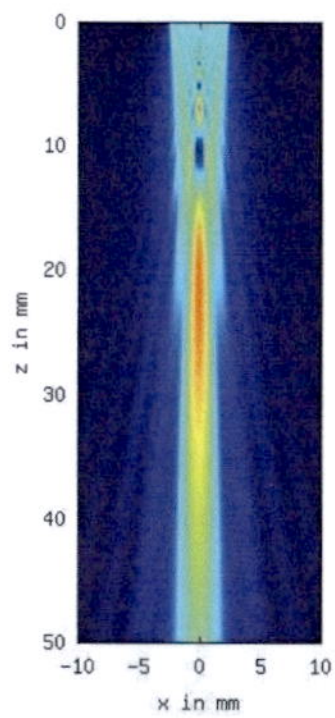
EFIT-PSS	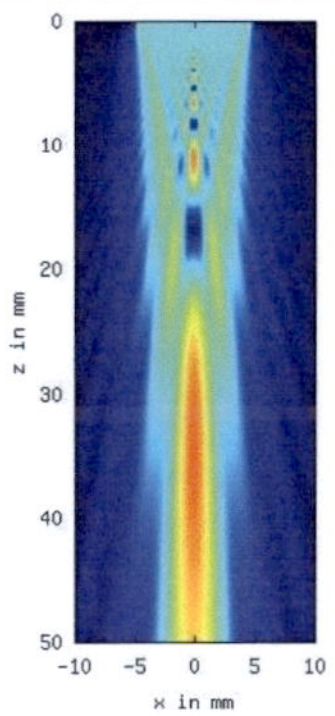	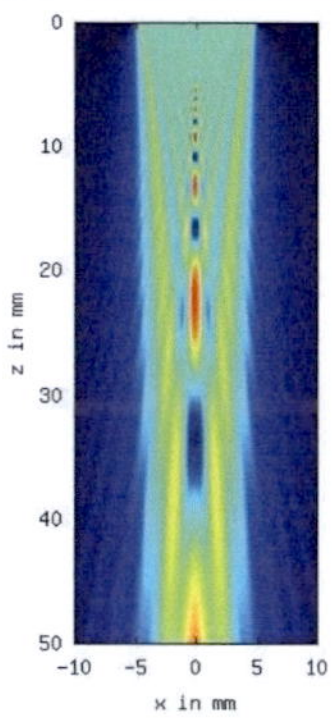	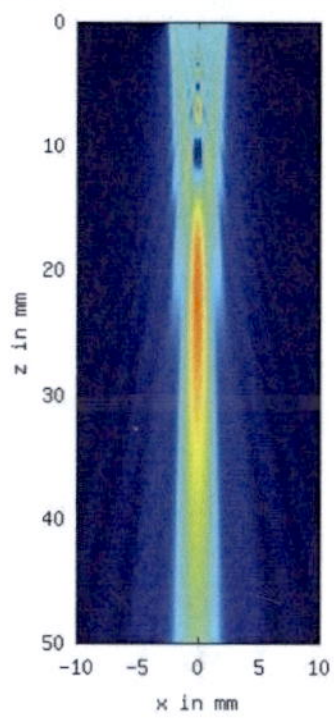
	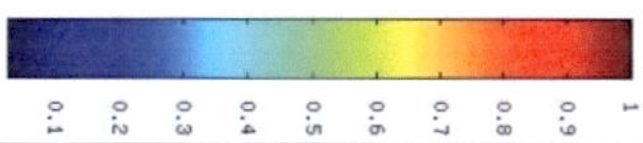		

Tabelle 4.11: Vergleich der Berechnungsergebnisse von EFIT-PSS und der Methode der Gaußschen Strahlen (MGB) für eine monochromatische Anregung am Beispiel des Schallfeldes eines kreisförmigen Ultraschallwandlers. Intensitätsplots (v_b^2). r Wandlerradius, f_c Mittenfrequenz und N theoretisch berechnete Nahfeldlänge. x-z-Schnitt bei y = 0 mm.

lich mit Punktquellen diskretisiert. Für die anschließende Punktquellensynthese werden die Abstände zwischen dem jeweiligen Quell- und Empfangspunkt berechnet. Die Wandlerausdehnung wird damit exakt berücksichtigt. Die Richtcharakteristiken K_p und K_s gelten aber nur für das Fernfeld. Dadurch enthalten die berechneten Schallfelder keine Nahfeldeffekte wie z.B. Kopf- und Oberflächenwellen.

a) Analytische Berechnung der Verschiebung im Innern eines beschallten Festkörpers

In [34], [55] und [56] werden analytische Modelle zur Berechnung der Wellenausbreitung von einem Normalprüfkopf in der Kontakttechnik beschrieben. Sie enthalten folgende Annahmen:

- Der Prüfkopf wird als Fläche mit konstanter Spannungsverteilung p_0 betrachtet; außerhalb der Prüfkopfapertur wird eine spannungsfreie Oberfläche angenommen.
- Der Festkörper wird als homogener unendlich ausgedehnter Halbraum betrachtet.
- Der Abstand R zwischen Quelle und Empfänger muss groß gegenüber der Wandlerapertur und der Wellenlänge sein ($kR >> 1$).
- Es treten nur Longitudinal- und Transversalwellen auf, aber keine Oberflächenwellen.
- Die Longitudinal- und Transversalwellen breiten sich unabhängig voneinander aus.

Die Verschiebung im beliebigen Punkt $E(x, y, z)$ im Innern des Mediums ist dabei gemäß Gleichung (8.46) und [55]:

$$u\left(x,y,z,\omega\right) = \frac{p_0}{2\pi\rho c_s^2}\int\limits_S d_s K_s\left(\theta\right)\frac{\exp(ikR)}{R}dS + \frac{p_0}{2\pi\rho c_p^2}\int\limits_S d_p K_p\left(\theta\right)\frac{\exp(ikR)}{R}dS, \tag{4.5}$$

wobei R der Abstand zwischen Quelle und Empfänger, ρ die Materialdichte, k die Wellenzahl, c_p und c_s die Schallgeschwindigkeiten sowie d_p und d_s die Polarisationsvektoren der Longitudinal- und Transversalwelle sind. S ist die Wandlerfläche. K_p und K_s sind Richtcharakteristiken für die Kraft an der spannungsfreien Oberfläche eines festen Mediums mit:

$$K_p(\theta) = \frac{\cos\theta\kappa^2(\frac{\kappa^2}{2} - \sin^2\theta)}{2G(\sin\theta)} \tag{4.6}$$

$$K_s(\theta) = \frac{\cos\theta\sin\theta\kappa^3\sqrt{1-\kappa^2\sin^2\theta}}{2G(\kappa\sin\theta)}. \tag{4.7}$$

Der Verlauf der Richtcharakteristiken K_p und K_s in Stahl ist in der Abbildung 4.5 und das Modell in der Abbildung 4.6 dargestellt. Die Herleitung der Gleichungen für die Verschiebung $u\left(x,y,z,\omega\right)$ und der Richtcharakteristiken ist im Anhang B zu finden. κ ist das Verhältnis der Schallgeschwindigkeiten $\frac{c_p}{c_s}$, θ der Einfallswinkel und G eine Hilfsfunktion, die für ein beliebiges Argument a den Wert

$$G(a) = \left(a^2 - \frac{\kappa^2}{2}\right)^2 + a^2\sqrt{1-a^2}\sqrt{\kappa^2 - a^2} \tag{4.8}$$

erreicht.

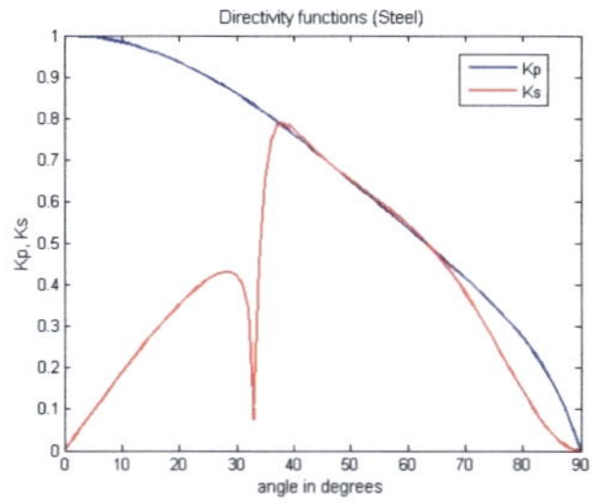

Abbildung 4.5: Richtcharakteristiken für die Kraft an der spannungsfreien Oberfläche zu Stahl. Sie wird zur Berechnung der Verschiebung im analytischen Modell verwendet. K_p Richtcharakteristik im Fall, dass die Longitudinalwelle gesendet wurde, K_s Richtcharakteristik im Fall, dass die Transversalwelle gesendet wurde (siehe auch Gleichungen (4.6) und (4.7)).

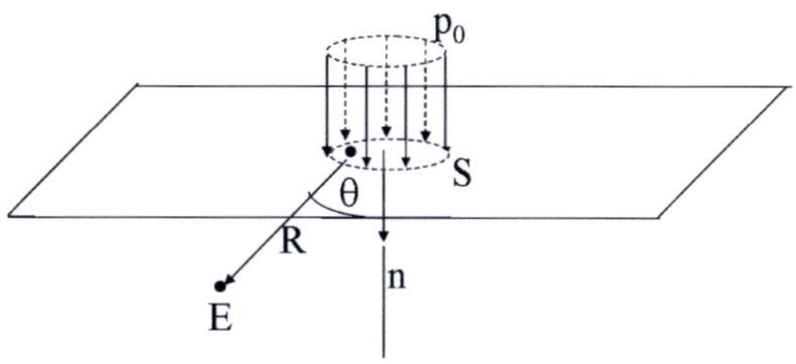

Abbildung 4.6: Modell zur Berechnung der Wellenausbreitung von einem Normalprüfkopf an der spannungsfreien Grenzfläche. p_0 Spannungsverteilung auf der Wandleroberfläche, S Wandlerfläche, θ Einfallswinkel, R Abstand zwischen Quelle und Empfänger, E Empfängerposition, n Normale.

b) Analytische Berechnung der Wellenausbreitung von einer Punktquelle

Für eine punktförmige Quelle soll das mit CEFIT berechnete Schallfeld mit einem analytischen Modell verglichen werden. In diesem Fall wirkt auf der Oberfläche eine punktförmige Normalkraft (keine ausgedehnte Wandlerapertur), weswegen in der Gleichung (4.5) die Flächenintegrale verschwinden. Für die Ergebnisinterpretation spielt die Richtcharakteristik eine wichtige Rolle. K_p ist dabei reell, während K_s für $\kappa \sin\theta > 1$ (also für Einfallswinkel $\vartheta > \vartheta_0$) komplex ist [34]:

$$K_s = |K_s| e^{j\phi \mathrm{sign}(\omega)} \tag{4.9}$$

mit

$$\phi = \arg K_s \tag{4.10}$$

Nutzt man die Korrespondenzbeziehungen der Fourier-Transformation für komplexe Spektren

$$\Im^{-1}\left\{F(\omega)\, e^{j\varphi \mathrm{sign}\omega}\right\} = \cos\varphi f(t) - \sin\varphi \mathrm{H}\{f(\tau)\} \tag{4.11}$$

und den Verschiebungssatz

$$\Im^{-1}\left\{e^{\mp j t_0 \omega} F(\omega)\right\} = f(t \pm t_0), \tag{4.12}$$

erhält man für die Gleichung (4.5) die durch die Transversalwelle hervorgerufene Verschiebung:

$$u_s(t) = \begin{cases} K_s \dfrac{RC2\left(t - \dfrac{R}{c_s}\right)}{R} & \text{für } 0 \leqslant \vartheta \leqslant \vartheta_0 \\ |K_s| \left[\cos\phi \dfrac{RC2\left(t - \dfrac{R}{c_s}\right)}{R} - \sin\phi \dfrac{H\left\{RC2\left(\tau - \dfrac{R}{c_s}\right)\right\}}{R} \right] & \text{für } \vartheta_0 < \vartheta < \pi/2 \end{cases} \tag{4.13}$$

Erfolgt die Anregung durch einen $RC2(t)$-Impuls, lässt sich in der Gleichung (4.13) die Hilberttransformierte *H* berechnen:

$$u_s(t) = \begin{cases} K_s \dfrac{RC2\left(t - \dfrac{R}{c_s}\right)}{R} & \text{falls } 0 \leqslant \vartheta \leqslant \vartheta_0 \\ |K_s| \dfrac{eRC2\left(t - \dfrac{R}{c_s}\right) \cos\omega_0 \left[t - \dfrac{R}{c_s} - \phi\right]}{R} & \text{falls } \vartheta_0 < \vartheta < \pi/2 \end{cases} \tag{4.14}$$

$eRC2(t)$ ist die Einhüllende des $RC2(t)$-Signals.
Für die durch die Longitudinalwelle hervorgerufene Verschiebung ergibt sich in der Gleichung (4.5) nach Rücktransformation:

$$u_p(t) = K_p \frac{RC2\left(t - \dfrac{R}{c_p}\right)}{R} \tag{4.15}$$

Tabelle 4.12 stellt den Betrag des Teilchengeschwindigkeitsvektors v_b in Form von Wellenfronten dar, die durch die zeitliche Ableitung der Gleichungen (4.14) und (4.15) berechnet wird. Im Vergleich zur näherungsfreien CEFIT-Berechnung fehlen in der analytischen Berechnung die Rayleigh- und die Kopfwellen. Im Fall der analytischen Berechnung (Tabelle 4.12, rechts) kann man auch deutlich erkennen, dass die Transversalwellenfront gemäß Gleichung (4.14) aus zwei Anteilen, einem komplexen und einem reellen Anteil, besteht. An der Grenze zum reellen Anteil gibt es eine Nullstelle und die Kopfwelle (die bei der CEFIT-Berechnung die L-Wellenfront mit der T-Wellenfront verbindet) wird unterdrückt.

c) Analytisches Modell für die Wellenausbreitung von einem kreis- bzw. ringförmigen Ultraschallwandler

Tabelle A.4 (Anhang A.3) zeigt Schallfelder für einen kreisförmigen Wandler mit einem Durchmesser von 2 cm, berechnet zum Einem mit der EFIT-PSS und zum Anderen analytisch nach Anregung mit einem $RC2$-Impuls. In den Längsschnitten fehlen natürlich die Nahfeldeffekte. Ansonsten stimmen die Bilder überein. Der Querschnitt durch das Maximum in der Tabelle A.4 zeigt ebenfalls eine sehr gute Übereinstimmung.

d) Analytisches Modell für die Wellenausbreitung von einem rechteckigen Ultraschallwandler

Das analytische Modell gemäß Gleichung (4.5) dient auch zum Vergleich der Ergebnisse für das Schallfeld eines rechteckigen Wandlers (Tabelle 4.13). Bei der analytischen Berechnung fehlt im

CEFIT	Analytisch
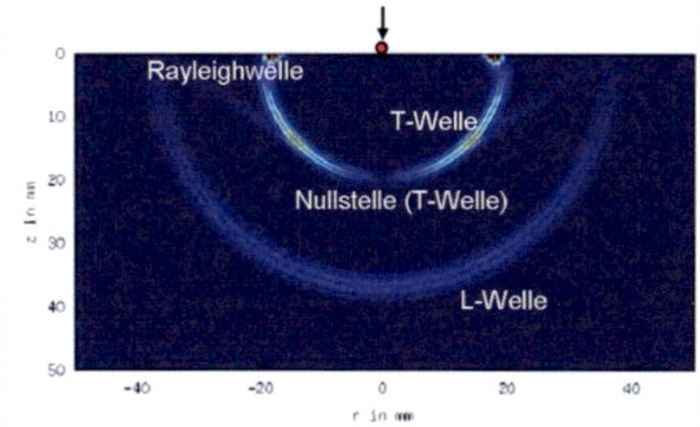	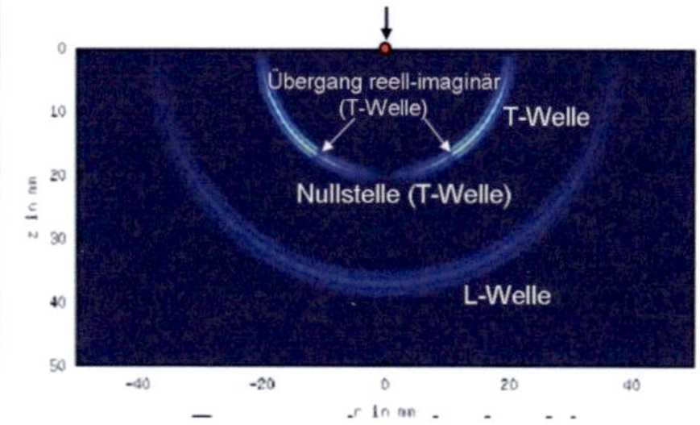
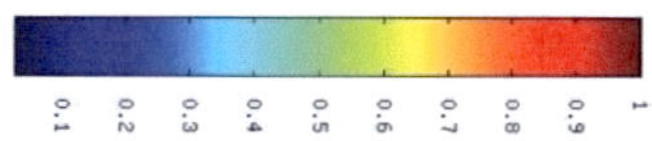	

Tabelle 4.12: Vergleich der CEFIT-Simulation mit der analytischen Berechnung mittels den Gleichungen (4.14) und (4.15) am Beispiel des Schallfeldes von einer Punktquelle an der spannungsfreien Grenzfläche zu Stahl. Transiente Normalkraftanregung mit einem RC2-Puls, Mittenfrequenz 2 MHz. Wellenmomentaufnahme bei t = 8,4 μs. Dargestellt wurde der auf das Maximum normierte Betrag v_b des Teilchengeschwindigkeitsvektors.

Längsschnitt die Transversalwellenfront, da sie sich im Nahfeld des Ultraschallwandlers befindet. Die Lage des Maximums für die Longitudinalwelle ist bei beiden Methoden identisch. Der Querschnitt zeigt das Fernfeld, so dass die beiden Wellenfrontbilder hier gleich sind.

e) Analytisches Modell für die Wellenausbreitung von einem Linienarray

In diesem Abschnitt wird das Schallfeld eines 2 MHz-Linienarrays mit 16 Elementen betrachtet. Das Ziel ist hier, den EFIT-PSS-Ansatz für mehrkanalige Ultraschallwandler zu validieren. In diesem Fall sind die Punktquellen innerhalb der Wandlerapertur nicht nur räumlich, sondern auch zeitlich verschoben.

In der Tabelle 4.14 werden analytische und EFIT-PSS-Berechnungen für die Fokussierung und das Schwenken miteinander verglichen. Die Ergebnisse stimmen im Fernfeld gut überein. Das Schwenken ist auf die Longitudinalwelle bezogen. Zur analytischen Berechnung des Schallfeldes wird wieder Gleichung (4.5) verwendet. Das Array arbeitet in diesem Fall als eine nicht-synchrone Quelle (d.h. im Frequenzbereich: als eine phasenbelegte Quelle). Zur Berechnung der Verzögerungszeiten wird hier der Ansatz aus [34] verwendet, der an dieser Stelle für das Schwenken der Longitudinalwelle diskutiert wird. Es wird angenommen, dass die Arrayapertur im Bereich $-a \leqslant x \leqslant a$ und $-b \leqslant y \leqslant b$ liegt. Als Bezugslinie wird die Aperturlinie bei $x = 0$ gewählt. Auf alle Punktquellen innerhalb der Linienapertur wirkt eine Normalkraftdichte. Auf der Bezugslinie mit $x = 0$ und $-b \leqslant y \leqslant b$ wirkt der $RC2(t)$-Impuls. Auf den Linien mit $-a \leqslant x < 0$ und $-b \leqslant y \leqslant b$ wirkt der gleiche Impuls; er wird aber um x/c_A schneller abgestrahlt. Für die Linien $0 \leqslant x < a$ wird der Anregungsimpuls um x/c_A verzögert. c_A hat die Dimension einer Geschwindigkeit und ist ein Maß für die Verzögerung des Anregungsimpulses (Abbildung 4.7).

	EFIT-PSS	Analytische Lösung
x-z Schnitt bei *y*= 0 mm	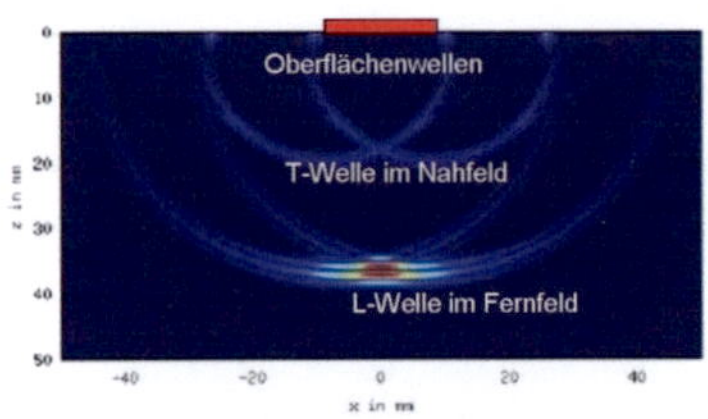	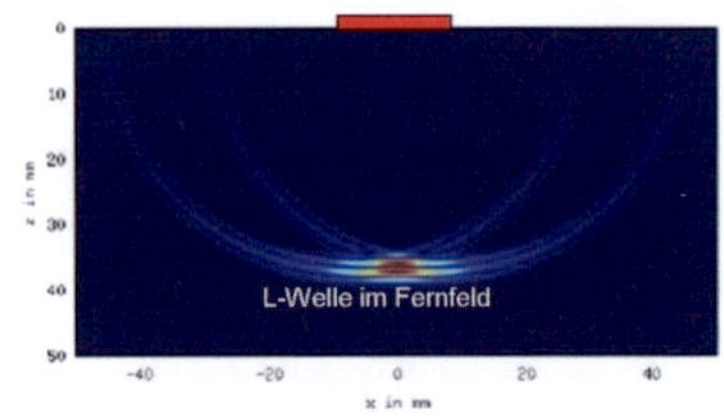
x-y Schnitt bei *z*= 35 mm	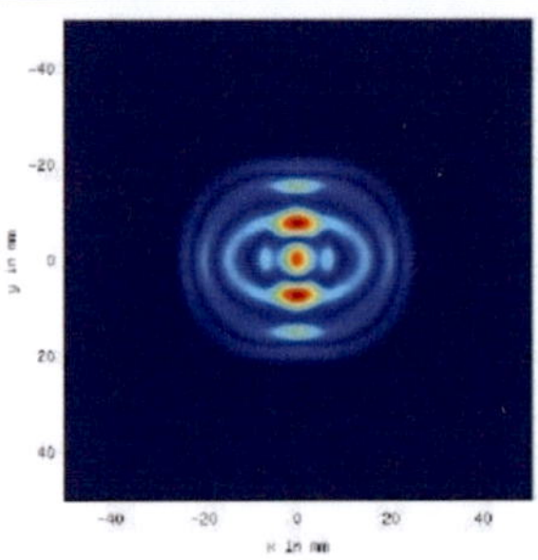	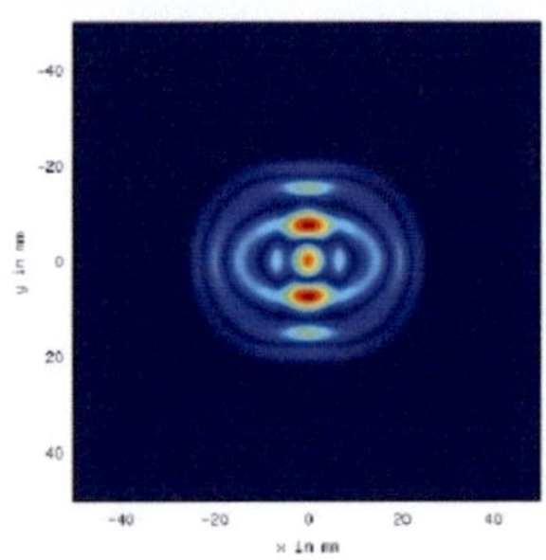
	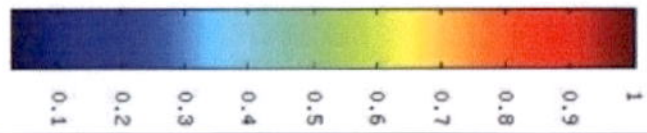	

Tabelle 4.13: Vergleich der EFIT-PSS-Simulation mit der analytischen Berechnung am Beispiel des Schallfeldes eines rechteckigen Ultraschallwandlers an der spannungsfreien Grenzfläche zu Stahl. Seitenlänge des Wandlers 16 mm in x-Richtung und 8 mm in y-Richtung. Transiente Normalkraftanregung mit einem RC2-Puls, Mittenfrequenz 2 MHz. Wellenmomentaufnahme bei t = 8,4 μs. Dargestellt wurde der auf das Maximum normierte Betrag des Teilchengeschwindigkeitsvektors (v_b).

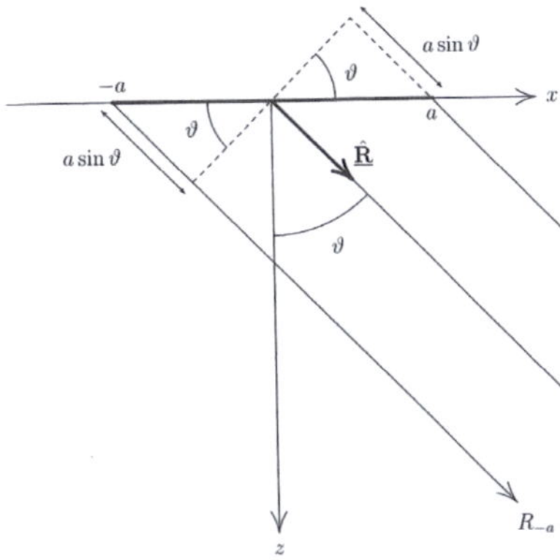

Abbildung 4.7: Geometrische Beziehungen an einem Linienarray mit der Ausdehnung $(-a, a)$ und einem Schwenkwinkel ϑ. $\hat{\underline{\mathbf{R}}}$ ist ein von der Arraymitte ausgehender Strahl, R_{-a} ist ein von der linken und R_a ist ein von der rechten Arraykante ausgehender Strahl [34].

<table>
<tr><th>θ</th><th>Analytische Lösung</th><th>EFIT-PSS</th></tr>
<tr><td>0°</td><td>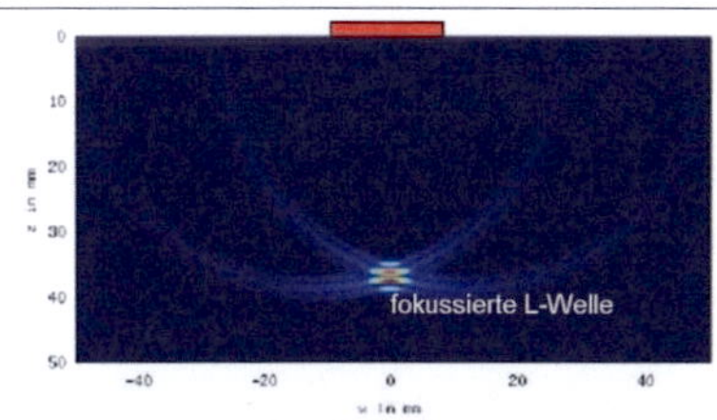
</td><td>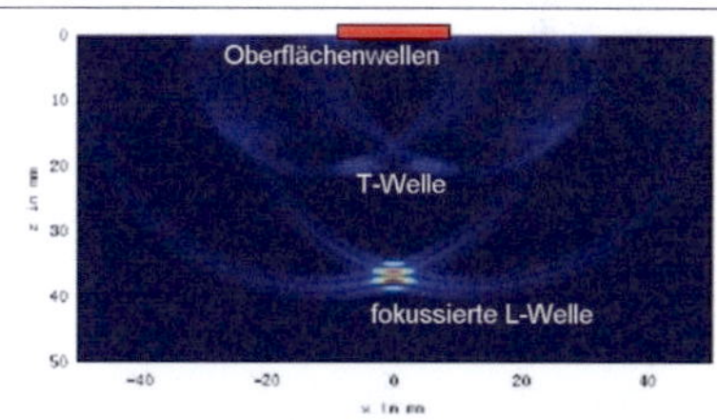
</td></tr>
<tr><td>30°</td><td>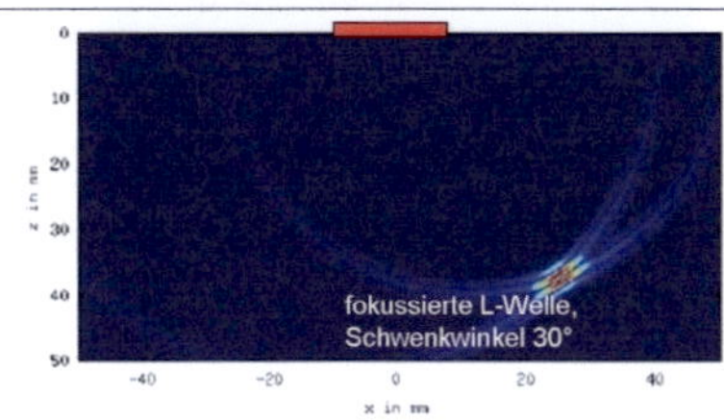
</td><td>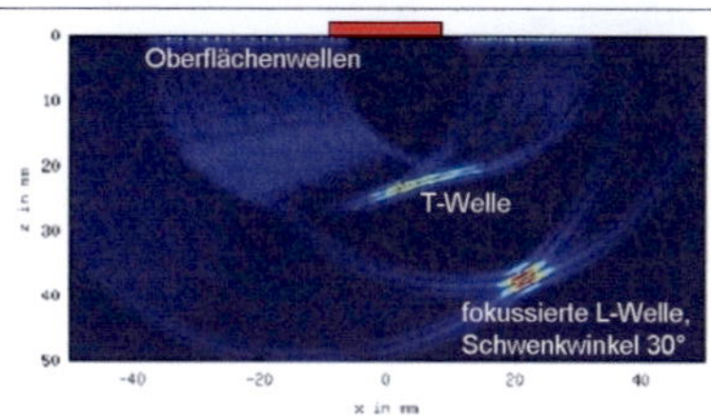
</td></tr>
<tr><td colspan="3">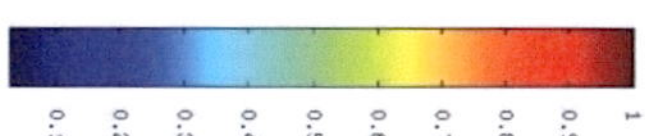
</td></tr>
</table>

Tabelle 4.14: Vergleich der EFIT-PSS-Simulation mit der analytischen Berechnung am Beispiel des Schallfeldes eines 16 Elemente-Linienarrays an der spannungsfreien Grenzfläche zu Stahl. Elementausdehnung in x- und y-Richtung 1,48 mm (λ/2 in Stahl). Transiente Normalkraftanregung mit einem RC2-Puls, Mittenfrequenz 2 MHz. Wellenmomentaufnahme bei t = 8,4 μs. x-z-Schnitt durch den Ursprung des Koordinatensystems. Fokuspunkt ($x = 0, y = 0, z =$ 38 mm), verschiedene Schwenkwinkel θ. Dargestellt wurde der auf das Maximum normierte Betrag v_b des Teilchengeschwindigkeitsvektors.

4.5 Implementierung des EFIT-PSS-Algorithmus auf Mehrkernprozessorrechnern

Für die effektive Berechnung des Schallfeldes einer Bezugspunktquelle wurde eine Parallelverarbeitungsversion des CEFIT-Codes (siehe Abschnitt 3.4) implementiert. Für die Schleifenparallelisierung wurde OpenMP benutzt. OpenMP ist eine Spracherweiterung, die es einem Compiler erlaubt, parallel ausführbare Abschnitte zu erkennen und einen Code zu generieren, der mehrere Threads verwendet. Der Programmierer muss sich in diesem Fall nicht um die Details der Erzeugung von Threads kümmern, da die Synchronisierung der Threads weitestgehend automatisch erfolgt.
Der parallelisierte Berechnungsprozess verläuft nach dem folgenden Schema:

1. Das Programm wird durch einem Hauptthread bis zum Erreichen des parallelen Abschnitts gesteuert.
2. Wenn der parallele Abschnitt erreicht wird, werden N Threads erzeugt. Jeder Thread berechnet einen Teil aller Schleifendurchläufe.
3. Der parallele Abschnitt ist abgeschlossen, wenn alle Threads mit der Berechnung fertig sind.

Vereinfacht wird dieser Prozess in Listing 4.4 dargestellt. Zum Beispiel ist in [36] beschrieben, dass

```
//Start fuer Hauptthread
for (int t = 0; t < Nt; t++) //Zeitschleife, t – aktueller Zeitpunkt
{
//Hier beginnt der parallele Abschnitt
#pragma omp parallel for private (x)
for (int x = 0; x < Nx; x++) //raeumliche Schleife, x – aktuelles Pixel im Raum
{
  //Berechnung physikalischer Groessen
  vr[x]
  vz[x]
  Tzz[x]
  Trr[x]
  Trz[x]
}
//Hier endet der parallele Abschnitt

}
```

Listing 4.4: Der parallelisierte Berechnungsprozess im CEFIT-Programm.

der parallele EFIT-Code für die Berechnungen mithilfe eines Hochleistungsrechners implementiert werden kann (Threadanzahl: 128). In dieser Arbeit wurden dagegen Testrechnungen auf einem handelsüblichen PC mit acht Prozessorkernen (Dell, 2,4 GHz Taktfrequenz, 8 GB RAM) durchgeführt. Zur Beurteilung der Rechenleistung wird der Parameter S (Beschleunigung, engl. speedup) verwendet, der das Verhältnis der Laufzeit des sequentiellen Programms zur Laufzeit des parallelen Programms darstellt. Abbildung 4.8 zeigt die gemessene Beschleunigung des CEFIT-Codes in Abhängigkeit von der Anzahl der zum Einsatz kommenden Prozessorkerne. Die Messung wurde für verschiedene Frequenzen im Bereich von 5 bis 25 MHz (Berechnungsgebiet 5×5 cm^2 in Stahl, Zeitfenster 15 μs) durchgeführt. Dabei steigt die Anzahl der notwendigen Gitterzellen bei Verdopplung der Frequenz um den Faktor 4. Die gemessenen S-Werte sollten höher als die der sequentiellen Ausführung sein und möglichst nahe am theoretischen Wert[3] liegen. Wegen Synchronisationsproblemen (wie z.B.

[3]Theoretisch gesehen sollte sich im Optimalfall die Berechnungszeit proportional zur Threadanzahl verkürzen.

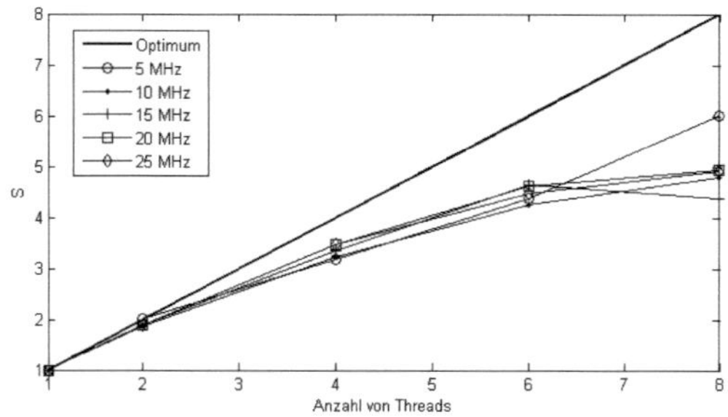

Abbildung 4.8: Beschleunigung S des CEFIT-Codes als Funktion der Threadanzahl bei Parallelverarbeitung. Dell, 2,4 MHz Taktfrequenz, 8 GB RAM.

Wartezeiten, bis alle Threads den parallelen Abschnitt des Programms abschließen) wird aber zum Beispiel bei f = 5 MHz für acht Prozessoren lediglich S = 5 erreicht.

4.6 Implementierung einer Gaußschen Anregung

a) Zielstellung

Im bisherigen Modell für Schallfeldberechnungen schwingt die gesamte Wandlerfläche mit der gleichen Amplitude. Somit liefern alle Punktquellen den gleichen Beitrag zum Schallfeld. So ein Modell ist aber stark idealisiert. Ein Schwinger im Prüfkopfgehäuse hat am Rand eine kleinere Amplitude. Auch eine freie Piezoplatte schwingt am Rand wegen des abnehmenden elektrischen Feldes [57] schwächer. Darüber hinaus kann eine ungleichmäßige Anregung des Schwingers dazu dienen, ein Schallfeld gezielt zu verändern. Schwinger, deren Amplitude zum Rand hin abfällt, haben eine geringere Nahfeldlänge, weil der effektiv wirkende Schwingerdurchmesser quadratisch in die Nahfeldlänge eingeht. Laut [57] lässt sich auch die Fokussierung des Schallfeldes durch eine ungleichmäßige Anregung des Schwingers verbessern. Die beste Fokussierung wird erreicht, wenn nur der Rand des Schwingers angeregt wird. In [58] wurde noch ein anderer Aspekt der ungleichmäßigen Anregung des Wandlers analysiert: Schallfelder mit einer Gaußverteilung sind für die Anregung optimal, weil die Extrema (störende Minima und Maxima) im Nahfeld verschwinden oder stark abgeschwächt werden. In diesem Abschnitt soll das EFIT-PSS-Modell um eine ungleichmäßige Anregung der Wandlerfläche erweitert werden.

b) Vorgehensweise

Es soll eine ungleichmäßige Amplitudenverteilung implementiert werden. Die Punktquellen, die in der Mitte der Wandleroberfläche liegen, sollen einen stärkeren Einfluss auf das Schallfeld haben als solche, die am Rand liegen. Mathematisch gesehen wird hier für jede Punktquelle ein Wichtungsfaktor gesucht, dessen Wert vom Abstand zwischen der aktuellen Quelle und der Wandlermitte abhängig sein soll. Bei der Punktquellensynthese muss der Beitrag von jeder Punktquelle mit dem entsprechenden Wichtungsfaktor multipliziert werden. Eine geeignete Funktion dafür ist die Gauß-Funktion. Für einen kreisförmigen Wandler mit dem Radius R ergibt sich:

$$u(r_0) = \sqrt{\frac{2}{\pi R^2}} \exp\left[\frac{-r_0^2}{R^2}\right]. \tag{4.16}$$

$u(r_0)$ ist hier ein Wichtungsfaktor für eine Punktquelle innerhalb der Wandlerapertur, die an der Stelle $r = r_0$ liegt.
Für einen rechteckigen Wandler mit den Seitenlängen a und b bekommt man:

$$u(x_0, y_0) = \sqrt{\frac{2}{\pi\sqrt{a^2+b^2}}} \exp\left[\frac{-\sqrt{x_0^2+y_0^2}}{\sqrt{a^2+b^2}}\right] \tag{4.17}$$

$u(x_0, y_0)$ ist ein Wichtungsfaktor für eine Punktquelle innerhalb der Wandlerapertur, die an der Stelle $x = x_0$ und $y = y_0$ liegt.
Da das Ergebnis unabhängig von der Anzahl der Punktquellen auf der Wandleroberfläche sein soll, wird das Ergebnis in jedem Aufpunkt durch die Summe der Wichtungsfaktoren geteilt.

c) Schallfeldprofile mit der Gaußschen Anregung auf der Prüfkopfoberfläche

Im Folgenden werden Schallfeldprofile von Ultraschallwandlern mit der Gaußschen sowie mit der gleichmäßigen Anregungsverteilung dargestellt und verglichen. Unter einem Schallfeldprofil ist hier der Betrag der z-Komponente des Teilchengeschwindigkeitsvektors zu verstehen, die als Funktion des Aufpunktes bei einem konstanten Abstand vom Wandler in das Diagramm eingetragen wurde.
Tabelle 4.15 zeigt den Vergleich der Schallfeldprofile für einen kreisförmigen Wandler mit dem Radius von 10 mm und der Nahfeldlänge von 16,9 mm. Die Ergebnisse sind für zwei verschiedene Abstände von der Prüfkopfoberfläche dargestellt. Der Abstand d = 1 mm liegt innerhalb des Nahfeldes des Ultraschallwandlers und der Abstand d = 30 mm im Fernfeld. Man kann deutlich erkennen, dass die Schallfeldprofile bei der gleichmäßigen Anregung des Wandlers eine Rechteckform haben, wobei die Schallfeldprofile bei der ungleichmäßigen Anregung des Wandlers wie eine Gaußglocke aussehen. Die Unterschiede sind deutlich, vor allem im Nahfeldbereich. Im weiten Fernfeld dagegen ergibt sich auch für eine gleichmäßige Anregungsverteilung im Schallfeldprofil eine Gaußglocke mit einem dominanten Maximum auf der Symmetrieachse. Mit der Gaußanregung ist es möglich, unabhängig vom Abstand zwischen Wandler und Hauptwelle ein deutliches Maximum auf der Symmetrieachse zu erreichen.
Abbildung 4.16 zeigt zusätzlich Schallfeldprofile mit der Gaußschen und mit der gleichmäßigen Anregungsverteilung auf der Prüfkopfoberfläche für einen quadratischen Wandler mit der Seitenlänge von 10 mm.
Die dargestellten Beispiele zeigen, dass die gewünschte ungleichmäßige Amplitudenverteilung korrekt im EFIT-PSS-Programm implementiert wurde und je nach Bedarf bei Schallfeldsimulationen verwendet werden kann.

d	Gaußsche Anregungsverteilung	Gleichmäßige Anregungsverteilung
1 mm	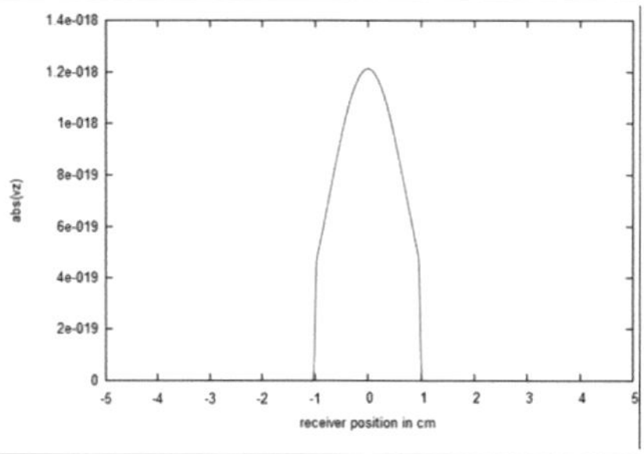	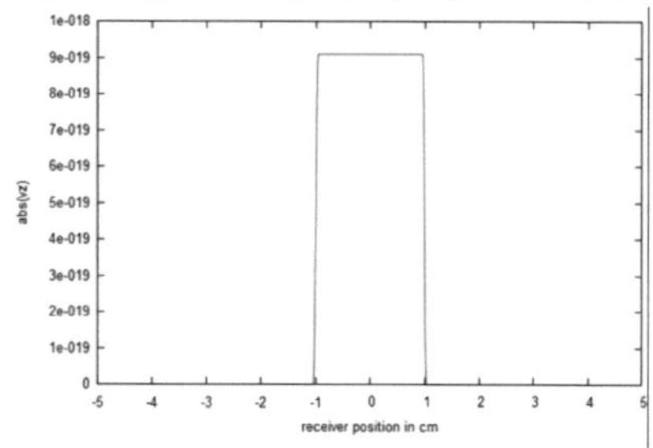
30 mm	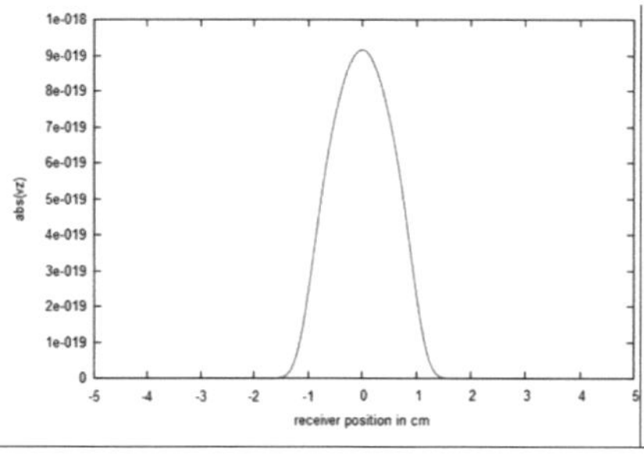	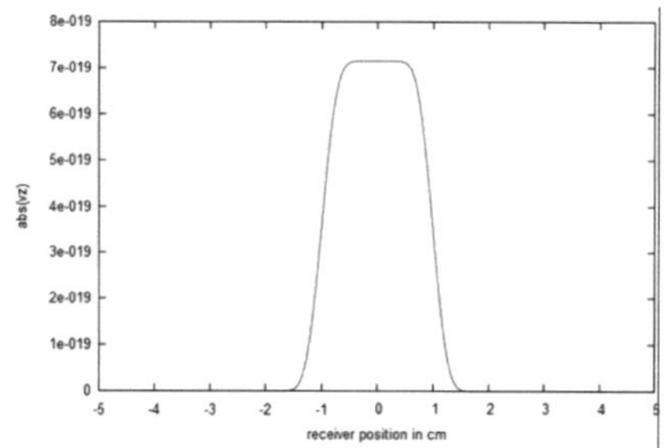

Tabelle 4.15: Vergleich der Schallfeldprofile für eine gleichmäßige und für eine Gaußsche Anregungsverteilung für verschiedene Abstände d zwischen der Wandleroberfläche und der Hauptwellenfront. Kreiswandler, Radius 10 mm, Anregungsimpuls: Halbzyklen $\sin^2$ mit der maximalen Frequenz im Spektrum 2 MHz, Nahfeldlänge 16,9 mm.

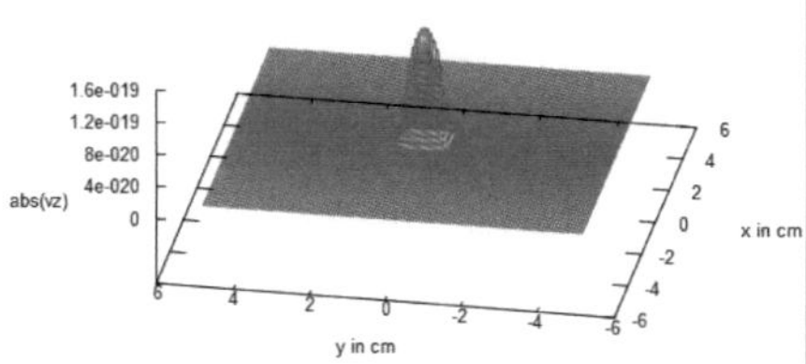	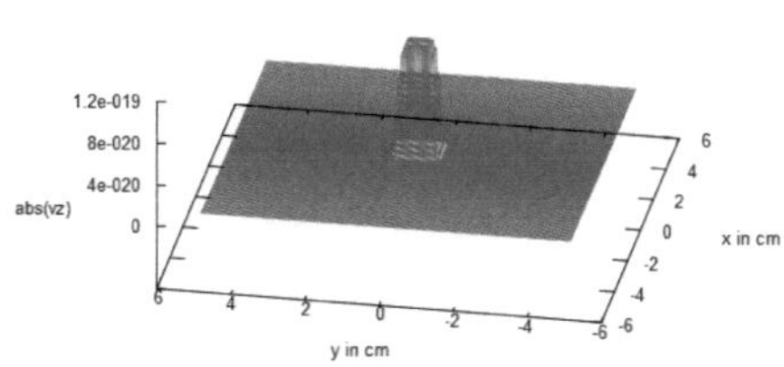
(a)	(b)

Tabelle 4.16: Schallfeldprofil mit der Gaußschen (a) und mit der gleichmäßigen Anregungsverteilung (b) auf der Prüfkopfoberfläche für einen quadratischen Wandler mit der Seitenlänge von 10 mm.

<table>
<tr><th>EFIT-PSS</th><th>CEFIT</th><th>Analytisch</th></tr>
<tr><td>Berechnungen für alle Wandlergeometrien möglich</td><td>nur achsensymmetrische Probleme</td><td>alle Wandlergeometrien möglich</td></tr>
<tr><td colspan="2">Realisierung verschiedener Randbedingungen möglich</td><td>Ausbreitungsmedium als unendlicher Halbraum</td></tr>
<tr><td colspan="2">Berücksichtigung der Nahfeldeffekte</td><td>keine Nahfeldeffekte</td></tr>
<tr><td colspan="2">Ausbreitung von L- und T-Wellen, Wellenmodenumwandlung</td><td>L- und T-Wellen breiten sich unabhängig aus,
keine Wellenmodenumwandlung</td></tr>
<tr><td colspan="2">impulsförmige Anregung</td><td>Anregung mit einer ebenen Welle</td></tr>
</table>

Tabelle 4.17: Vergleich der EFIT-PSS-Technik im Vergleich mit rein numerischen (CEFIT) und analytischen Verfahren.

4.7 Schlussfolgerungen

4.7.1 Zusammenfassung der Ergebnisse zur EFIT-PSS-Technik

Es wurde ein neuer Ansatz zur Modellierung von Ultraschallarrays entwickelt, bei dem die Finite Integrationstechnik für elastische Wellen (EFIT) mit der Punktquellensynthese (PSS) kombiniert wurde. Mit diesem Ansatz erfolgte die Berechnung des transientes Schallfeldes in zwei Schritten:

1. Berechnung der Wellenausbreitung von einer Punktquelle,

2. Summation elementarer Schallfelder von allen Punktquellen innerhalb der Wandlerapertur.

Da die Wellenausbreitung von einer elementaren Punktquelle ein achsensymmetrisches Problem darstellt, vereinfacht sich der erste Simulationsschritt zu einem zweidimensionalen Problem in zylindrischen Koordinaten. Dadurch verkürzen sich die Rechenzeiten für die Gesamtsimulation bis auf ein Hundertstel im Vergleich zu den Rechenzeiten für eine dreidimensionale numerische Schallfeldberechnung in kartesischen Koordinaten. Darüber hinaus behält die Hybridtechnik EFIT-PSS viele Vorteile rein numerischer Methoden bei.

In dieser Arbeit wurde die EFIT-PSS-Technik für die Schallfeldberechnungen in homogenen und isotropen Medien verwendet. Es wurden zuerst Schallfelder von Einzelelementwandlern verschiedener Geometrien berechnet, wo die elementaren Punktquellen nur räumlich zueinander verschoben waren. Im nächsten Schritt wurden Schallfelder von Linienarrays für verschiedene Fokustiefen und Schwenkwinkel berechnet. In diesem Fall waren die Punktquellen innerhalb der Wandlerapertur zueinander räumlich und zeitlich verschoben.

Der neue Ansatz wurde numerisch und analytisch validiert. Die EFIT-PSS-Berechnungen weisen eine gute Übereinstimmung mit anderen Simulationstechniken sowohl für eine impulsförmige als auch für eine monochromatische Anregung auf. Tabelle 4.17 vergleicht die Vorteile und Grenzen der EFIT-PSS-Technik mit denen rein numerischer und analytischer Verfahren.

Die Simulationsergebnisse können als Wellenmomentaufnahmen (Längs-, Querschnitte) zu bestimmten Zeitpunkten und als Zeitsignale in bestimmten Aufnahmepunkten (A-Bilder) dargestellt werden. Es ist auch möglich, die Schallfelder als ein 3D-Bild darzustellen. Die Methode kann für die Schallfeldoptimierung von Phased-Array-Wandlern eingesetzt werden. Im Vergleich zu (halb)analytischen Methoden erfolgt die Simulation direkt im Zeitbereich und für eine breitbandige Anregung.

4.7.2 Weitere Anwendungen der EFIT-PSS-Technik

Die EFIT-PSS-Technik hat sich als ein Ansatz erwiesen, der sich vorteilhaft für Schallfeldberechnung von Linienarrays verwenden lässt. Um umfangreiche Prüfprobleme mit dieser Technik modellieren zu können, bieten sich folgende Erweiterungen hinsichtlich neuer Anwendungen an:

- Schallfeldberechnung für beliebig geschichtete Medien [45].
- Schallfeldberechnung in plattenförmigen Strukturen, Ausbreitung von geführten Wellen [49].

4.7.3 Mögliche Erweiterungen der EFIT-PSS-Technik

Im Folgenden soll aufgezeigt werden, welche Perspektiven sich für zukünftige Arbeiten ergeben könnten:

- Schallfeldberechnung in anisotropen Medien: Da viele in der jüngsten Zeit entwickelten Werkstoffe anisotrop sind (CFK, GFK, Schweißnahtprüfung in der Kerntechnik), wächst ein Bedarf an Schallfeldberechnung in solchen Strukturen. Marklein [32] und Hegemann [33] beschreiben die 2D- und 3D-EFIT-Formulierung für anisotrope Werkstoffe. Die Grundgleichungen können problemlos auf die EFIT-PSS-Technik übertragen werden.

- Schallfeldberechnung für nicht achsensymmetrische Probleme: Befinden sich im Ausbreitungsmedium verschiedene Defekte wie z.B. Risse oder Lufteinschlüsse und sind sie zufällig verteilt, dann ist das Schallfeld von einer Punktquelle kein achsensymmetrisches Problem mehr. Die EFIT-PSS-Technik kann in diesem Fall nicht mehr verwendet werden. Solche Probleme wurden bisher mit der 3D-EFIT (was lange Berechnungszeiten zur Folge hatte) oder mit der 2D-EFIT (was nur eine Näherung einer realen 3D-Messsituation darstellt) berechnet. Um die Berechnungszeiten für solche 3D-Probleme zu reduzieren, könnte die 3D-EFIT mit der EFIT-PSS-Technik kombiniert werden. Mit der 3D-EFIT könnte man nur dieses Teilgebiet des Ausbreitungsmediums berechnen, wo sich der Defekt befindet. Im restlichen Berechnungsgebiet wird die Wellenausbreitung effektiv mit der EFIT-PSS-Technik berechnet.

- Schallfeldberechnungen für Matrixarrays: Die Implementierung der EFIT-PSS-Technik erlaubt eine effektive Berechnung von dreidimensionalen Schallfeldern. Dieses Merkmal ist von besonderer Bedeutung für zukünftige Schallfeldberechnungen für Matrixarrays, wo eine echte dreidimensionale Schallfeldsteuerung möglich ist.

- Optimierung der Verzögerungszeiten für die Phased-Array-Ansteuerung: In dieser Arbeit wurden die Verzögerungszeiten nur anhand der Gesetze der geometrischen Akustik berechnet. Dabei betrachtet man mögliche Reflektoren als punktförmige Quellen. Darüber hinaus vernachlässigt man die Dauer und Form des Sendeimpulses. Mithilfe der EFIT-PSS-Simulation könnte man aber eine reale Messsituation nachbilden und so die Verzögerungszeiten für eine genauere Fokussierung und für ein genaueres Schwenken optimieren.

- Adaptives Gitter: Bei der EFIT-PSS-Technik wird die Größe der Gitterzelle an die kleinste Wellenlänge angepasst. Für die Berechnungen der Wellenausbreitung in Festkörpern mit Wasserankopplung muss das gesamte Berechnungsgebiet mit sehr feinen Gitterzellen diskretisiert werden. Die EFIT-PSS-Technik ließe sich um adaptive Gitter erweitern. Hier können zum Beispiel bereits bekannte Lösungen aus der FDTD-Technik adaptiert werden. Im Fall eines adaptiven Gitters wird die Größe der Gitterzelle an das aktuelle Ausbreitungsmedium angepasst. So ergibt sich zum Beispiel in einer Wasserschicht ein feines räumliches und zeitliches Gitternetz, während im angrenzenden Festkörper die Gitterzellen größer sein können. Dieser Ansatz kann zur zusätzlichen Verkürzung der Berechnungszeit für dreidimensionale transiente Schallfelder führen.

5 Bildgebende Auswerteverfahren für scannende Ultraschallsysteme

Thema des Kapitels 4 war die Berechnung des Schallfeldes infolge der Anregung mit Ultraschallwandlern unterschiedlicher Geometrie. Im Folgenden soll nun betrachtet werden, wie bei einer bekannten Anregung aus dem Ausgangssignal von US-Sensoren bzw. Sensorarrays auf das Schallfeld und damit auf die Eigenschaften des Ausbreitungsmediums zurückgeschlossen werden kann. Diese Rekonstruktion stellt damit die Lösung des inversen Problems dar.
Ziel ist es, bildgebende Auswertealgorithmen zu implementieren, mit denen man möglichst viele Informationen über das Ausbreitungsmedium gewinnen kann. Dazu wird der konventionelle SAFT-(Synthetic Aperture Focusing Technique) Algorithmus mit der Sampling-Phased-Array-Technik (SPA) kombiniert. Als Eingangsdaten für die SAFT-Rekonstruktion wird hier synthetisches Datenmaterial verwendet, welches mit den in den Kapiteln 3 und 4 beschriebenen Simulationstechniken berechnet wurde.
Die Algorithmen werden für die Ultraschallprüfung in der Kontakt- und Immersionstechnik mit einem Linienarray implementiert und gestestet. Sie sind mit einer speziellen Datenaufnahme verbunden, die ebenfalls in diesem Kapitel beschrieben wird (Abschnitt 5.1.1 und 5.2.1). In einem ersten Schritt geht man von Messungen an einer festen Prüfkopfposition aus (Abschnitt 5.1.2 und 5.1.3). Später werden die Algorithmen auf Messungen mit einem scannenden Ultraschallsystem erweitert (Abschnitt 5.2.2).

5.1 Messungen an einer festen Prüfkopfposition

5.1.1 Datenaufnahme

Gegeben sei ein Linienarray mit n Elementen, welches an einer festen Prüfkopfposition auf einem Testkörper mit der ebenen Oberfläche platziert wurde. Die Ankopplung an das Ausbreitungsmedium erfolgt entweder über eine dünne Ölschicht (Anordnung in der Kontakttechnik) oder über eine Wasservorlaufstrecke (Anordnung in der Immersionstechnik). Das Ausbreitungsmedium ist ein Aluminiumkörper mit folgenden physikalischen Eigenschaften:

- Schallgeschwindigkeit der Longitudinalwelle c_L = 6300 m/s,
- Schallgeschwindigkeit der Transversalwelle c_T = 3100 m/s,
- Materialdichte ρ = 2,7 g/cm^3.

In den Testkörper wurden mehrere künstliche Defekte verschiedener Geometrie und Größe eingebracht.
Für die Datenaufnahme mit einem Linienarray an einer festen Prüfkopfposition sind vier Messmethoden möglich (Tabelle 5.1):

1. **Monostatisch:** Diese Datenaufnahme, auch als Puls-Echo-Modus bekannt, ist typisch für Messungen mit Einzelelementwandlern. Sie kann aber auch auf die Phased-Array-Anwendungen

erweitert werden. In diesem Fall werden die Signale mit dem gleichen Arrayelement getaktet gesendet und empfangen. Für ein Linienarray mit n Elementen bekommt man eine Informationsmatrix mit n Signalen. Vorteilhaft bei dieser Methode ist, dass sich die aufgenommene Datenmenge in Grenzen hält und dass die Messzeiten kurz sind. Nachteilig sind fehlende Informationen aus der Sender/Empfänger-Konfigurationen, bei der der Sender nicht gleich dem Empfänger wird. Darüber hinaus können Probleme mit dem Signal-Rausch-Verhältnis auftreten, da immer nur ein Arrayelement sendet.

2. **Bistatisch:** In diesem Fall wird mit allen Arrayelementen getaktet gesendet und empfangen. Für ein Linienarray mit n Elementen ergibt sich eine Informationsmatrix mit $n \times n$ Signalen. Mit dieser Variante der Datenaufnahme gewinnt man maximale Informationen über das Ausbreitungsmedium. Man verbindet hier den Puls-Echo-Modus mit dem Pitch-Catch-Modus (wo der Sender nicht gleich dem Empfänger ist). Nachteil dieser Methode ist, dass die aufgenommene Datenmenge groß ist. Wie bei der monostatischen Datenaufnahme ist die gesendete Energie niedrig, da nur mit einem Arrayelement gesendet wird.

3. **Multistatisch:** Die multistatische Datenaufnahme entspricht der traditionellen Phased-Array-Technik. Es werden aus allen Arrayelementen gleichzeitig Signale gesendet und empfangen. Die gewünschte Richtung des Schallbündels wird durch die Berechnung der Verzögerungszeiten auf der Sendeseite bestimmt. Für ein Linienarray mit n Elementen ist die gesendete Energie um den Faktor n höher als bei der bistatischen Datenaufnahme. Nach der Messung lassen sich die empfangenen Signale nicht eindeutig den einzelnen Sender-Empfänger-Kombinationen zuordnen, da die Signale aus allen Arrayelementen gleichzeitig gesendet wurden.

4. **Transmissionsmodus:** Für die Datenaufnahme im Transmissionsmodus werden zwei mehrkanalige Ultraschallwandler benötigt. Die Datenaufnahme efolgt in diesem Fall wie bei der bistatischen Methode mit dem Unterschied, dass der Sender und Empfänger jeweils auf entgegengesetzten Seiten eines zu untersuchenden Objektes angeordnet sind. Für ein Linienarray mit n Elementen ergibt sich dabei eine Informationsmatrix mit $n \times n$ Signalen. Die Datenaufnahme im Transmissionsmodus kann für Testkörper mit großer Wandstärke und starker Schallschwächung von Vorteil sein.

Für die Bildrekonstruktion im Rahmen dieser Arbeit wird eine bistatische Datenaufnahme ausgewählt. So können maximale Informationen über das Ausbreitungsmedium gewonnen werden. Die Nachteile der bistatischen Datenaufnahme lassen sich wie folgt umgehen:

1. Niedrige gesendete Energie: Auf die Bildrekonstruktion mit dem synthethischen Datenmaterial hat dieser Effekt keinen Einfluss. Bei den Messungen muss jedoch eine höhere Verstärkung eingestellt werden.

2. Große Datenmenge: Dazu wurden hier spezielle Softwareansätze, zum Beispiel die parallele Programmierung, verwendet.

Es können sowohl Roh-Signale als auch gleichgerichtete A-Scans aufgenommen werden.
Für die Anordnung in der Immersionstechnik muss die Aufnahmelänge so gewählt werden, dass es zu keinen Mehrfachreflexionen an der Grenzfläche Wasser-Festkörper kommt. Für die Prüfung von Testkörpern aus Aluminium, wo sich der Schall ca. viermal schneller ausbreitet als im Wasser, muss die Wasservorlaufstrecke mindestens ein Viertel der Testkörperdicke betragen, damit Mehrfachreflexionen vermieden werden.

	Datenaufnahme	Informationsmatrix
Monostatisch	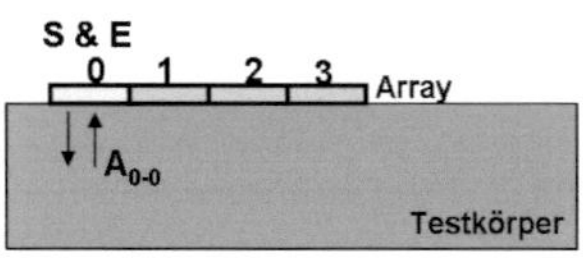	$\begin{matrix} A_{0\text{-}0} & & & \\ & A_{1\text{-}1} & & \\ & & A_{2\text{-}2} & \\ & & & A_{3\text{-}3} \end{matrix}$
Bistatisch	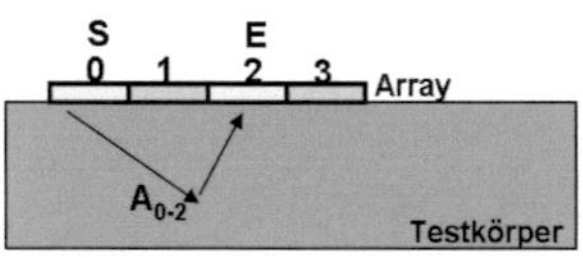	$\begin{matrix} A_{0\text{-}0} & A_{0\text{-}1} & A_{0\text{-}2} & A_{0\text{-}3} \\ A_{1\text{-}0} & A_{1\text{-}1} & A_{1\text{-}2} & A_{1\text{-}3} \\ A_{2\text{-}0} & A_{2\text{-}1} & A_{2\text{-}2} & A_{2\text{-}3} \\ A_{3\text{-}0} & A_{3\text{-}1} & A_{3\text{-}2} & A_{3\text{-}3} \end{matrix}$
Multistatisch	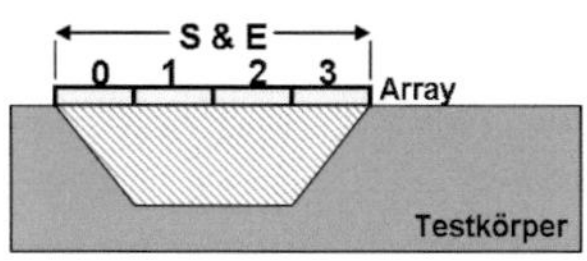	$\sum_{S=0}^{3}\sum_{E=0}^{3} A_{S-E}$
Transmissionsmodus	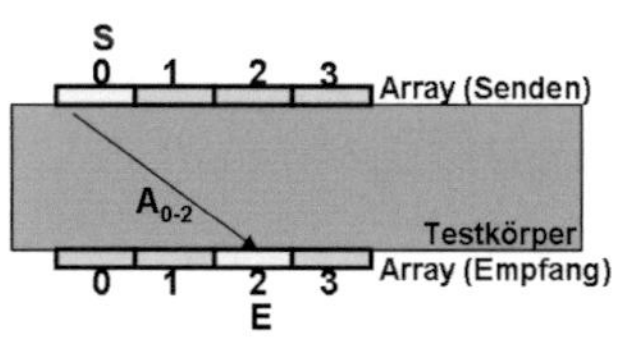	$\begin{matrix} A_{0\text{-}0} & A_{0\text{-}1} & A_{0\text{-}2} & A_{0\text{-}3} \\ A_{1\text{-}0} & A_{1\text{-}1} & A_{1\text{-}2} & A_{1\text{-}3} \\ A_{2\text{-}0} & A_{2\text{-}1} & A_{2\text{-}2} & A_{2\text{-}3} \\ A_{3\text{-}0} & A_{3\text{-}1} & A_{3\text{-}2} & A_{3\text{-}3} \end{matrix}$

Tabelle 5.1: Messmethoden für die Datenaufnahme mit einem Linienarray mit 4 Elementen an einer festen Prüfkopfposition. A_{S-E} bezeichnet ein Signal (A-Scan) in der Informationsmatrix, das sich am Empfänger E infolge des Senders S ergibt.

5.1.2 Auswertealgorithmus für die Kontakttechnik

Auf die aufgenommenen A-Scans wird im Folgenden ein Post-Processing-Algorithmus (SAFT, Abschnitt 3.5) angewendet (Listing 5.1). Der Fokussierungseffekt in jedem Pixel wird dadurch erreicht, dass die Zeitsignale konstruktiv überlagert werden, d.h. Schallwegunterschiede zum Fokuspunkt nicht berücksichtigt werden brauchen.
Der Auswertealgorithmus für Messungen an einer festen Prüfkopfposition in der Kontakttechnik ist eine Erweiterung des konventionellen SAFT-Algorithmus auf die Variante mit der Sampling-Phased-Array-Technik. Er wurde detailliert in [15] beschrieben.

```
//Einlesen aller A−Scans aus der Informationsmatrix nach der bistatischen Datenaufnahme
for (j = 0; j < SENDER_ANZAHL; j++) //Schleife ueber moegliche Sender
{
  for (k = 0; k < EMP_ANZAHL; k++) //Schleife ueber moegliche Empfaenger
  {
    for (n = 0; n < SAMPLE_ANZAHL; n++) //Schleife ueber alle Samples in einem A−Scan
    {
```

```
      int tmp = fscanf(vy_zeit, "%e ", &vy[j][k][nt]);
    }
  }
}

for (zeile = 0; zeile < NX; zeile++) //Schleife ueber alle Zeilen in einem Testkoerper
{
  for (spalte = 0; spalte < NY; spalte++) //Schleife ueber alle Spalten in einem Testkoerper
  {
    wert = 0.0; //Anfangswert im Pixel (zeile, spalte)
    for (j = 0; j < SENDER_ANZAHL; j++)
    {
      thin = shin/CL; //Laufzeit vom Sender j zum Aufpunkt (zeile, spalte)
      for (k = 0; k < EMP_ANZAHL; k++)
      {
        truck = sruck/CL; //Laufzeit vom Aufpunkt (zeile, spalte) zum Empfaenger k
        tges = thin + truck; //Gesamtlaufeit
        index = (int)(tges/DT); //Umrechnung in Zeitschritte
        wert += vy[j][k][index]; //Summmation
      }
    }
    fprintf(saft_ergebnis, "%e ", wert); //Speichern des Ergebnisses fuer das Pixel (zeile, spalte) in der Ausgabedatei
  }
}
```

Listing 5.1: SPA+SAFT-Algorithmus für Messungen an einer festen Prüfkopfposition, Anordnung in der Kontakttechnik.

5.1.3 Auswertealgorithmus für die Immersionstechnik

Für die Anordnung in der Immersionstechnik ist eine Korrektur des SAFT-Algorithmus notwendig, da sich hier die Ultraschallwellen in zwei Medien (Wasser, Festkörper) ausbreiten. Erfolgt keine entsprechende Korrektur des SAFT-Algorithmus, werden die Reflektoren an falschen Stellen abgebildet. Bei der Korrektur für die Immersionstechnik sind zwei Ansätze möglich:

- Einführung einer virtuellen Quelle auf der Oberfläche des Testkörpers (Abbildung 5.1).
- Berücksichtigung der Brechung an der Grenzfläche Wasser-Testkörper (Abbildung 5.2).

a) Einführung einer virtuellen Quelle auf der Oberfläche des Testkörpers

Der erste Ansatz ergibt sich vor allem wegen seiner einfachen Implementierung als vorteilhaft. In diesem Fall werden die aufgenommenen Signale (A-Scans) im Post-Processing-Algorithmus so überlagert, als ob das Schallbündel auf einem Punkt auf der Oberfläche eines Testkörpers fokussiert wurde. Der Fokuspunkt auf der Oberfläche eines Testkörpers wirkt physikalisch als eine Punktquelle großer Leistung, die in allen Raumrichtungen gleichmäßig abstrahlt. Diese Punktquelle auf der Oberfläche wird im Weiteren als virtuelle Quelle bezeichnet. Da eine virtuelle Quelle sowohl eine Longitudinal- als auch eine Transversalwelle abstrahlt, ist es möglich, die Transversalwelle in die Auswertung einzubeziehen.
Im speziellen Fall, wenn die virtuelle Quelle die gleiche x-Koordinate wie die Arraymitte besitzt, lässt sich der Betrieb eines Einzelelementwandlers mit einer festen Fokustiefe (akustische Linse) nachbilden (Abbildung 5.1a). Im Allgemeinen kann man mit diesem Ansatz auf die Oberfläche unter verschiedenen Schwenkwinkeln softwaremäßig fokussieren (Abbildung 5.1b). Erfolgt dies gleichzeitig unter mehreren Schwenkwinkeln, so bildet man den Betrieb eines mehrkanaligen Ultraschallwandlers

nach. Man muss dabei beachten, dass die Schwenkwinkel unter dem ersten Grenzwinkel der Totalreflexion liegen sollen (für Aluminium 13°). Für größere Schwenkwinkel breitet sich zunehmend die Transversallwelle aus, die beim bisherigen SAFT-Algorithmus nicht in die Auswertung einbezogen wurde.
Da die maximale Auflösung beim SAFT-Algorithmus der typischen Ausdehnung eines Arrayelementes entspricht ($\lambda/2$, wobei λ die Wellenlänge ist), müssen die virtuellen Quellen nicht dichter als im Elementabstand voneinander entfernt liegen.
Listing 5.2 stellt den zugehörigen Quellcode für den Fall dar, dass die virtuelle Quelle die gleiche x-Koordinate hat wie die Arraymitte.

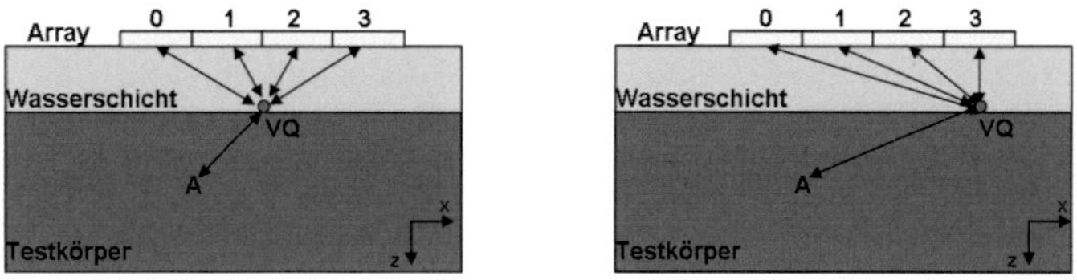

(a) Fokussierung (b) Fokussierung und Schwenken

Abbildung 5.1: Post-Processing-Algorithmus mit einer virtuellen Quelle für die Immersionstechnik. *VQ*: virtuelle Quelle, *A*: aktueller Aufpunkt.

```
//Einlesen aller A-Scans aus der Informationsmatrix (wie im Listing 5.1)
//hw- Wasserschichtdicke
//NW - erste Zeile in Festkoerper
for (zeile = NW; zeile < NX; zeile++) //Schleife ueber alle Zeilen in einem Testkoerper
{
  for (spalte = 0; spalte < NY; spalte++) //Schleife ueber alle Spalten in einem Testkoerper
  {
    wert = 0.0; //Anfangswert im Pixel (zeile, spalte)
    for (j = 0; j < SENDER_ANZAHL; j++)
    {
      shin1 = abstand(x_s[j],0.0,ARRAY_MITTE, hw); //Abstand Sender-Fokuspunkt
      shin2 = abstand(ARRAY_MITTE, hw, x,y); //Abstand Fokuspunkt-Pixel (x,y)
      shin = shin1 + shin2;
      thin = shin/CL; //Laufzeit vom Sender j zum Aufpunkt (zeile, spalte)
      for (k = 0; k < EMP_ANZAHL; k++)
      {
        sruck1 = abstand(x,y,ARRAY_MITTE, hw); //Abstand Pixel (x,y)- Fokuspunkt
        sruck2 = abstand(ARRAY_MITTE, hw, x_e[k], 0.0); //Abstand Fokuspunkt - Empfaenger
        sruck = sruck1 + sruck2;
        truck = sruck/CL; //Laufzeit vom Aufpunkt (zeile, spalte) zum Empfaenger k
        tges = thin + truck; //Gesamtlaufeit
        index = (int)(tges/DT); //Umrechnung in Zeitschritte
        wert += vy[j][k][index]; //Summmation
      }
    }
    fprintf(saft_ergebnis, "%e ", wert); //Speichern des Ergebnisses fuer das Pixel (zeile, spalte) in der Ausgabedatei
  }
}
```

Listing 5.2: SPA+SAFT-Algorithmus für Messungen in der Immersionstechnik an einer festen Prüfkopfposition. Ansatz mit virtueller Quelle.

b) Berücksichtigung der Brechung an der Grenzfläche Wasser-Testkörper

Diese SAFT-Variante basiert auf dem Fermat'schen Prinzip, das besagt, dass sich akustische Strahlen vom Sender zum Empfänger immer entlang des kürzesten Weges ausbreiten. In einem homogenen, isotropen Medium ist der kürzeste Weg immer eine Gerade. Im Fall einer geschichteten Anordnung wird der akustische Strahl an der ebenen Grenzfläche zwischen zwei Medien unterschiedlicher akustischen Impedanzen gebrochen. Die aufgenommenen Signale (A-Scans) werden in dem SAFT-Algorithmus so überlagert, dass die Brechung an der Grenzfläche Wasser-Testkörper berücksichtigt wird. Die mathematische Aufgabe besteht darin, den kürzesten Weg vom Sender zum Empfänger zu finden. Abbildung 5.2 zeigt die Wellenausbreitung für die Anordnung in der Immersionstechnik mit der Berücksichtigung der Brechung an der Grenzfläche Wasser-Testkörper.
Gegeben sei ein akustischer Strahl, der vom Sender S gesendet wird und zum aktuellen Pixel A gelangen soll. Aus dem Fermat'schen Prinzip ist bekannt, dass er sich nicht entlang des Weges S-A'-A (wo die Grenzfläche im Punkt B_1 passiert wird) und auch nicht entlang des Weges S-S'-A (wo die Grenzfläche im Punkt B_3 passiert wird) ausbreiten wird, sondern entlang des Weges S-A. Er passiert die Genzfläche im Punkt B_2, der zum Intervall $\langle B_1, B_3 \rangle$ gehört. Die Suche nach dem kürzesten Weg kann mit zwei Methoden erfolgen:

- Implementierung eines Suchalgorithmus mit der Berechnung aller möglichen Schallwege von S nach A und Auswahl des Schallweges mit der geringsten Ausbreitungszeit.
  Mögliche Brechungspunkte liegen auf der Grenzfläche im Abstand $\triangle b$ voneinander ($\triangle b$ ist die Gitterschrittweite). Für sie alle berechnet man die Laufzeiten vom Sender zum Aufpunkt entsprechend Abbildung 5.2:

$$t = \frac{\sqrt{xb^2 + hw^2}}{cw} + \frac{\sqrt{(d - xb)^2 + hf^2}}{cf}. \tag{5.1}$$

  und wählt die minimale Laufzeit aus. c_w bzw. c_f ist dabei die Schallgeschwindigkeit der Longitudinalwelle im Wasser bzw. Festkörper.

- Extremumsuche und Lösung einer nichtlinearen Gleichung.
  Durch die Ableitung der Gleichung (5.1) nach xb bekommt man den kürzesten Weg von S nach A. Die Ableitung nach xb lautet:

$$\frac{\partial t}{\partial xb} = 0 = \frac{1}{cw} \cdot \frac{xb}{\sqrt{xb^2 + hw^2}} + \frac{1}{cf} \cdot \frac{d - xb}{\sqrt{(d - xb)^2 + hf^2}}. \tag{5.2}$$

  Durch die Lösung dieser Polynomgleichung nach xb wird der Brechungspunkt gefunden.

Die Suche nach dem kürzesten Weg muss für alle möglichen Sender/Aufpunkt- sowie Aufpunkt/Empfänger-Paare wiederholt werden.

5.1.4 Einfluss der Elementanzahl auf die Bildrekonstruktion

a) Zielstellung

Im Folgenden soll der Einfluss der Elementanzahl des Ultraschallarrays auf die Bildrekonstruktion untersucht werden.

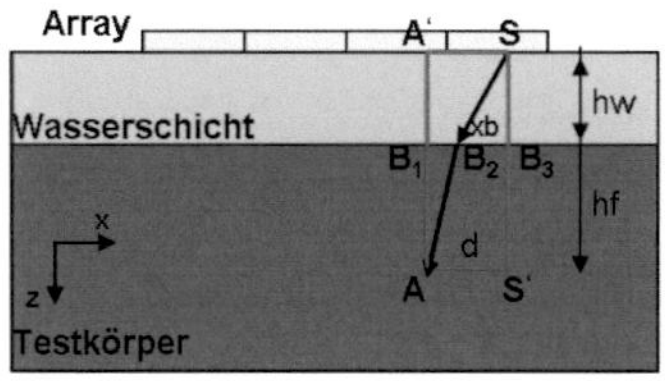

Abbildung 5.2: Wellenausbreitung für die Anordnung in der Immersionstechnik. Berücksichtigung der Brechung an der Grenzfläche Wasser-Testkörper.
S aktueller Sender, *A* aktueller Aufpunkt, *hw* Länge der Wasservorlaufstrecke, *hf* Abstand in z-Richtung zwischen der Grenzfläche und dem aktuellen Aufpunkt A, *d* Abstand in x-Richtung zwischen Sender und Aufpunkt, *xb* Abstand in x-Richtung zwischen Sender und Brechungspunkt B_2.

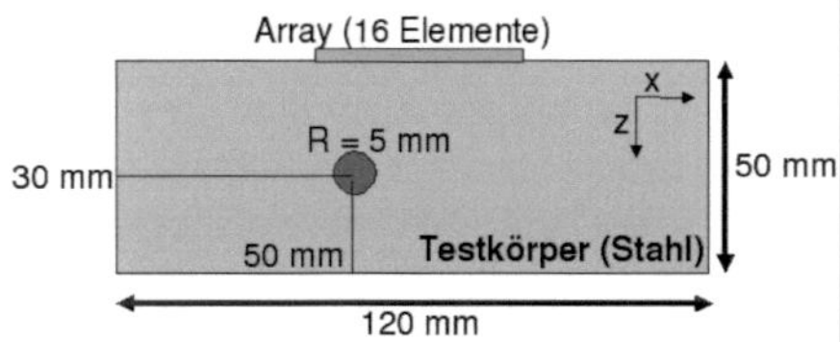

(a) Anordnung 1: 16 Elemente, Arraymitte bei x = 60 mm

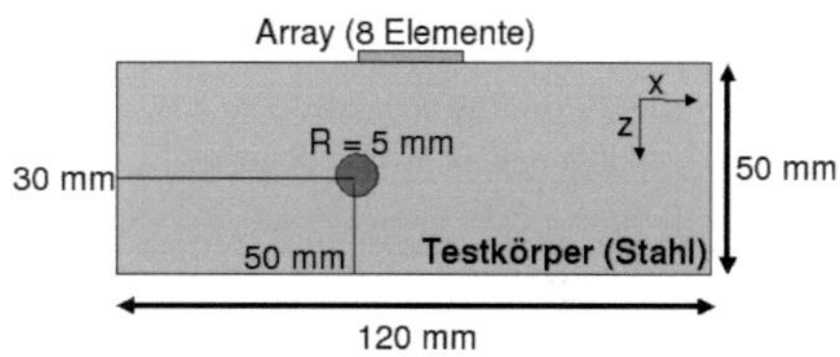

(b) Anordnung 2: 8 Elemente, Arraymitte bei x = 60 mm

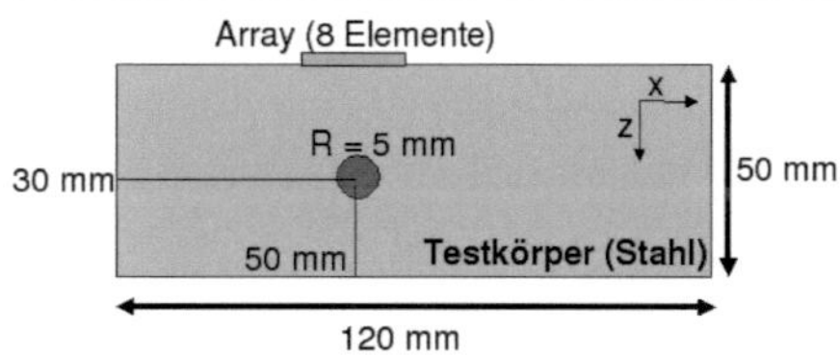

(c) Anordnung 3: 8 Elemente, Arraymitte bei x = 50 mm

Tabelle 5.2: Geometrie der 2D-Berechnungsmodelle für die Schallfeldsimulation, die als Ausgangspunkt für den SAFT-Algorithmus zum Einfluss der Elementanzahl verwendet wird.

b) Vorgehensweise

Die Berechnung besteht aus zwei Schritten. Zuerst werden die Schallfelder mithilfe einer 2D-EFIT-Simulation berechnet. Diese dienen dann als Ausgangspunkt für den zweiten Schritt, also für die Bildrekonstruktion mit dem SAFT-Algorithmus.
Die Tabelle 5.2 zeigt das Berechnungsmodell. Als Anregung wurde ein RC2-Puls mit der Mittenfrequenz von 1 MHz gewählt, die den Sendeimpuls realer Ultraschallprüfköpfe hinreichend gut modelliert. Die Berechnungsdauer beträgt 20 μs und berücksichtigt die Dicke des Ausbreitungsmediums sowie die Länge des Anregungsimpulses.

c) Diskussion der Ergebnisse für die Vorwärtsberechnung

Das Linienarray arbeitet im Sampling-Phased-Array-Betrieb, so wird der kugelförmige Reflektor aus verschiedenen Richtungen beleuchtet. Tabelle 5.3 zeigt die Ergebnisse der Schallfeldberechnung am Beispiel des 5. und 11. Arrayelementes als Sender. Die Bilder können folgendermaßen interpretiert werden:

1. Da die Abmessung des Arrayelementes in der Größenordnung der Wellenlänge liegt, verhält sich das Schallfeld wie ein Schallfeld einer Punktquelle. Vom Wandler breitet sich eine Kugelwelle aus (Tabelle 5.3a, b).

2. Man sieht deutlich die Divergenz des Schallfeldes. Die gesendete Welle trifft auf die Arraynachbarelemente. Die Longitudinalwelle erreicht den kugelförmigen Reflektor und wird von seiner Oberfläche reflektiert (Tabelle 5.3a, b).

3. Nach der Wellenumwandlung an der Reflektorfläche ergibt sich die reflektierte Longitudinal- und Transversalwelle (Tabelle 5.3c, d).

4. Anschließend befinden sich die sekundären (reflektierten) Longitudinal- und Transversalwelle auf dem Rückweg zum Array. Die erste gesendete Longitudinalwelle wird von der Rückwand reflektiert und gelangt auf dem Rückweg wieder in die akustische Wechselwirkung mit dem kugelförmigen Reflektor (Tabelle 5.3e, f).

Die Tabelle 5.4 zeigt die Zeitsignale der Detektorelemente. Es handelt sich in diesem Fall um ausgewählte Roh-A-Scans, die zur Bildrekonstruktion verwendet werden. Diese Zeitsignale stellen gleichzeitig eine gute Validierung für das eigene Simulationsprogramm dar. Gemäß dem Reziprozitätsprinzip muss das Zeitsignal, das vom Element *i* gesendet und auf dem Element *j* empfangen wird, gleich dem A-Scan sein, das vom Element *j* gesendet und auf dem Element *i* empfangen wird. Das trifft auch so für die Zeitsignale (a) und (d) in der Tabelle 5.4 zu. Die Bilder können folgendermaßen interpretiert werden:

1. Puls-Echo-Betrieb (Sendernummer = Empfängernummer, Tabelle 5.4b): Bei $t = 0$ beginnt der Sendeimpuls, in diesem Fall ein RC2-Impuls mit der Länge von 2 μs. Bei ca. 10 μs kann man die erste reflektierte Longitudinal-, bei 15 μs die erste reflektierte Transversalwelle beobachten. Am Ende der Aufnahmelänge ist das Rückwandecho zu sehen. Da hier die Reflexion an der schallharten Grenzfläche erfolgt, wird die Phase des Teilchengeschwindigkeitsvektors um 180° verschoben.

2. Pitch-Catch-Betrieb (Sendernummer. $\neq$ Empfängernummer, Tabelle 5.4a, c, d): Man erkennt prinzipiell die gleichen Wellenanteile wie im Puls-Echo-Betrieb, allerdings tritt am Anfang kein Signal am Empfänger. Nach einer bestimmten Zeit trifft der gesendete Schall auf die Empfängerelemente, wobei zuerst die Oberflächenwellen und danach die primäre Longitudinalwelle eintreffen.

d) Diskussion der Ergebnisse für die Bildrekonstruktion

Die Ergebnisse aus der Tabelle 5.5 zeigen:

1. Durch den Reflektor wird ein Teil (Tabelle 5.5a, b) oder sogar die gesamte Rückwand (Tabelle 5.5c) abgeschattet.

	z_L	5. Arrayelement als Sender	11. Arrayelement als Sender
Hinweg	3,8 cm	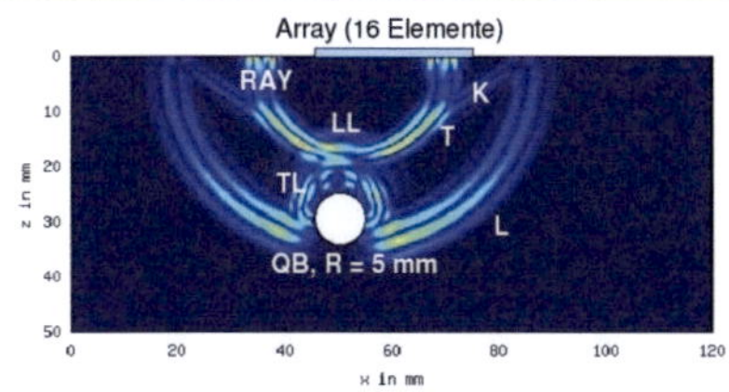 (a)	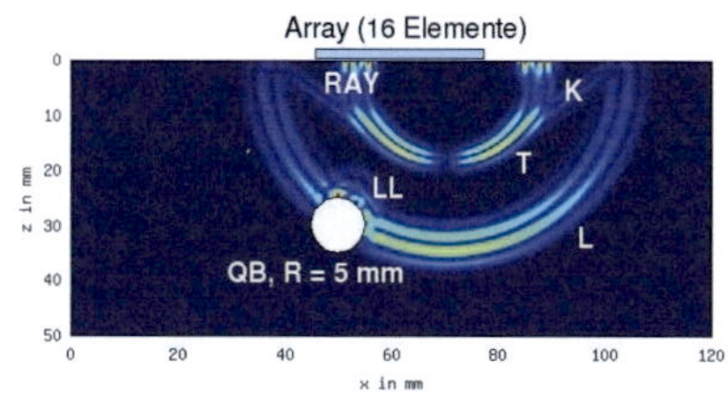 (b)
Hinweg	4,9 cm	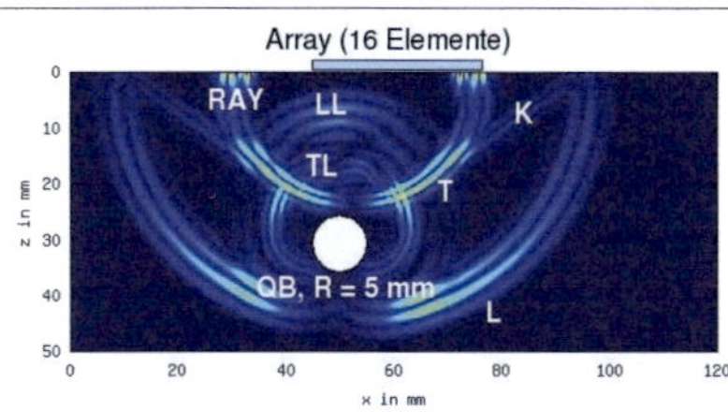 (c)	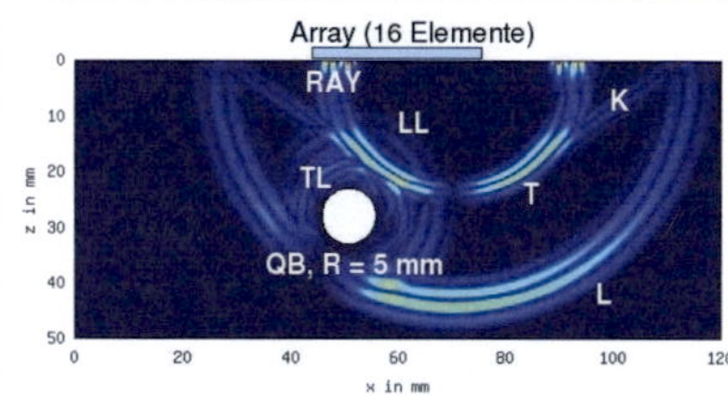 (d)
Rückweg	2 cm	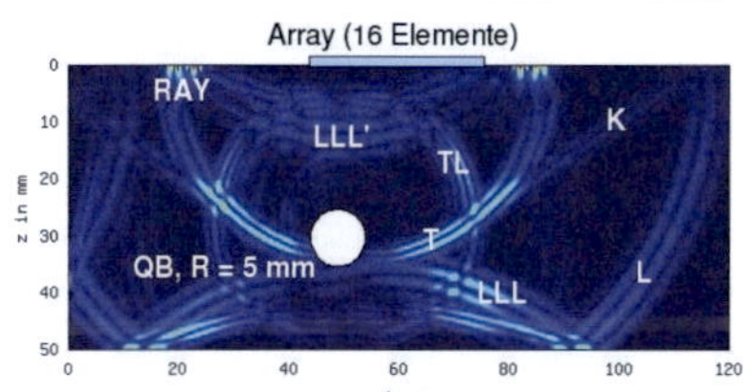 (e)	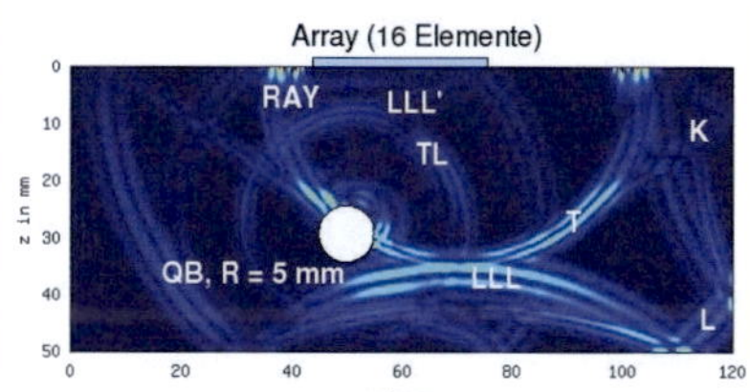 (f)

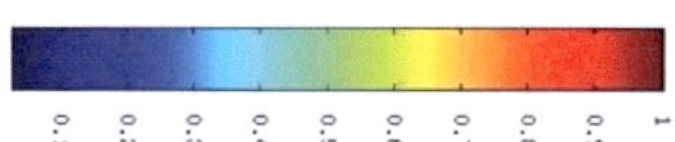

Tabelle 5.3: Ausbreitung des Schallfeldes für die Anordnung von Tabelle 5.2a für ausgewählte Arrayelemente. Sampling-Phased-Array-Betrieb. 1 MHz-Linienarray mit 16 Elementen. Dargestellt wurde der auf das Maximum normierte Betrag des Teilchengeschwindigkeitsvektors. z_L ist die aktuelle Lage der primären Longitudinalwelle.
L (T) primäre Longitudinalwelle (Transversalwelle), LL (TL) reflektierte Longitudinalwelle (Transversalwelle) nach der Wechselwirkung der Querbohrung (QB) mit der primären Longitudinalwelle, LLL reflektierte Longitudinalwelle nach der Wechselwirkung der Rückwand mit der primären Longitudinalwelle, LLL' reflektierte Longitudinalwelle nach der Wechselwirkung der sekundären Longitudinalwelle mit der spannungsfreien Oberfläche. RAY Rayleighwelle, K Kopfwelle.

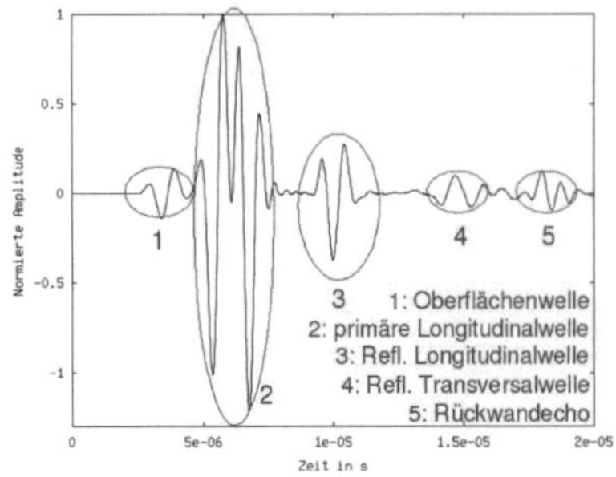

(a) Sender: 5, Empfänger: 0

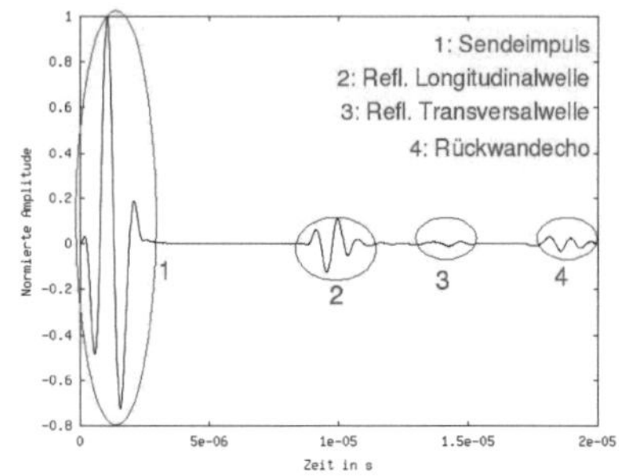

(b) Sender: 5, Empfänger: 5

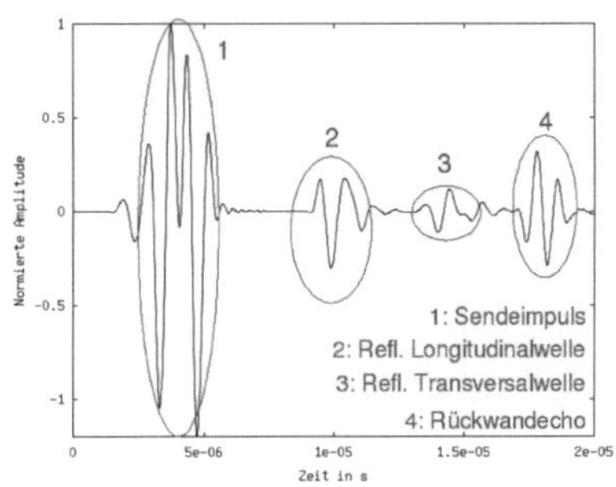

(c) Sender: 5, Empfänger: 8

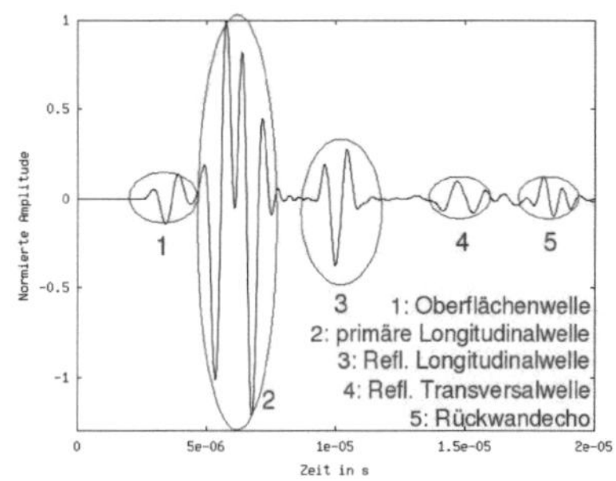

(d) Sender: 0, Empfänger: 5

Tabelle 5.4: Mit der 2D-EFIT-Simulation berechnete Zeitsignale (A-Scans) für das Modell aus der Tabelle 5.2a mit ausgewählten Sender/Empfänger-Kombinationen. Dargestellt ist die normierte Normalkomponente des Teilchengeschwindigkeitsvektors als Funktion der Zeit.

2. Die Impulsform beeinflusst die Rekonstruktion. In allen Fällen sind deutlich mehrere Schwingungen des Anregungsimpulses zu sehen.

3. Bei acht Arrayelementen, die zentral über den Reflektor platziert wurden, ergibt sich eine starke Reflexion vom kugelförmigen Defekt (Tabelle 5.5c). Dessen Ausdehnung kann man aber schlechter abschätzen als bei 16 Arrayelementen.

5.1.5 Bildrekonstruktion in der Kontakttechnik

a) Zielstellung

Ziel dieses Abschnittes ist die Bildrekonstruktion an einer festen Prüfkopfposition in der Kontakttechnik für bestimmte Referenzmodelle. Diese Berechnungsmodelle bilden eine der Messsituationen von Abschnitt 6.2.2 nach und dienen dort zum Vergleich zwischen Simulation und Messung.

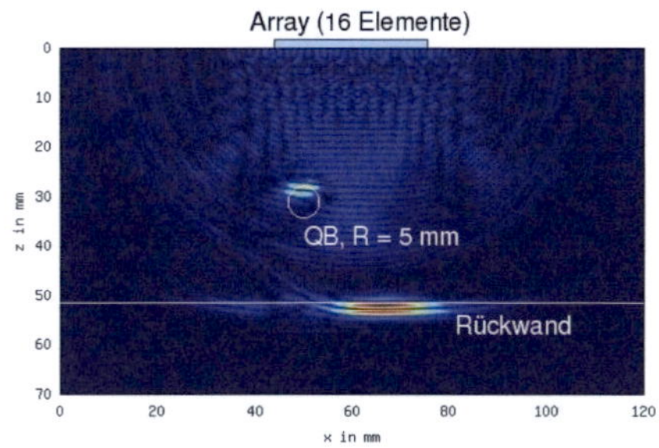

(a) Anordnung 1

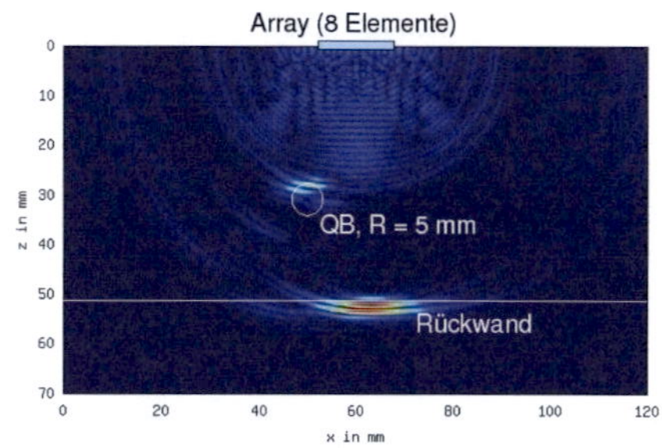

(b) Anordnung 2

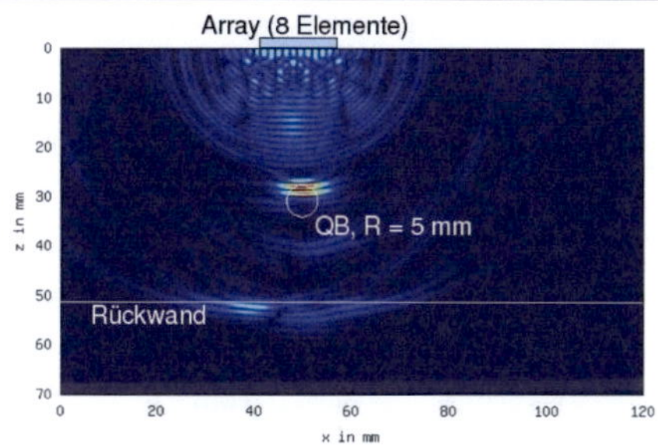

(c) Anordnung 3

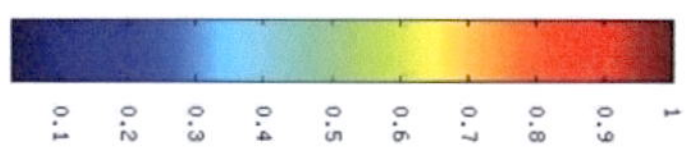

Tabelle 5.5: Einfluss der Arrayelementanzahl auf die Bildrekonstruktion mit dem SPA+SAFT-Algorithmus. Querbohrung (QB) mit einem Radius von 5 mm in Stahl. 1 MHz-Linienarray mit 16 (Anordnung 1) oder 8 (Anordnung 2 und 3) Elementen. Elementbreite 2,96 mm ($\lambda/2$ in Stahl bei 1 MHz). Dargestellt ist der auf das Maximum normierte Betrag des Teilchengeschwindigkeitsvektors.

b) Unterschiede zwischen Simulation und Messung

Zwischen den 2D-EFIT-Simulationsberechnungen und realen Messituationen ist aus folgenden Gründen nur ein qualitativer, aber kein quantitativer Vergleich möglich [37]:

1. Die Berechnung mit der 2D-EFIT ist nur eine Näherung für eine reale 3D-Messanordnung. So wird zum Beispiel eine kugelförmige Querbohrung in der Simulation als ein Zylinder unendlicher Länge modelliert, von dessen Mantelfläche die Wellen reflektiert werden.

2. Im EFIT-Berechnungsmodell wird keine Übertragungsstrecke (bestehend aus dem Kabel, Eingangsverstärker und -Filter) zwischen dem Piezoelement und dem Ausbreitungsmedium berücksichtigt. Diese Übertragungsstrecke beeinflusst aber das Eingangssignal.

3. In der Simulation wird keine weitere außer der geometrischen Materialdämpfung berücksichtigt.

c) Vorgehensweise

Wie im Abschnitt 5.1.4 dienen wiederum synthetische EFIT-Daten für die nachfolgende zweidimensionale Bildrekonstruktion. Auf die berechneten A-Scans wird der im Abschnitt 5.1.2 beschriebene SAFT-Algorithmus angewendet.
Bei der Berechnung der Wellenausbreitung geht man von einem 2,25 MHz-Linienarray mit 16 Elementen und einer Elementbreite von 1,31 mm aus. Es werden alle 256 A-Scans aus der Informationsmatrix für die Bildrekonstruktion verwendet. Für die EFIT-Simulation werden zwei verschiedene Anregungssignale genutzt:

- *RC05* mit einer Impulslänge von 222 ns.
- *RC4* mit einer Impulslänge von 1,77 μs.

Die Länge des ersten Impulses entspricht der Länge L eines idealen Rechteckimpulses bei der Mittenfrequenz f_A von 2,25 MHz:

$$L = \frac{1}{2f_A}. \tag{5.3}$$

Die Form und Länge des zweiten Anregungsimpulses wurden an die Form und Länge des realen Anregungsmesssignals angepasst.

d) Diskussion der Ergebnisse

Tabelle 5.6 zeigt die Ergebnisse der zweidimensionalen Bildrekonstruktion.
Wie die Ergebnisse zeigen, hängt das Ergebnis der Rekonstruktion von vielen Faktoren ab, wie zum Beispiel:

1. von der Form und Länge des Anregungsimpulses,
2. von der Form der Reflektoren,
3. von der Größe und der Lage der Reflektoren,
4. von der Arrayausdehnung, der Elementanzahl und -größe,
5. von der Anzahl der Messpositionen, die für die Rekonstruktion verwendet werden,

6. von geometrischen Verhältnissen zwischen den Arrayabmessungen, der Größe und der Tiefe von Reflektoren.

Im Idealfall kann man aus der zweidimensionalen Bildrekonstruktion an einer festen Prüfkopfposition die Lage des Reflektors und der Rückwand sowie die Krümmung des Reflektors bestimmen. Für ausgedehnte Reflektoren (d.h. wenn der Radius viel größer als die Ausdehnung des Ultraschallwandlers ist) sind die Messungen an mehreren Positionen notwendig, um die Reflektorkrümmung eindeutig ablesen zu können.
Wird das Linienarray direkt über eine Querbohrung platziert und ist dieser Reflektor viel kleiner als das Array, dann wird die Bohrung am besten beleuchtet und gut abgebildet. Ist die Querbohrung dagegen viel größer als die Arrayausdehnung, dann wird sie zwar gefunden, aber ihre Krümmung lässt sich nicht genau abschätzen.
Bei der Rekonstruktion der Flachbodenbohrungen sind Artefakte zu sehen (typische Halbkreise auf den Bildern in der Tabelle 5.6), die sich aus der Form solcher Reflektoren erklären lassen. Der Schall trifft in diesem Fall auf eine ebene Reflektorfläche. Ein Teil der Ultraschallenergie wird von dieser Fläche wegreflektiert und erscheint bei der Bildrekonstruktion als Artefakt. Bei der Rekonstruktion der Querbohrung ist dieser Effekt deutlich schwächer, weil die Kontaktfläche zwischen der einfallenden Welle und der Querbohrung kleiner ist. Diese Bildartefakte können auch dadurch erklärt werden, dass bei dem Rekonstruktionsgebiet keine Begrenzung auf den Arrayöffnungswinkel vorgenommen wurde. Der Einfluss des Arrayöffnungswinkels auf die Rekonstruktion wird in den Simulationen für ein scannendes Ultraschallsystem näher untersucht.
Man kann deutliche Unterschiede in der Bildrekonstruktion feststellen, abhängig davon, ob ein *RC05*- oder *RC4*-Anregungsimpuls verwendet wird. Bei dem kürzeren Impuls lässt sich die Lage und die Ausdehnung der Flachbodenbohrung genauer abschätzen. Bei längeren Impulsen sind Artefakte größer. Es treten typische Halbkreise im Bild auf. Darüber hinaus ist die Auflösung in Tiefenrichtung von der Impulslänge abhängig. Liegen die Flachbodenbohrungen nahe an der Rückwand, kann man beim *RC4*-Puls die Flachbodenbohrungen nicht mehr von der Rückwand unterscheiden (Vergleich Tabelle 5.6h und i).
Außerdem sieht man bei der Anregung mit dem *RC4*-Impuls das Übersprechen der Nachbarelemente. Dieser Effekt entsteht dadurch, dass sich der Schall kugelförmig ausbreitet und sofort auf die Arraynachbarelemente trifft. Dies ist auf den Rekonstruktionsbildern als ein Artefakt in der Nähe von der Wandleroberfläche zu sehen (Tabelle 5.6c, f und i).
Unabhängig von der Impulsform wird das Rückwandecho durch das Echo der ∅10 mm-Flachbodenbohrung geschwächt (Tabelle 5.6b und c).
Die Ausdehnung der Flachbodenbohrung lässt sich noch besser durch eine Vergrößerung des Ultraschallwandlers abschätzen. Dazu bieten sich drei Möglichkeiten an:

- Vergrößerung der Elementanzahl,
- Niedrigere Frequenz bei größeren Arrayelementen (in diesem Fall sinkt aber die Auflösung),
- Messung aus mehreren Positionen (Vergrößerung der synthetischen Apertur).

Tabelle 5.7 zeigt die Ergebnisse der Bildrekonstruktion für zwei verschiedene Anordnungen mit den ∅1mm-Querbohrungen nach einer *RC05*-Anregung. Die Lage sowie die Reflektorkrümmung lassen sich gut bestimmen. Die drei im Abstand von 2 mm (Abstand Mitte-Mitte) liegenden Querbohrungen sind gut voneinander unterscheidbar.

<table>
<tr><th>Anordnung</th><th>RC05-Anregung</th><th>RC4-Anregung</th></tr>
<tr><td>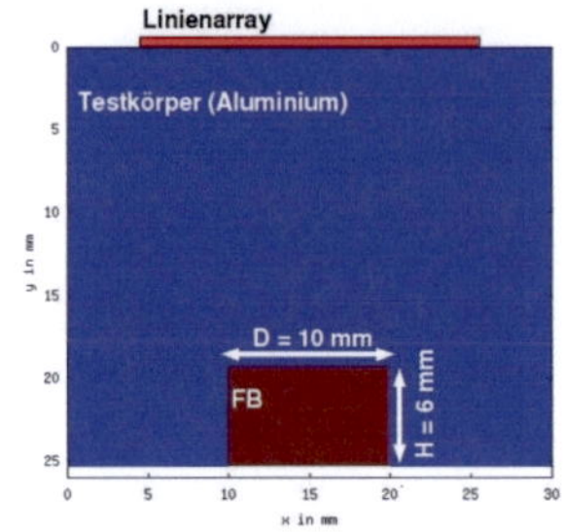

(a)</td><td>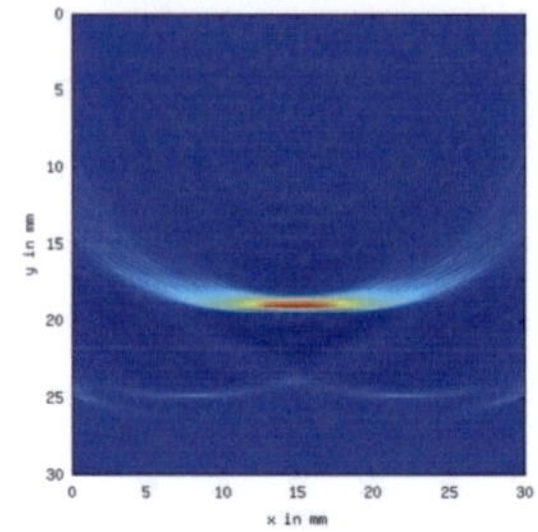
(b)</td><td>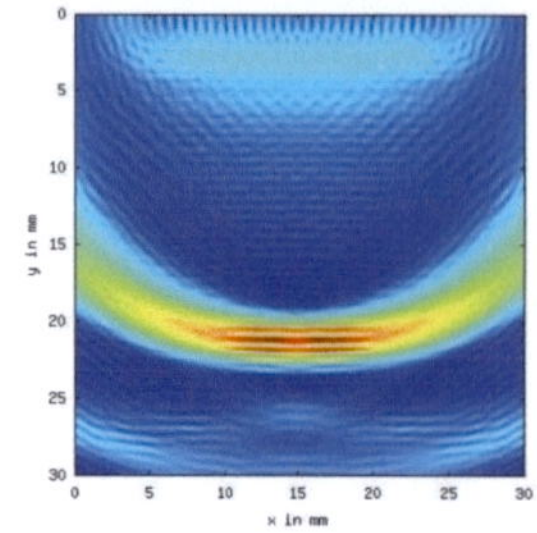
(c)</td></tr>
<tr><td>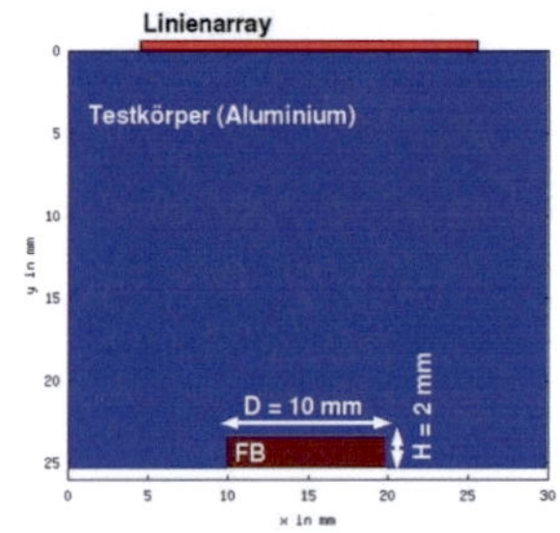

(d)</td><td>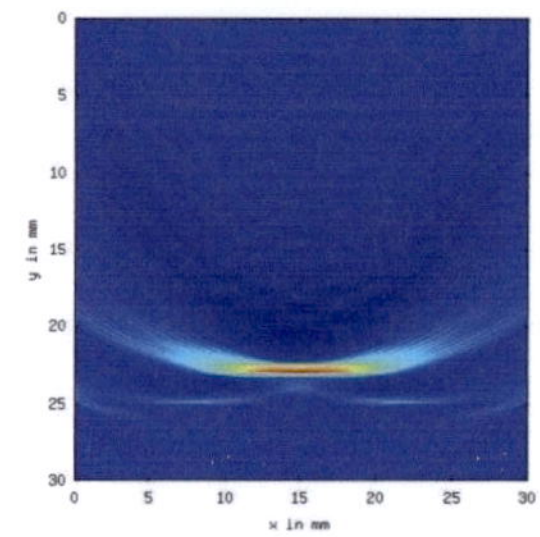
(e)</td><td>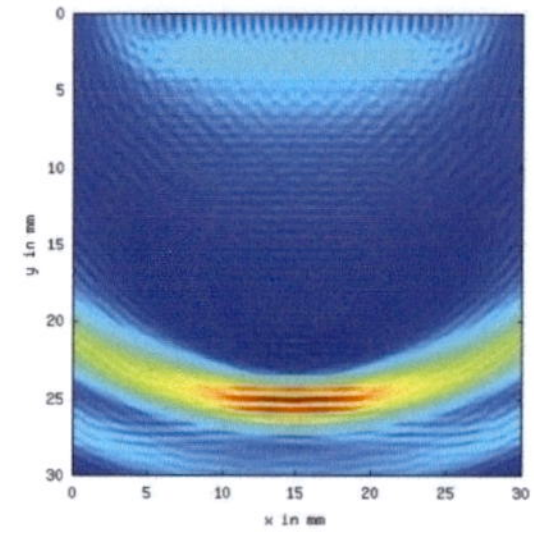
(f)</td></tr>
<tr><td>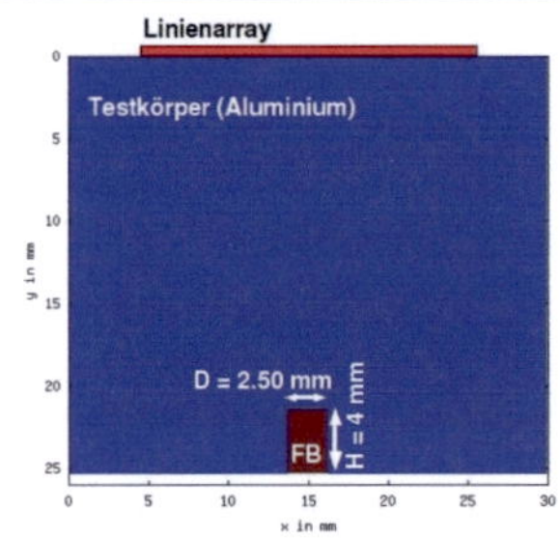

(g)</td><td>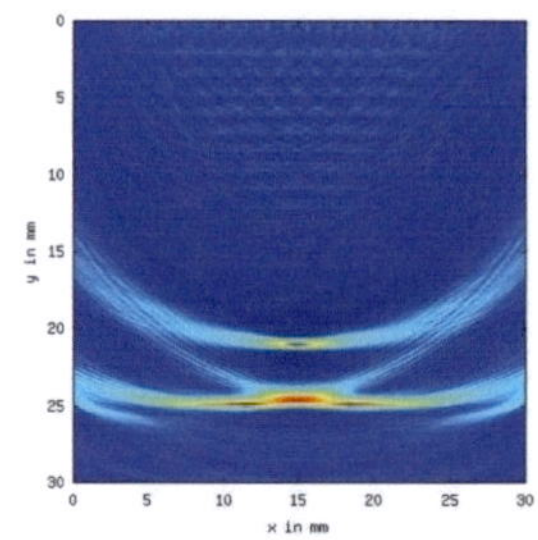
(h)</td><td>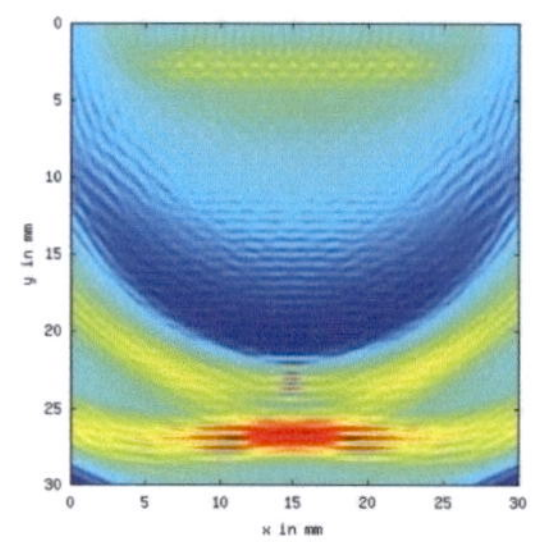
(i)</td></tr>
<tr><td colspan="3">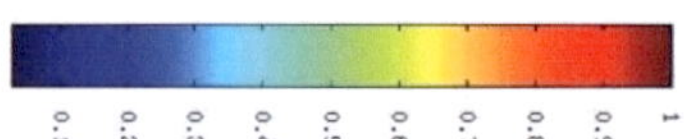
</td></tr>
</table>

Tabelle 5.6: Untersuchung des Einflusses des Anregungsimpulses sowie der Größe und Lage der Flachbodenbohrung (FB) auf die Bildrekonstruktion. SPA+SAFT-Verfahren für ein 2,25 MHz-Linienarray mit 16 Elementen und einer Elementbreite von 1,31 mm. Dargestellt ist der auf das Maximum normierte Betrag des Teilchengeschwindigkeitsvektors. *D* Durchmesser, *H* Höhe der Flachbodenbohrung.

<table>
<tr><th>Anordnung</th><th>RC05-Anregung</th></tr>
<tr><td>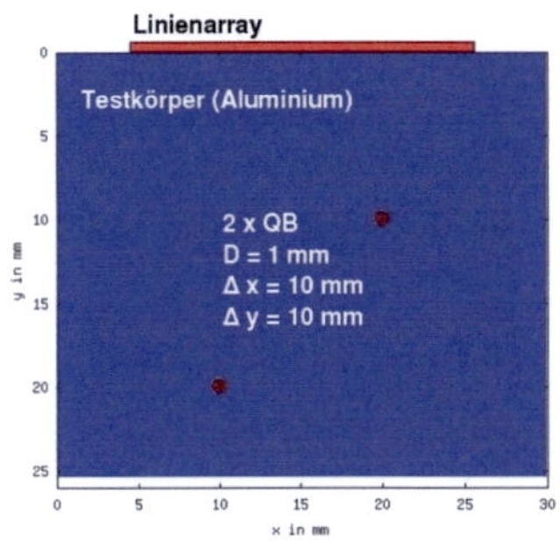

(a)</td><td>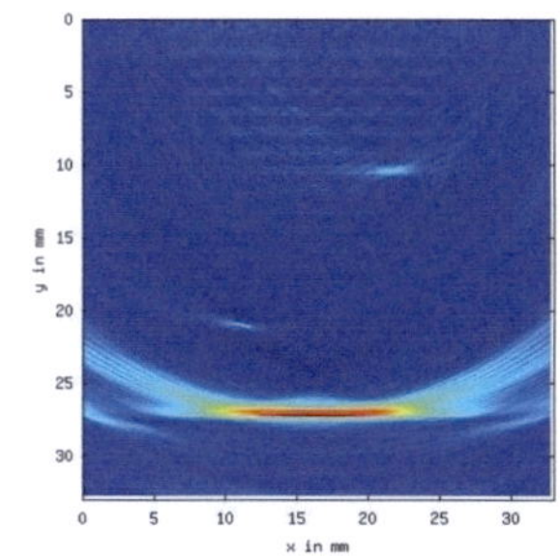

(b)</td></tr>
<tr><td>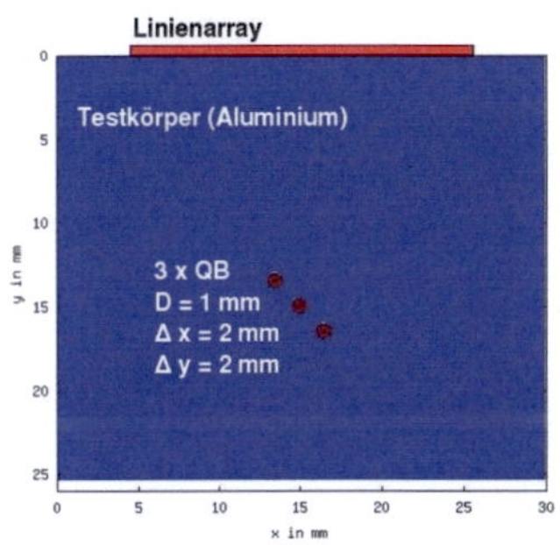

(c)</td><td>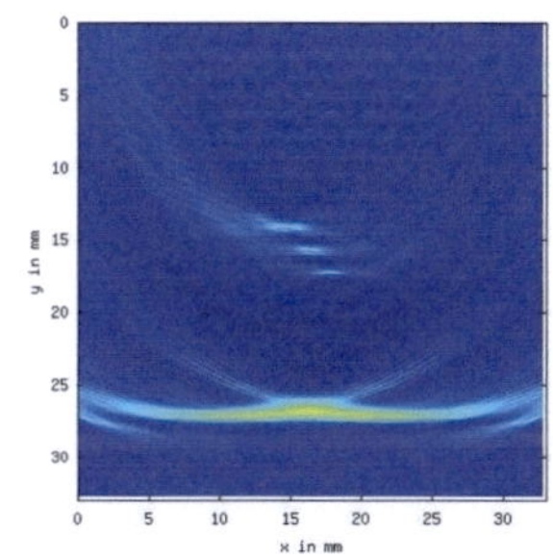

(d)</td></tr>
<tr><td colspan="2">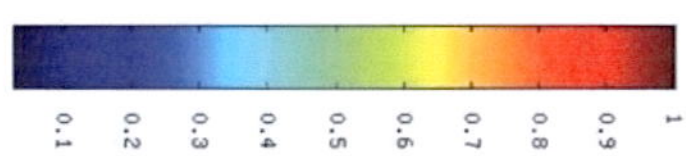</td></tr>
</table>

Tabelle 5.7: Bildrekonstruktion mit dem *RC05*-Anregungsimpuls für zwei verschiedene Berechnungsmodelle mit Querbohrungen (QB). SPA+SAFT-Verfahren für ein 2,25 MHz-Linienarray mit 16 Elementen und einer Elementbreite von 1,31 mm. Dargestellt ist der auf das Maximum normierte Betrag des Teilchengeschwindigkeitsvektors. *D* Duchmesser, $\triangle x$ Abstand zwischen zwei Querbohrungen in x-Richtung, $\triangle y$ Abstand zwischen zwei Querbohrungen in y-Richtung.

5.2 Scannendes Ultraschallsystem

5.2.1 Datenaufnahme

Im Abschnitt 5.1.1 wurde die Datenaufnahme für statische Messungen (d.h. an einer festen Prüfkopfposition) beschrieben. In diesem Abschnitt wird das Verfahren auf dynamische Messungen erweitert. Dabei wird ein Linienarray auf einem mechanischen Scanner befestigt und in der x-y-Ebene auf der Oberfläche eines Testkörpers automatisch verschoben.
Die Datenaufnahme in einem scannenden System kann in einem uni- oder bidirektionalen Modus erfolgen (Tabelle 5.8). Bei dem bidirektionalen Modus erfolgt die Datengewinnung an Messpositionen in jeder Scanlinie, bei dem unidirektionalen Modus dagegen nur an Messpositionen in geraden Linien. Tabelle 5.8c zeigt ein Scanverfahren in einem realen Scansystem (Erläuterungen dazu im Abschnitt 6.1.2).
Für einen einfachen Längsschnitt durch das zu prüfende Objekt sind die Daten aus einer einzelnen Scanlinie ausreichend. Im Fall einer dynamischen Messung sollen die A-Scans mit der Sampling-Phased-Array-Technik gewonnen werden. Im Vergleich zu statischen Messungen, wo die Mechanik an einer festen Position steht und alle Signale für die Informationsmatrix empfangen werden können, muss bei dynamischen Messungen die Scannerbewegung explizit berücksichtigt werden.
Für die Datengewinnung bei dynamischen Messungen bieten sich folgende Aufnahmetechniken an [15]:

- $n \times n$-Aufnahmetechnik (d.h. n Sender, n Empfänger),
- $1 \times n$- Aufnahmetechnik (d.h. 1 Sender, n Empfänger).

(a) Bidirektionales Scannen	(b) Unidirektionales Scannen	(c) Bidirektionales Scannen (Messplatz) $\triangle x$ ist Vorlauf- bzw. Nachlaufstrecke
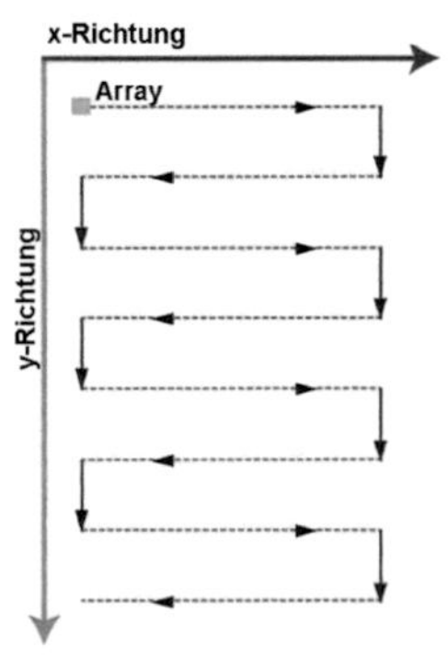 	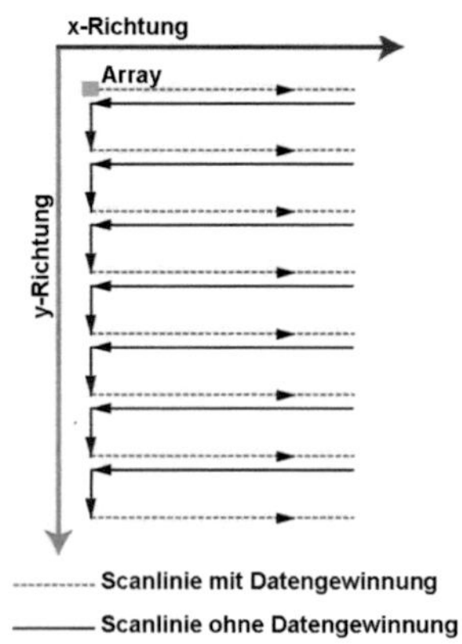 	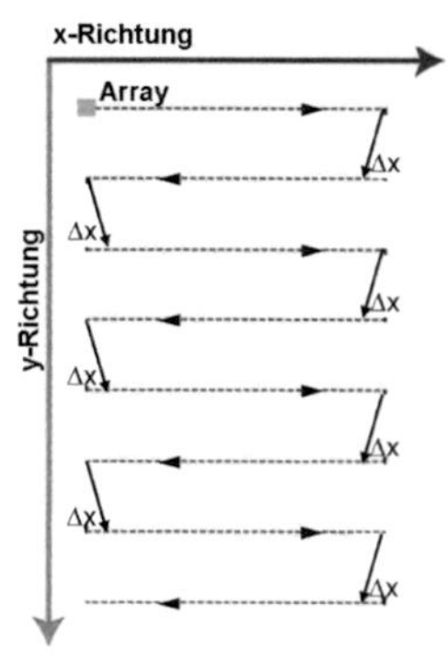

Tabelle 5.8: Scanverfahren.

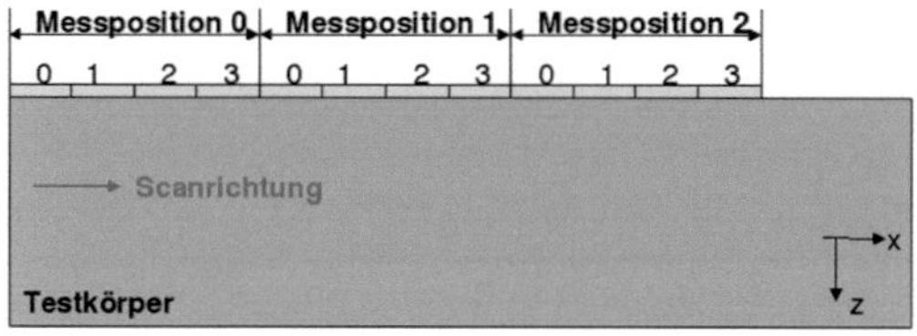

(a) Messanordnung für die $n \times n$-Datenaufnahmetechnik

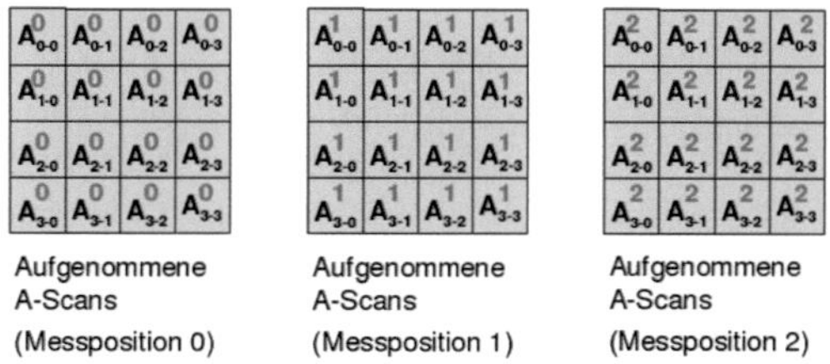

(b) Ausfüllen der Informationsmatrix bei der Messung mit einem mechanischen Scanner im Fall der $n \times n$-Datenaufnahmetechnik

Tabelle 5.9: $n \times n$-Datenaufnahmetechnik für dynamische Messungen mit einem Linienarray mit vier Elementen. A^m_{S-E} bedeutet ein an der m. Messposition aufgenommenes Signal (A-Scan), wo das Arrayelement S gesendet und das Arrayelement E empfangen hat.

Die Tabellen 5.9 und 5.10 zeigen die beiden Aufnahmetechniken. Die aufgenommenen Signale werden in Form einer Informationsmatrix dargestellt. Aus Übersichtsgründen wird die Datenaufnahme für ein Linienarray mit 4 Elementen gezeigt, die sich entlang einer Scanlinie in x-Richtung bewegt.

a) $n \times n$- Aufnahmetechnik

Bei der $n \times n$-Aufnahmetechnik (Tabelle 5.9) wird an jeder Messposition entlang der aktuellen Scanlinie eine komplette Informationsmatrix aus $n \times n$ A-Scans aufgenommen. Es wird getaktet mit allen Arrayelementen gesendet und empfangen. Der Abstand zwischen zwei Messpositionen entspricht der Arrayausdehnung. Diese Aufnahmetechnik ist für die Bildrekonstruktion, für die die A-Scans in der Simulation berechnet wurden, geeignet. Für praktische Anwendungen ist sie allerdings ungünstig. Wenn man hier alle $n \times n$ A-Scans an jeder Messposition empfangen will, müsste die Mechanik dort eine bestimmte Zeit verweilen, damit die Messelektronik alle Daten aufnimmt und an den PC schickt. Da sich die Mechanik in dieser Zeit aber schon weiter bewegt, wird eine spezielle Datenaufnahme benötigt, um die Scannerbewegung zu berücksichtigen.

b) $1 \times n$- Aufnahmetechnik

Die $1 \times n$-Aufnahmetechnik (Tabelle 5.10) ist für dynamische Messungen mit einem Ultraschallscanner besser geeignet. In diesem Fall wird zum Einem die komplette Informationsmatrix aufgenommen, zum Anderen wird hier aber die Scannerbewegung berücksichtigt. An jeder Messpositionen entlang der Scanlinie wird nur mit einem Element gesendet und mit allen empfangen. Der Abstand zwischen

zwei Messpositionen entspricht der Elementbreite.
Der Datenaufnahmezyklus für ein Linienarray mit vier Elementen erfolgt nach dem folgenden Schema:

1. An der Messposition 0 (MP0) sendet das 0. Arrayelement und empfangen die Elemente mit den Nummern 0, 1, 2 und 3. Für die Informationsmatrix wurden folgende A-Scans gewonnen: A_{0-0}, A_{0-1}, A_{0-2} und A_{0-3}. Zusätzlich dazu bekommt man aus dem Reziprozitätsgesetz ($A_{i-j} = A_{j-i}$) die Signale: A_{1-0}, A_{2-0} und A_{3-0}.

2. Der mehrkanalige Ultraschallwandler wird um die Elementbreite an die Messposition 1 (MP1) verschoben. Es sendet wieder das 0. Arrayelement, welches jetzt an der ursprünglichen Position des 1. Arrayelementes liegt. Für die Informationsmatrix wurden folgende A-Scans gewonnen: A_{1-1}, A_{1-2} und A_{1-3}. Aus dem Reziprozitätsgesetz hat man zusätzlich folgende Signale: A_{2-1} und A_{3-1}.

3. Das Array wird weiter an die Messposition 2 (MP2) und an die Messposition 3 (MP3) verschoben.

4. Nach vier Messpositionen (MP0, MP1, MP2 und MP3) ist die Informationsmatrix vollständig. Das 0. Arrayelement befindet sich an einer x-Position, an der sich ursprünglich das letzte Arrayelement befand.

5. Wenn das Array weiter um die Elementbreite verschoben wird, beginnt der neue Datenaufnahmezyklus und die nächste Informationsmatrix wird schrittweise mit A-Scans ausgefüllt.

5.2.2 Auswertealgorithmen

Auf die aufgenommenen A-Scans wird wie im Fall einer statischen Messung der SAFT-Algorithmus angewendet. Die bildgebenden Algorithmen aus dem Abschnitt 5.1.2 und 5.1.3 werden für dynamische Messungen leicht modifiziert. Die Schleife über mögliche Sender aus dem Listing 5.1 und 5.2 läuft nur für den 0. Sender ($j = 0$) durch, da an jeder Messposition nur mit diesem Element gesendet wurde. Darüber hinaus wird eine zusätzliche äußere Schleife eingefügt, die alle möglichen Messpositionen m entlang einer Scanlinie abfragt. Der Algorithmus liefert einen Längsschnitt durch den Testkörper an der Stelle $x = x_m$. Für jede neue Scanlinie m wird das Auswerteprogramm neu gestartet. Die einzelnen Längsschnitte können je nach Bedarf zu einem dreidimensionalen Bild zusammengefasst werden.

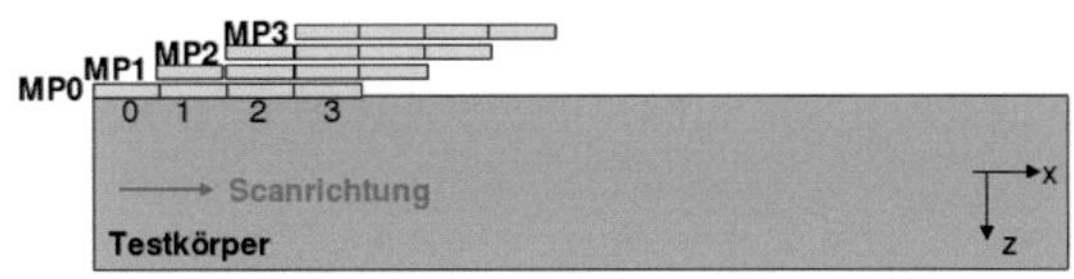

(a) Messanordnung für die $1 \times n$-Datenaufnahmetechnik

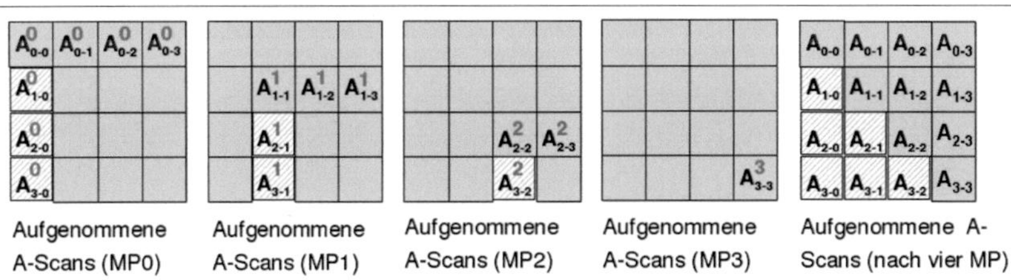

(b) Ausfüllen der Informationsmatrix bei der Messung mit einem mechanischen Scanner im Fall der $1 \times n$-Datenaufnahmetechnik

Tabelle 5.10: $1{\times}n$-Datenaufnahmetechnik für dynamische Messungen mit einem Linienarray mit vier Elementen. A^m_{S-E} bedeutet ein an der m. Messposition aufgenommenes Signal (A-Scan), wo das Arrayelement S gesendet und das Arrayelement E empfangen hat. Die schraffierten Matrixelemente stehen für die mithilfe des Reziprozitätsgesetzes aufgenommenen Signale. MP bedeutet Messposition.

6 Experimentelle Untersuchungen zur Validierung der bildgebenden Auswerteverfahren

Im Folgenden werden experimentell bildgebende Auswertealgorithmen validiert. Das im vorherigen Kapitel implementierte Verfahren wird mithilfe eines Ultraschallmessplatzes mit Linienarrays getestet und für praktische Prüfaufgaben optimiert. Die Messungen werden sowohl für isotrope Prüfobjekte als auch für anisotrope CFK- (Carbon-faserverstärkter Kunststoff) Testkörper und Mischschweißnähte durchgeführt.

6.1 Messplatz

6.1.1 Anforderungen

Das System soll aus einem mechanischen Scanner und einem mehrkanaligen Ultraschallwandler bestehen und für den Test und die Optimierung der bildgebenden Algorithmen für die Ultraschallmikroskopie benutzt werden.
An das Scansystem werden folgende Anforderungen gestellt:

- Positionierung des Prüfkopfes in mindestens drei Bewegungsachsen (x, y, z) für die Prüfung von Bauteilen mit ebenen Grenzflächen.
- Messgenauigkeit in x- und y-Richtung besser als Elementbreite.
- Übergabe der aktuellen Koordinaten an die Prüfsoftware.
- Datengewinnung im bidirektionalen Scanmodus.

An die Hardware und Software zur Steuerung von mehrkanaligen Ultraschallwandlern auf dem Messplatz werden folgende Anforderungen gestellt:

- Steuerung eines Linienarrays mit maximal 64 Elementen und Prüffrequenzen bis 20 MHz im konventionellen und im SPA- (Sampling-Phased-Array) Betrieb.
- Start der Messung durch eine entsprechende Triggerung der Messelektronik.
- Großer Dynamikbereich für die Verstärkung (insbesondere für den SPA-Betrieb, bei dem nur ein Element getaktet als Sender arbeitet).
- Auswertung der Ergebnisse in Echtzeit mit dem SAFT-Algorithmus (möglichst mit dreidimensionaler Visualisierung).

6.1.2 Aufbau

Im Rahmen dieser Arbeit wurde ein Messplatz aufgebaut, bei dem die Phased-Array-Technik mit einem mechanischen Scanner kombiniert wurde. Er besteht aus folgenden Komponenten:

- Hardware
  - Mess- und Steuerungselektronik *PCUS pro Array* (Abkürzung von PC Ultraschall, Abbildung 6.1b),
  - kommerzielle, mehrkanalige Ultraschallwandler (Abbildung 6.1c),
  - 4-Achsen-Manipulator (Abbildung 6.1d),
- Software zur Steuerung des Ultraschallarrays und des Manipulators.

Die Messungen in der Immersionstechnik erfolgen im Wasserbecken mit den Abmessungen 650 x 650 x 300 mm.

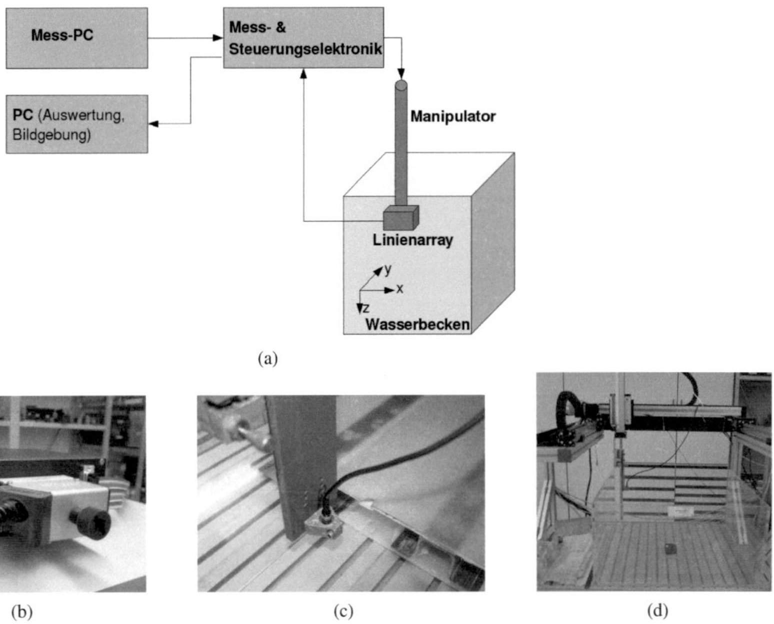

Abbildung 6.1: (a) Allgemeiner Aufbau und Komponenten des Messplatzes: (b) Mess- u. Steuerungselektronik PCUS pro Array , (c) 10 MHz-Linienarray der Firma Olympus und (d) Manipulator.

6.1.3 Hardware

a) Mess- und Steuerungselektronik

Der entwickelte Prototyp der Ultraschallmess- und Steuerungselektronik *PCUS pro Array* ist ein PCI-Steckmodul, das einen Pulser/Receiver ersetzt. Er gewährleistet damit:

- den Messdatentransfer zwischen dem Ultraschallscanner und der Prüfsoftware,
- den Transfer von Prüfparametern von der Software zum Scanner.

Die Elektronik unterstützt den SPA-Betrieb mit bis zu 64 Arrayelementen bei Prüffrequenzen bis zu 20 MHz, da die maximale Abtastrate 80 MHz beträgt. Eine ausführliche Beschreibung befindet sich in [59].

b) Verwendete mehrkanalige Ultraschallwandler

Für die Untersuchungen werden folgende mehrkanalige Ultraschallwandler mit jeweils 16 Elementen verwendet (Tabelle 6.1):

Prüffrequenz	10 MHz	5 MHz	2,25 MHz
Elementbreite	0,31 mm	0,62 mm	1,31 mm
Elementlänge	4,96 mm	9,92 mm	20,96 mm
Elementform	rechteckig	rechteckig	rechteckig
Hersteller	Olympus [14]	Sonotec [60]	Sonotec [60]

Tabelle 6.1: Übersicht über die im Experiment verwendeten mehrkanaligen Ultraschallwandler.

c) Prüfkopfpositionierung

Der 4-Achsen-Manipulator ermöglicht das mechanische Scannen eines Bauteils für Prüfungen in der Kontakt- und Immersionstechnik. Er verfügt über drei Linearachsen (x, y, z) und eine Rotationsachse (Drehteller). Zusätzlich dazu kann ein Neigungswinkel des Prüfkopfes in der x-y-Ebene eingestellt werden. Dieses ist für das Scannen gekrümmter Oberflächen wichtig, wo gewährleistet sein muss, dass sich der Wandler senkrecht zur Oberfläche bewegt.
Die maximale Scangeschwindigkeit ist viel niedriger als bei einem Ultraschallmikroskop und beträgt 150 mm/s.
Im Laufe der Untersuchungen wurde eine Ungenauigkeit des Manipulators festgestellt. Die Motoren arbeiten so, dass jede nächste Scanlinie im bidirektionalen Scanmodus nicht gerade, sondern leicht schräg angefahren wird (wie im Abschnitt 5.2.1, Tabelle 5.8c gezeigt). Da aber sowohl auf der Hin- als auch auf der Rückfahrt an gleichen Positionen gemessen werden muss, wird die Länge jeder Scanlinie um eine Vor- und Nachlaufstrecke $\triangle x$ korrigiert. Der Scanbereich liegt im Intervall $(x_{start} - \triangle x, x_{ende} + \triangle x)$, wobei der tatsächliche Messbereich um $2 \cdot \triangle x$ kleiner ist.

6.1.4 Messplatzsteuerung und Signalauswertung

Zur Zeit existiert für den Messplatz eine wissenschaftliche Software API (engl. application programming interface). Eine benutzerfreundliche GUI (engl. graphical user interface) befindet sich im Entwicklungsstadium.
Die Software steuert die Messelektronik so, dass an jeder Messposition entlang der Scanlinie ein Triggersignal erzeugt wird, das eine neue Messung auslöst. Jeder Scanlinie kann während der Messung ein Trigger-Bereich (*Minimum*, *Maximum*) zugeordnet werden. Innerhalb des Trigger-Bereiches werden in festen Abständen (*TriggerDistance*) Triggersignale ausgelöst und die aktuelle Ortskoordinate wird an die Prüfsoftware übergeben. Befindet sich die aktuelle Koordinate außerhalb des Triggerbereiches (also z.B. auf der Vorlauf- oder Nachlaufstrecke), werden keine Triggersignale erzeugt.

Darüber hinaus können in der Software diverse Eingabeparameter für die Messung eingestellt werden, wie z.B. Anzahl der aktiven Arraykanäle, Länge des rechteckigen Sendeimpulses, Aufnahmelänge und Verstärkung. Es lassen sich außerdem bis zu vier Blenden aktivieren, die zum Beispiel zur Abschätzung der Wasservorlaufstrecke für Messungen in der Immmersionstechnik verwendet werden können.

An jeder Messposition entlang der aktuellen Scanlinie speichert die Software die Daten (A-Scans und die aktuellen Koordinaten) als ASCII (Text-) oder binäre Dateien, die dann nach der Messung für die SAFT-Auswertung verwendet werden. Bei größeren Messbereichen mit vielen Scanlinien entstehen hier umfangreiche Datenmengen, die die begrenzte RAM-Kapazität überschreiten. Aus diesem Grund wurde in der Software ein *Producer-Consumer*-Konzept implementiert, wo die Messdaten durch zwei Threads verwaltet werden. Das erste Thread liest die Daten von der Messelektronik, während das zweite sie zur gleichen Zeit auf die Festplatte speichert.

Im Großen und Ganzen entspricht die Software den im Abschnitt 6.1.1 formulierten Anforderungen. Die Software unterstützt den Sampling-Phased-Array-(SPA) Betrieb mit bis zu 64 Kanälen. Der maximale Dynamikbereich für die Verstärkung beträgt 100 dB. Es ist möglich, den Manipulator mit einer Schrittweite zu steuern, die höher als die Elementbreite ist.

6.1.5 Messprinzip

Auf dem Messplatz werden statische und dynamische Messungen im SPA-Betrieb durchgeführt. Das Messprinzip für statische Messungen wurde im Abschnitt 5.1 und das für dynamische Messungen im Abschnitt 5.2 beschrieben.

6.2 Messungen und Bildrekonstruktion an einer festen Prüfkopfposition

6.2.1 Aluminiumtestkörper

Für die Validierung der Auswertealgorithmen wird ein isotroper Testkörper aus Aluminium (c_L = 6300 m/s, c_T = 3200 m/s, ρ = 2,7 g/cm^3) verwendet (Abbildung 6.2). Er enthält Flachboden- (FB) und Querbohrungen (QB) mit unterschiedlichen Durchmessern, die in verschiedenen Tiefen eingebracht wurden. Außerdem befinden sich an der Seite des Testkörpers verschiedene Aussparungen.

6.2.2 Messungen in Kontakttechnik für isotrope Testkörper

a) Vorgehensweise

Alle Messungen für den Testkörper aus Aluminium wurden mit gleichgerichteten Signalen durchgeführt. Es wurden drei Linienarrays mit jeweils 16 Elementen und Prüffrequenzen von 2,25 MHz, 5 MHz und 10 MHz verwendet. Die Länge des rechteckigen Anregungsimpulses beträgt entsprechend der Prüffrequenz 222 ns, 100 ns oder 50 ns (Gleichung 5.3).

Auf die gewonnenen A-Scans wird der SAFT-Algorithmus angewendet. Zur Bildrekonstruktion dienten die Roh-Zeitsignale. Es wurden keine speziellen Funktionen der Signalverarbeitung, wie z.B. die Hilbert-Transformation, verwendet. Aus diesem Grund spiegelt sich das Anregungssignal in den rekonstruierten Bildern wider. Da der Sendeimpuls durch die Übertragungsstrecke (bestehend aus dem Piezoelement, Kabel, Eingangsverstärker und Eingangsfilter) geschickt wird, ändert sich am Ende dieser Strecke auch die vordefinierte Länge und Form des Impulses. Das relativ lange Nachschwingen

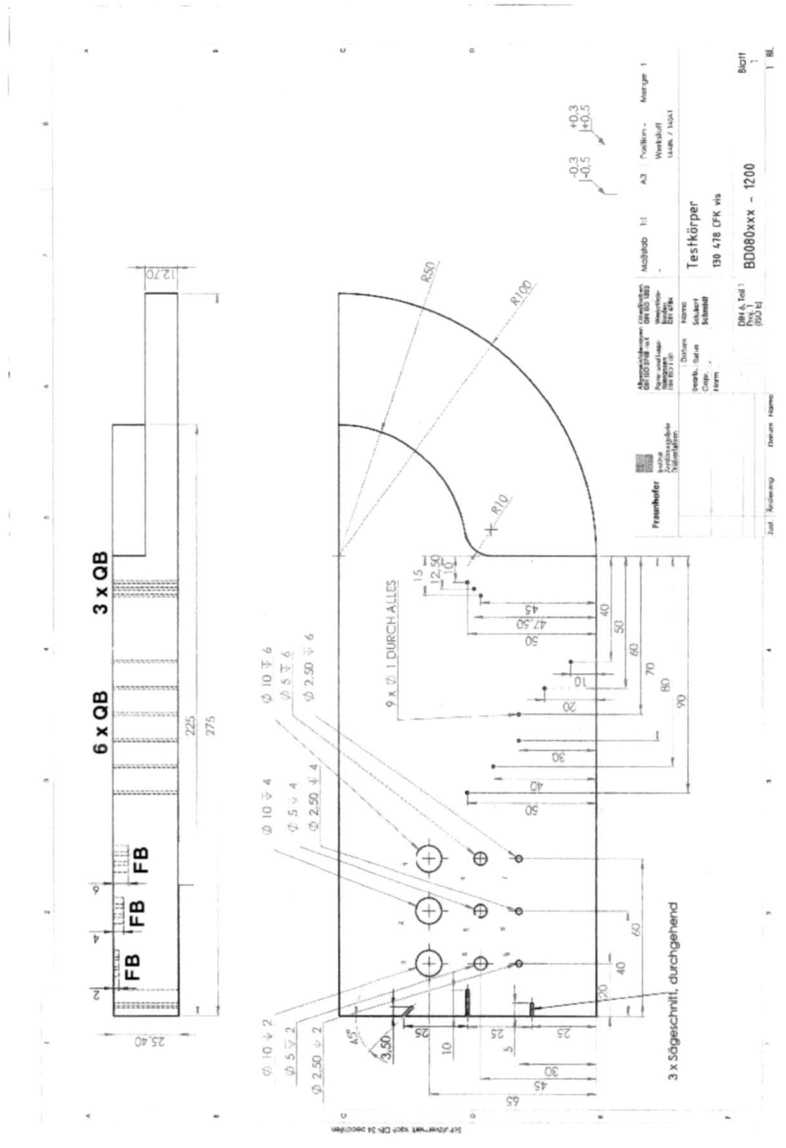

Abbildung 6.2: Aufbau des für die Experimente verwendeten Testkörpers aus Aluminium. FB Flachbodenbohrung, QB Querbohrung.

und die Verzerrung des Sendeimpulses liegt in der verfügbaren Steuerungs- und Messelektronik und konnte in dieser Arbeit nicht optimiert werden.
Wie die Simulationsberechnungen aus dem Abschnitt 5.1.4 (Tabelle 5.5) und Abschnitt 5.1.5 (Tabelle 5.6) zeigen, hängt das Ergebnis der Rekonstruktion unter anderen von geometrischen Verhältnissen zwischen den Arrayabmessungen und der Reflektorgröße ab. Aus diesem Grund wird im Folgenden ein Verhältnis V definiert:

$$V = \frac{\text{Reflektorausdehnung[mm]}}{\text{Arrayausdehnung[mm]}} \tag{6.1}$$

Mit der Reflektorausdehnung ist der Durchmesser einer Querbohrung oder die Breite einer Flachbodenbohrung zu verstehen. Die Arrayausdehnung ist als die Länge eines Ultraschallwandlers in Schwenkrichtung definiert.
In allen Fällen handelt es sich um eine zweidimensionale Bildrekonstruktion (x-y-Schnitt, wobei y die Tiefenrichtung ist). Die Bilder sind auf das jeweilige Maximum normiert.

b) Vergleich der Bildrekonstruktion aus den realen und synthetischen Daten

Die experimentellen Untersuchungen bestätigen, dass in der Bildrekonstruktion sowohl aus den realen als auch aus den synthetischen Messdaten die gleichen Effekte auftreten. Sie werden im Folgenden anhand des Vergleichs zwischen der Simulation und der Messung mit einem 2,25 MHz-Linienarray besprochen (Tabelle 6.2):

- Auf allen Rekonstruktionsbildern erscheinen Artefakte in der Nähe der Wandleroberfläche und der Flachbodenbohrung. Die Ursache für die Artefakte in der Nähe der Wandleroberfläche ist das Übersprechen der Nachbarelemente. Wie bei der Bildrekonstruktion aus synthetischen Daten erklärt (Abschnitt 5.1.5), breitet sich der Schall kugelförmig aus und trifft so auf die Nachbarelemente. Eine bessere Kanaltrennung bei der Mess- und Steuerungselektronik wäre zwar theoretisch möglich, aber die Hardware müsste dann eine größere Dimension im Vergleich zur jetzigen miniaturisierten Version haben.

- Wie im Abschnitt 5.1.5 (Tabelle 5.6) besprochen, ist die Reflektorform die Ursache für die Artefakte in der Nähe der Flachbodenbohrung (im Bild als Halbkreise zu sehen).

- Tabelle 6.2b und e zeigt die Bildrekonstruktion für eine Flachbodenbohrung mit dem Durchmesser 10 mm in zwei verschiedenen Tiefen. Bei der Reflektorhöhe von 6 mm kann man die Rückwand gut vom Reflektor trennen. Das Echo ist bei 25,4 mm zu sehen, was der Dicke des Aluminiumtestkörpers entspricht. Das Rückwandecho ist durch das Reflektorecho geschwächt. Bei der Reflektorhöhe von 2 mm lässt sich bei der gegebenen Signallänge das Reflektorecho von der Rückwand nicht mehr trennen.

- Bei der Rekonstruktion der Flachbodenbohrung mit dem Durchmesser von 2,5 mm und der Tiefe von 4 mm kann man die Rückwand gerade noch gut vom Reflektor trennen. Das Echo von der Rückwand ist in diesem Fall dominant.

- Ungenauigkeiten in der Bildrekonstruktion sind der Signalform und der Abstrahlbreite des Linienarrays zuzuschreiben. Das Problem kann durch die Anwendung der Hilbert-Transformation (welche die Nachschwingungen im Signal reduziert), durch die Einstellung eines kürzeren Eingangsimpulses oder durch die Hardwareoptimierungen beseitigt werden. Es können bessere Ergebnisse durch Messungen an mehreren Positionen erzielt werden.

<table>
<tr><th>Anordnung</th><th>Rekonstruktion aus realen Messdaten</th><th>Rekonstruktion aus synthetischen Daten</th></tr>
<tr><td>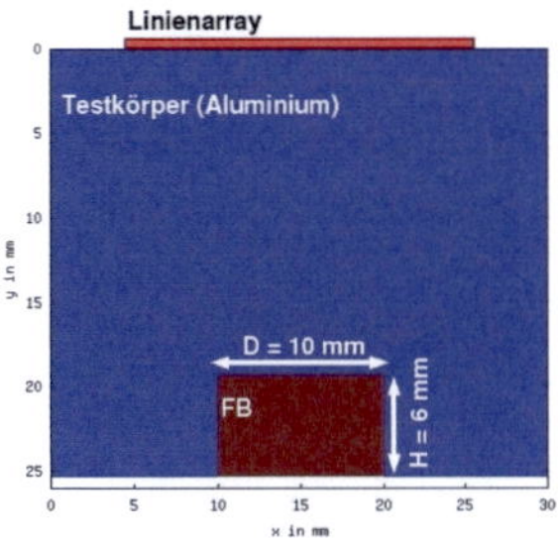
(a) $V = 0{,}47$</td><td>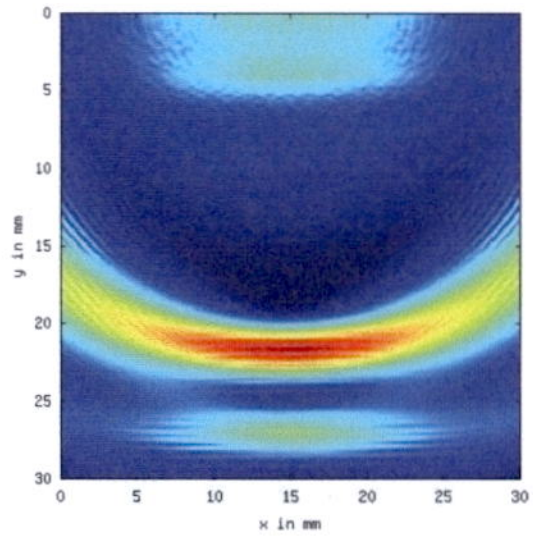
(b)</td><td>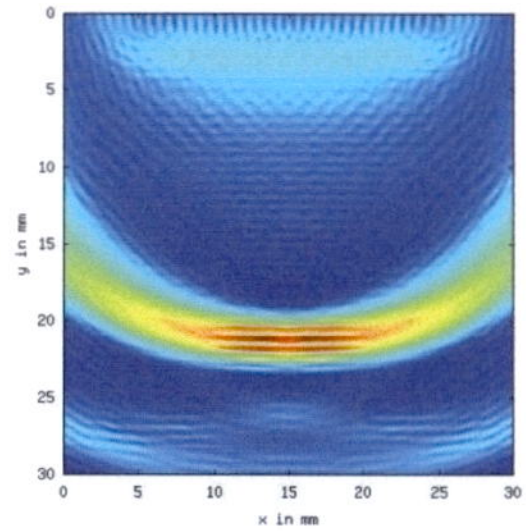
(c)</td></tr>
<tr><td>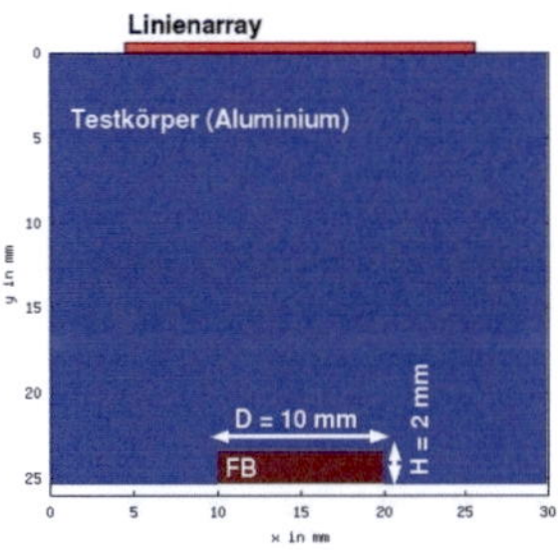
(d) $V = 0{,}47$</td><td>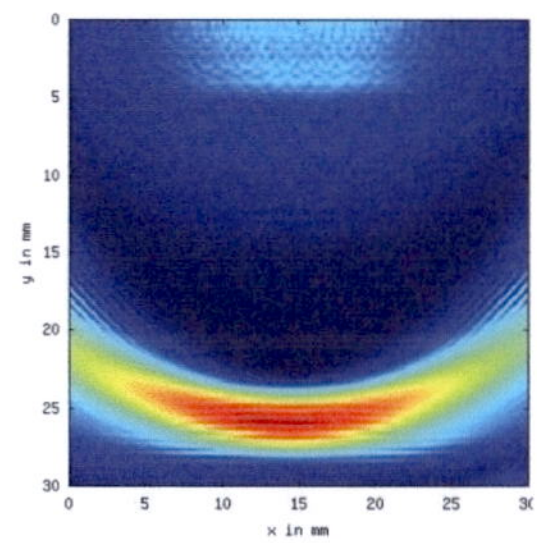
(e)</td><td>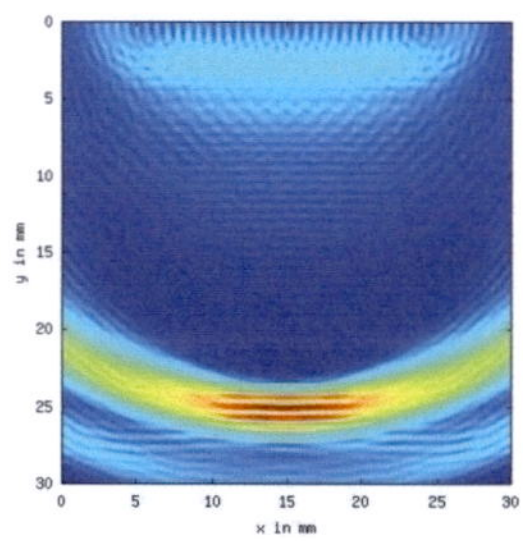
(f)</td></tr>
<tr><td>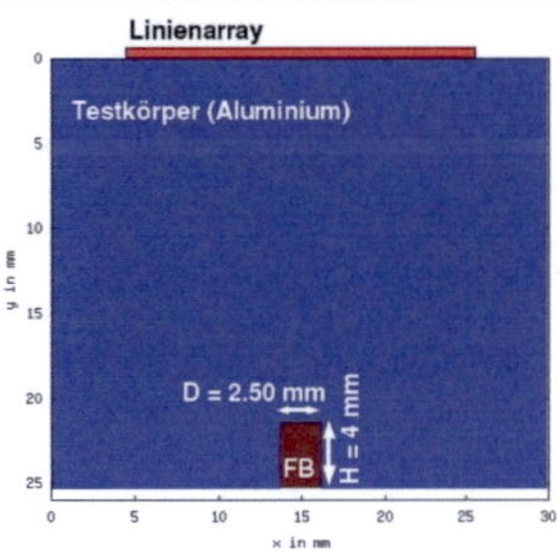
(g) $V = 0{,}12$</td><td>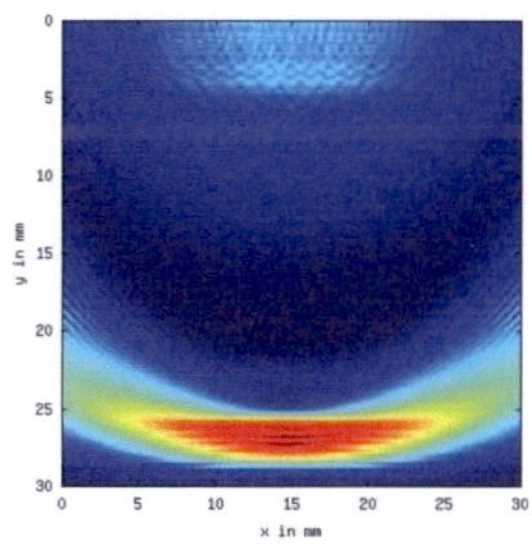
(h)</td><td>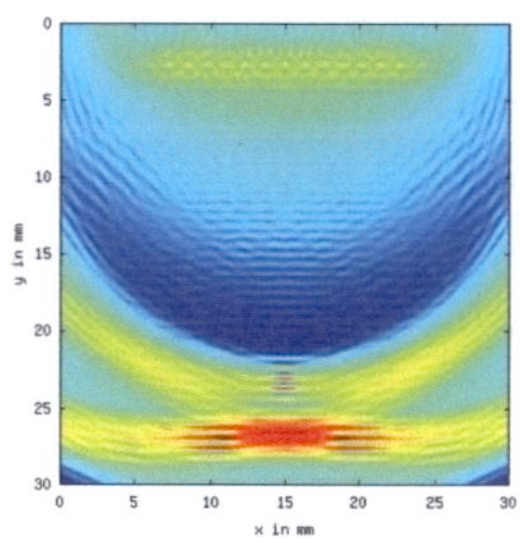
(i)</td></tr>
<tr><td colspan="3">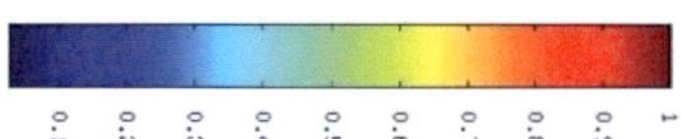</td></tr>
</table>

Tabelle 6.2: Vergleich der Bildrekonstruktion aus realen und synthetischen Daten für ausgewählte Anordnungen mit Flachbodenbohrungen (FB). SPA+SAFT-Verfahren für ein 2,25 MHz-Linienarray mit 16 Elementen und einer Elementbreite von 1,31 mm. Dargestellt ist eine elektrische Spannung am Prüfkopf (b, e, h), die proportional zum Betrag des Teilchengeschwindigkeitsvektors (c, f, i) ist. *D* Durchmesser, *H* Höhe der Flachbodenbohrung, *V* Verhältnis zwischen der Array- und Reflektorausdehnung (Gleichung 6.1).

c) Bildrekonstruktion mit der Begrenzung auf den maximalen physikalischen Schwenkwinkel eines Linienarrays

In diesem Abschnitt werden die Ergebnisse der Bildrekonstruktion mithilfe eines 5 MHz- und eines 10 MHz-Linienarrays vorgestellt. Im Vergleich zum 2,25 MHz-Array ist hier die gesamte Wandlerausdehnung kleiner und damit die Möglichkeit, die Größe der Flachbodenbohrungen anhand der Messungen an einer einzigen festen Prüfkopfposition abzuschätzen, schlechter.
Da ein Anregungssignal für 5 und 10 MHz im Vergleich zum Anregungssignal für 2,25 MHz kürzer ist, verbessert sich hier allerdings die Auflösung in Tiefenrichtung und man kann die nah an der Rückwand liegenden Reflektoren besser von der Rückwand trennen als bei der Prüfung mit einem niederfrequenten Array. So kann man mit der Prüffrequenz von 10 MHz zum Beispiel die Flachbodenbohrung mit dem Durchmesser von 2,5 mm und in der Tiefe von 2 mm gut von der Rückwand unterscheiden (Tabelle 6.3).
Darüber hinaus wird an dieser Stelle eine kleine Korrektur des Auswertealgorithmus eingefügt, die die Begrenzung auf den maximalen physikalischen Schwenkwinkel eines Linienarrays beinhaltet. Rein mathematisch gesehen, ermöglicht die Sampling- Phased-Array-Technik in Verbindung mit dem SAFT-Algorithmus die Fokussierung und das Schwenken gleichzeitig auf alle Bildpixel des Rekonstruktionsgebietes. Physikalisch gesehen ist aber das Schwenken der Longitudinalwelle nur im bestimmten Winkelbereich möglich. Will man große Schwenkwinkel realisieren, so steigt der Anteil der Transversal- bzw. Oberflächenwellen, die in die jetzige Auswertung nicht einbezogen wurden. Der maximale Schwenkwinkel für die Longitudinalwelle lässt sich mit folgender Faustformel abschätzen [19]:

$$\beta_{max} = \arcsin\left(\frac{\lambda \cdot (N-1)}{N \cdot d} - 1\right) \tag{6.2}$$

λ ist dabei die Wellenlänge, N die Elementanzahl und d der Elementabstand.
Da die Prüffrequenz von 10 MHz am besten den Prüffrequenzen für die scannende Ultraschallmikroskopie entspricht, werden bei dieser Frequenz später auch dynamische Messungen mit einem scannenden Ultraschallsystem durchgeführt.

d) Bildrekonstruktion der Querbohrungen

In diesem Abschnitt werden die Ergebnisse der Rekonstruktion für 1mm-Querbohrungen gezeigt (Tabellen 6.4 und 6.5). Aus Übersichtsgründen werden die Bilder nicht nur über die gesamte Wandstärke des Testkörpers (inklusive Rückwand, Tabelle 6.4a-c), sondern auch als Ausschnitte in der Nähe der Querbohrungen (Tabelle 6.4d-f, Tabelle 6.5) dargestellt.
Bei der Rekonstruktion mit einem 2,25 MHz-Array wird die Rückwand korrekt abgebildet. Man sieht auch eindeutig die Krümmung der Querbohrungen. Es fällt allerdings auf, dass die rekonstruierte Lage und Größe der Querbohrungen nicht der tatsächlichen Lage und Größe entsprechen. Die Apertur der Querbohrungen wurde größer abgebildet und der kugelförmige Reflektor liegt tiefer als erwartet. Mögliche Gründe für die Fehlabbildung sind:

- Einfluss des Anregungsimpulses: Das Nachschwingen des Anregungssignals spiegelt sich in der Bildrekonstruktion wider. Das Problem könnte man beispielsweise dadurch lösen, dass man die empfangenen Signale mit dem Referenzsignal entfaltet.

- Einfluss des Ankopplungsmediums: Die Ölschicht mit nicht konstanter Dicke kann die Ergebnisse bezüglich der Reflektorlage beeinflussen. Es ist bekannt, dass schon die Schwankungen

Anordnung mit FB	Rekonstruktion mit 5 MHz-Array	Rekonstruktion mit 10 MHz-Array
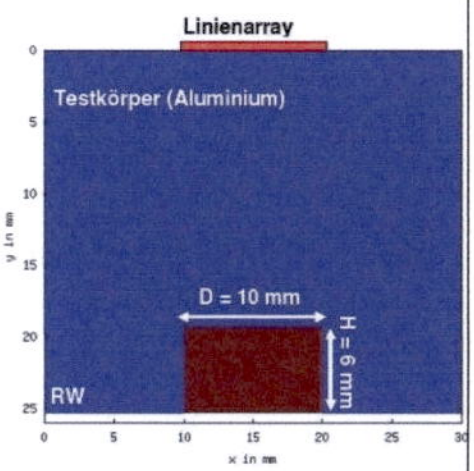 (a)	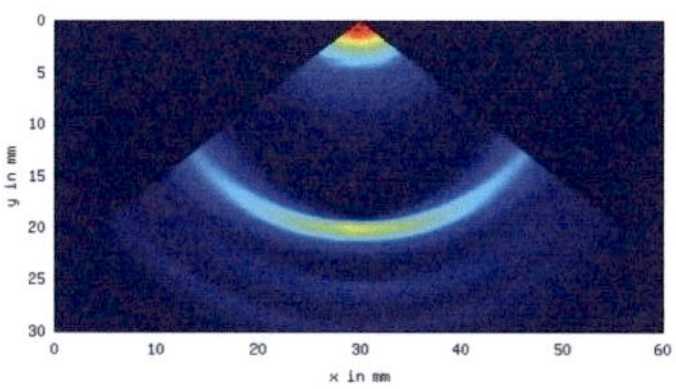 (b)	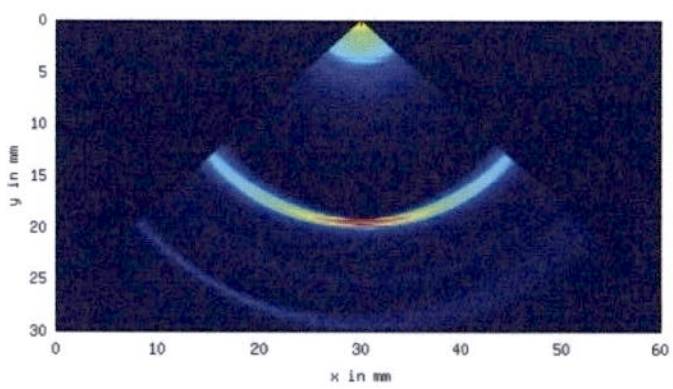 (c)
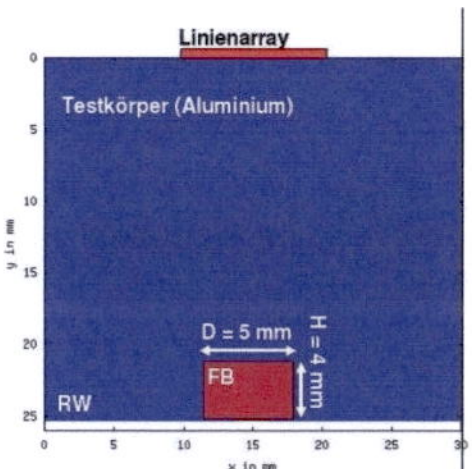 (d)	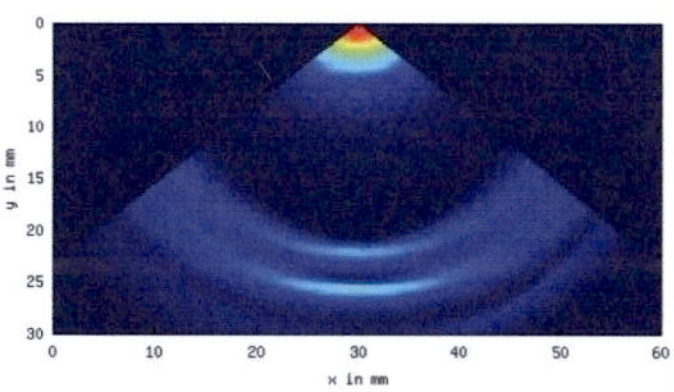 (e)	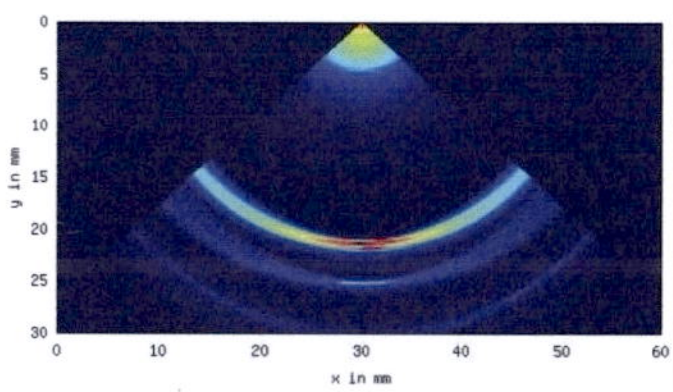 (f)
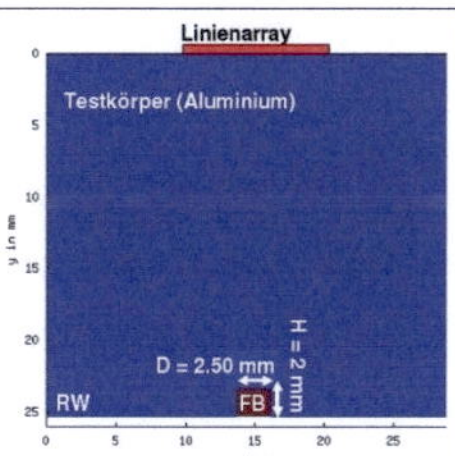 (g)	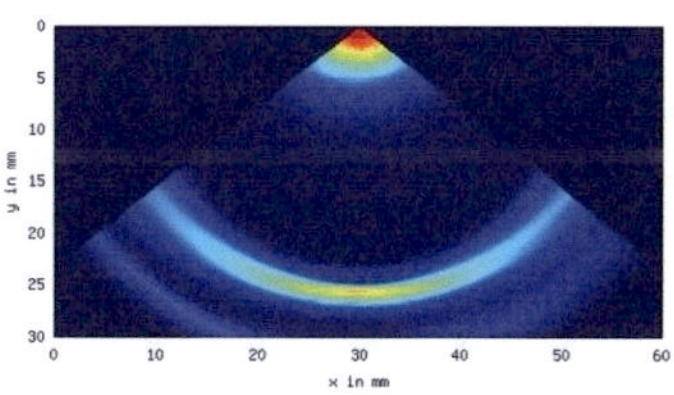 (h)	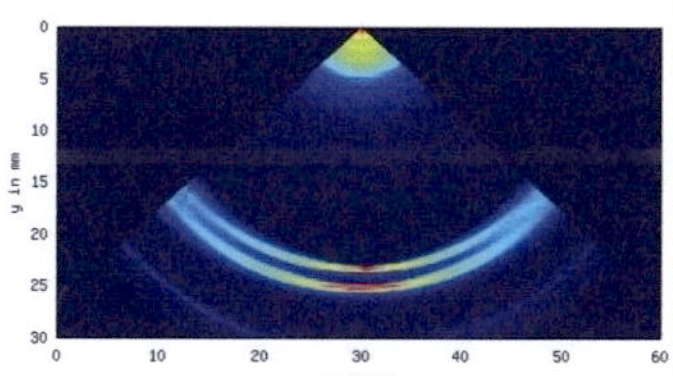 (i)

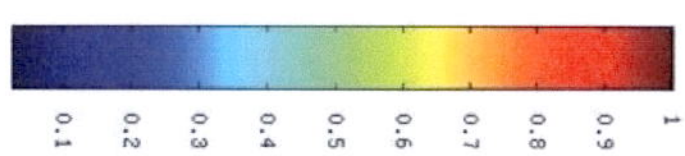

Tabelle 6.3: Vergleich der Bildrekonstruktion von 5 MHz- und 10 MHz-Linienarrays mit 16 Elementen für ausgewählte Anordnungen mit Flachbodenbohrungen (FB). SPA+SAFT-Verfahren mit Begrenzung auf den physikalischen Schwenkwinkel. Dargestellt ist eine elektrische Spannung am Prüfkopf, die proportional zur Normalkomponente des Teilchengeschwindigkeitsvektors ist. *D* Durchmesser, *H* Höhe der Flachbodenbohrung, *RW* Rückwand.

des Ankopplungsmediums im Bereich von $\lambda/2$ das Schallfeld erheblich beeinflussen können. Bessere Ergebnisse kann man hier durch Messungen in der Immersionstechnik erzielen.

- Lage der Querbohrungen im Nahfeld des Ultraschallarrays: Die Nahfeldlänge in Aluminium für das 2,25 MHz-Array beträgt ca. 50 mm. Beide Querbohrungen liegen also im Nahfeld. Mit dem SAFT-Algorithmus, der auf den Gesetzen der geometrischen Akustik basiert, erreicht man im Nahfeld schlechtere Ergebnisse bezüglich der Abbildung der Reflektorlage als im Fernfeld. Zur besseren Berechnung der Verzögerungszeiten könnte man hier das Phase-Matching-Verfahren nutzen.

Man sieht außerdem, dass die untere Querbohrung im Vergleich zur oberen kleiner abgebildet wurde. Der Grund dafür ist eine konstante tiefenunabhängige Verstärkung. Es wird in diesem Fall also keine Materialdämpfung berücksichtigt. Das Problem lässt sich beseitigen, indem man auf die Messdaten einen Tiefenausgleichalgorithmus anwendet.
Bei der Bildrekonstruktion mit einem 5 MHz- und einem 10 MHz-Array (Tabelle 6.5) kann man die Lage der Reflektoren gut abschätzen. Die Krümmung der Querbohrungen lässt sich in diesem Fall nicht ablesen. Hier sind Messungen an mehreren Positionen notwendig.

6.2.3 Messungen in Immersionstechnik für isotrope Testkörper

In diesem Abschnitt werden statische Messungen in der Immersionstechnik dargestellt. Die Auswertung der aufgenommenen Daten erfolgt mit dem modifizierten SAFT-Algorithmus (Einführung einer virtuellen Quelle auf der Oberfläche des Testkörpers, Abschnitt 5.1.3). Das Experiment wurde für den Aluminiumkörper von Abbildung 6.2 durchgeführt. Um Mehrfachreflexionen an der Grenzfläche Wasser-Testkörper zu vermeiden, betrug die Länge der Wasservorlaufstrecke 7,5 mm.
Die Anordnungen für Flachbodenbohrungen entsprechen denen aus der Tabelle 6.3a, d, g, wobei sich allerdings zwischen dem 10 MHz-Linienarray und dem Testkörper noch die Wasservorlaufstrecke befindet. In allen in der Tabelle 6.6 dargestellten Beispielen erfolgt die Fokussierung auf den Punkt, dessen x-Koordinate mit der Arraymitte übereinstimmt. Damit wird der Betrieb eines Einzelelementwandlers mit fester Fokustiefe nachgebildet. Es erfolgt kein Schwenken. Tabelle 6.6 zeigt die Ergebnisse der Bildrekonstruktion für ausgewählte Beispiele. Die Bilder kann man folgendermaßen interpretieren:

- Nahe der Oberfläche spiegelt sich der Sendeimpuls wider (Abstrahlung von einer virtuellen, punktförmigen Quelle).
- Die eingebrachten Flachbodenbohrungen und die Rückwand des Testkörpers sind als Halbkreise mit dem Radius $c_L t$ (c_L Schallgeschwindigkeit der Longitudinalwelle, t Laufzeit) zu sehen. Die Lage der Reflektoren kann man abschätzen. Die genaue Ausdehnung der Flachbodenbohrungen lässt sich nur bei den Messungen aus mehreren Einschallpositionen bestimmen.
- Die Messungen an einer festen Prüfkopfposition können sehr gut als Orientierungsmessungen dienen, da man anhand der Amplitudenverhältnissen die Größe der Reflektoren qualitativ vergleichen kann.

Tabelle 6.7 stellt die Ergebnisse der Bildrekonstruktion für die Anordnung mit der ∅ 2,5 mm-Flachbodenbohrung dar, wobei jeweils bei den verschiedenen Schwenkwinkeln auf die Oberfläche fokussiert wurde. Innerhalb des ersten Grenzwinkels für Aluminium ($< 13°$, Tabelle 6.7a) breitet sich überwiegend die Longitudinalwelle aus. Wird dieser Winkel überschritten, ist der Anteil der Transversalwelle

QB, ∅ 1 mm, Tiefe 10 mm	QB, ∅ 1 mm, Tiefe 20 mm	2 QB, ∅ 1 mm, Tiefe 10 mm und 20 mm
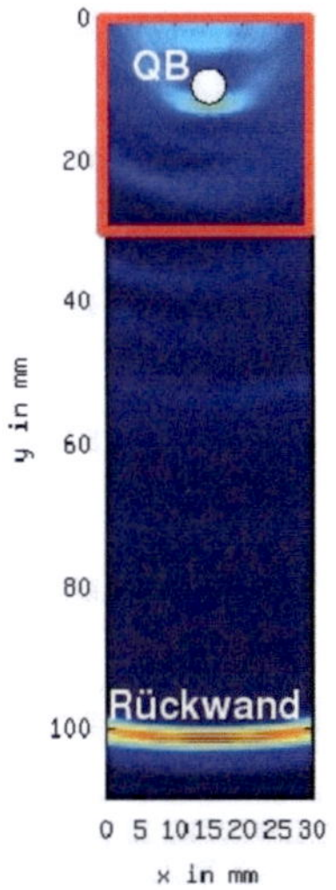 (a)	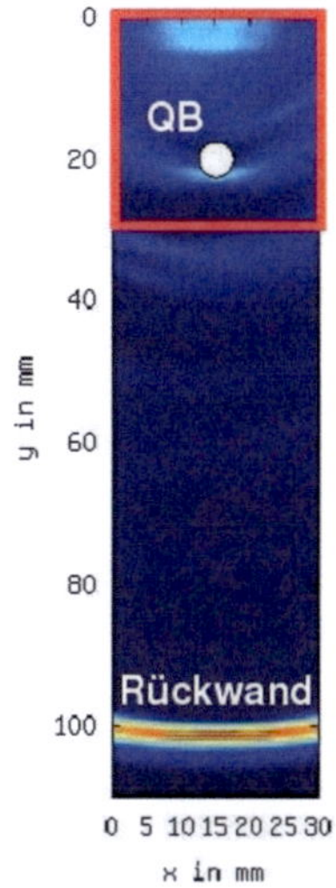 (b)	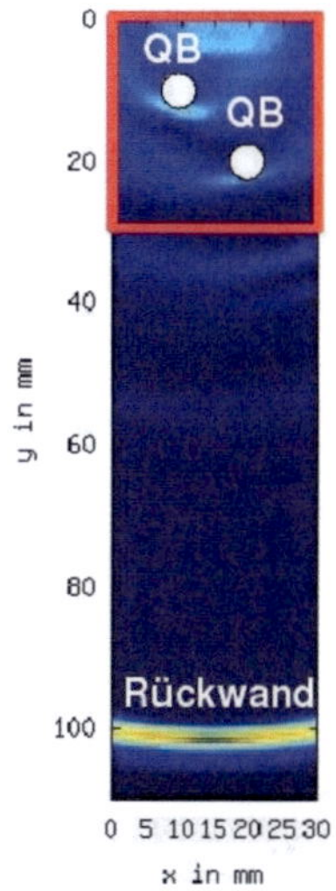 (c)
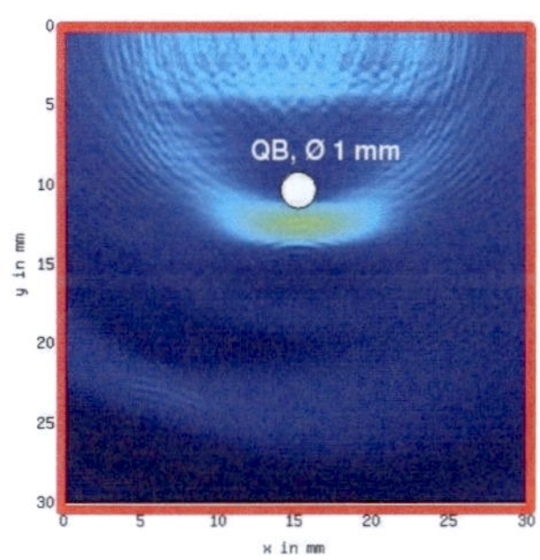 (d)	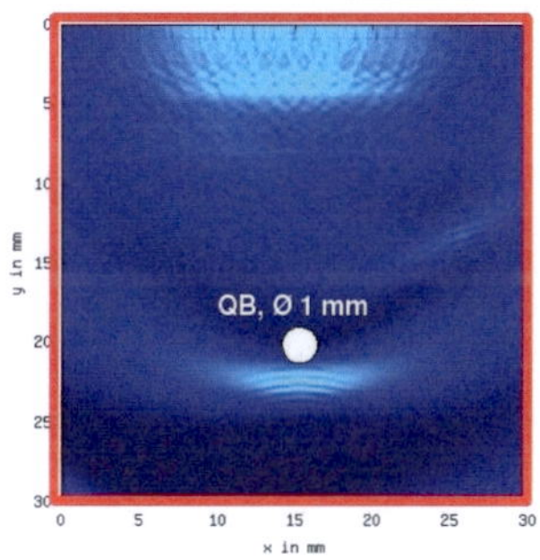 (e)	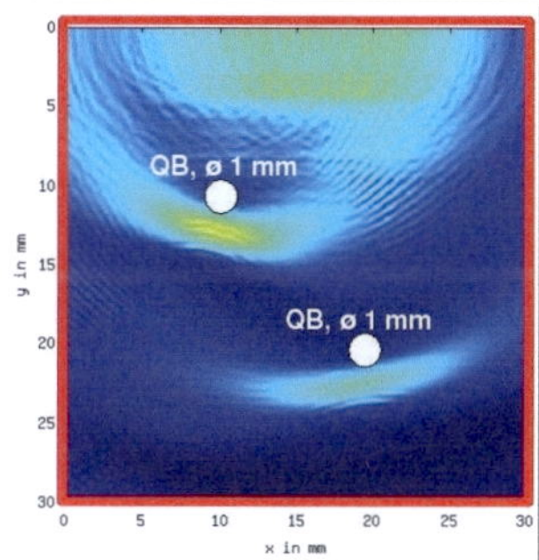 (f)
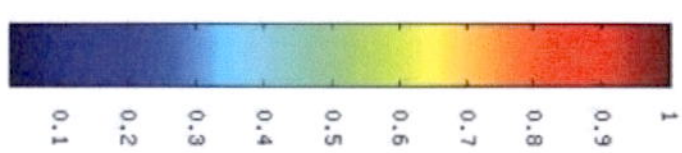		

Tabelle 6.4: Ergebnisse der Bildrekonstruktion aus realen Messdaten für ausgewählte Anordnungen mit Querbohrungen (QB). SPA+SAFT-Verfahren für ein 2,25 MHz-Linienarray mit 16 Elementen und einer Elementbreite von 1,31 mm. Dargestellt ist eine elektrische Spannung am Prüfkopf, die proportional zur Normalkomponente des Teilchengeschwindigkeitsvektors ist. $V = 0{,}047$ ist das Verhältnis zwischen der Array- und Reflektorausdehnung (Gleichung 6.1). Ausbreitungsmedium: Aluminiumtestkörper mit der Wandstärke von 100 mm. a, b, c): x-y-Schnitt über die gesamte Wandstärke; d, e, f): vergrößerte Darstellung in der Nähe der Querbohrungen.

5 MHz-Array	10 MHz-Array
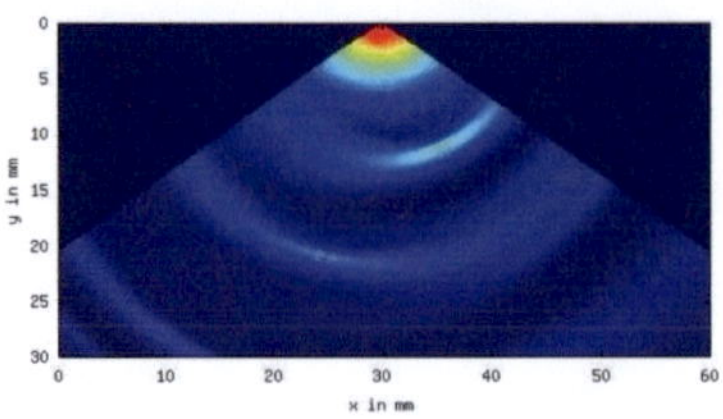 (a)	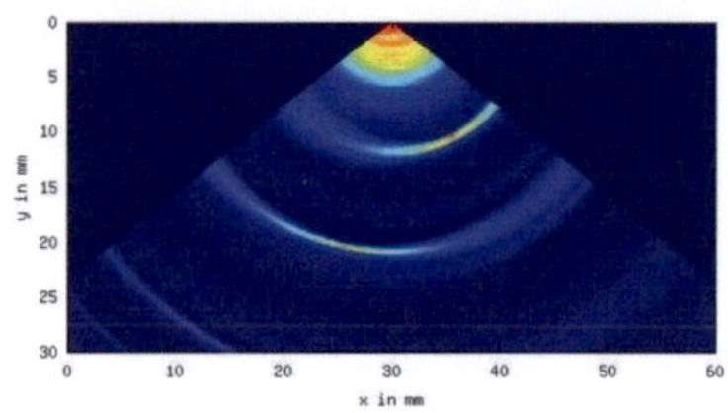 (b)
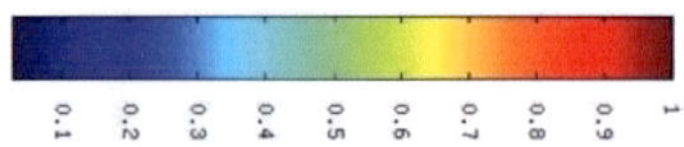	

Tabelle 6.5: Ergebnisse der Bildrekonstruktion aus realen Messdaten für ausgewählte Anordnungen mit zwei Querbohrungen (QB) mit einem Durchmesser von 1 mm in der Tiefe von 10 und 20 mm. SPA+SAFT-Verfahren. Dargestellt ist eine elektrische Spannung am Prüfkopf, die proportional zur Normalkomponente des Teilchengeschwindigkeitsvektors ist. Ausbreitungsmedium: Aluminiumtestkörper mit der Wandstärke von 100 mm. Dargestellt ist nur ein Bildausschnitt in der Nähe der Querbohrungen.

infolge der Modenumwandlung an der Grenzfläche Wasser-Aluminium deutlich größer. Diese Tatsache spiegelt sich bei der Bildrekonstruktion wider. Entspricht die x-Koordinate der virtuellen Quelle der x-Koordinate der Arraymitte (Schwenkwinkel 0°, Tabelle 6.6c) oder zum Beispiel des 3. Arrayelementes (Schwenkwinkel 11°, Tabelle 6.7b), sind die Amplitudenverhältnisse auf dem Bild gut. Bei großen Schwenkwinkeln (Tabelle 6.7c) sind dagegen die Amplitudenverhältnisse schlechter, weil der Anteil der Longitudinalwelle gegen Null geht.

6.2.4 Anwendungsbeispiel: Mischschweißnaht

a) Zielstellung

In diesem Abschnitt soll gezeigt werden, dass das SPA+SAFT-Verfahren an einer festen Prüfkopfposition für eine Fehlerinspektion für eine anisotrope Mischschweißnaht geeignet ist. Die Testmessungen werden in isotroper Näherung durchgeführt und sollen der erste Schritt zur Implementierung eines angepassten SAFT-Algorithmus sein. Die Auswertung erfolgt mit der Software aus [15]. Die in [15] beschriebenen Rekonstruktionsalgorithmen entsprechen denen aus dem Abschnitt 5.1.2.

b) Prüfobjekt

Der Testkörper mit der Mischschweißnaht ist ein Teil eines Kernreaktors (Abbildung 6.3). Die Mischschweißnähte verbinden Werkstoffe mit verschiedenen physikalischen Eigenschaften, so zum Beispiel ungleichartige Stähle. An der Grenzfläche zwischen dem ferritischen Grundwerkstoff und der

(a) Anordnung 1
FB ∅ 10 mm, H = 6 mm

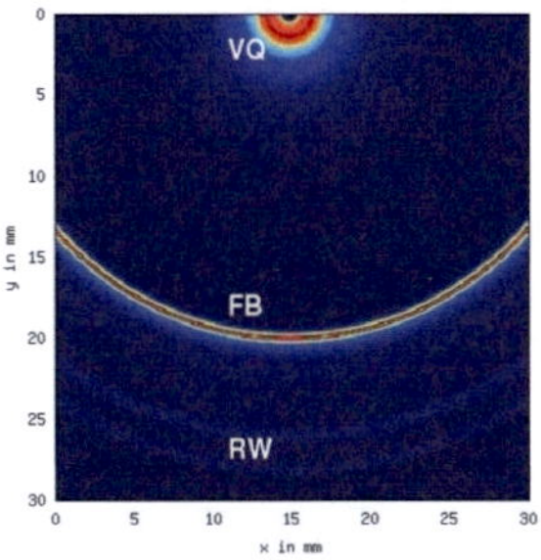

(b) Anordnung 2
FB ∅ 5 mm, H = 4 mm

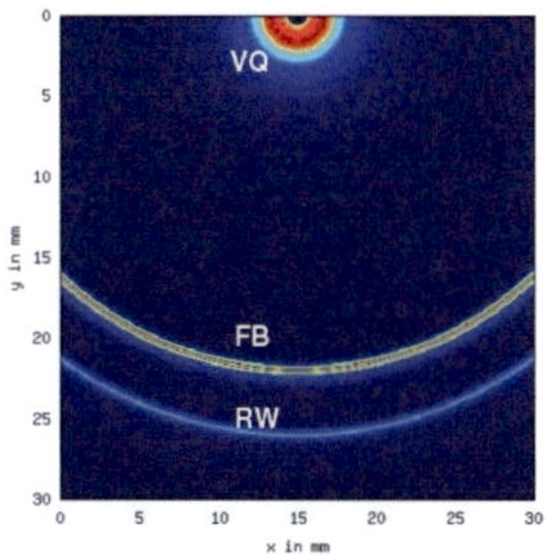

(c) Anordnung 3
FB ∅ 2,5 mm, H = 2 mm

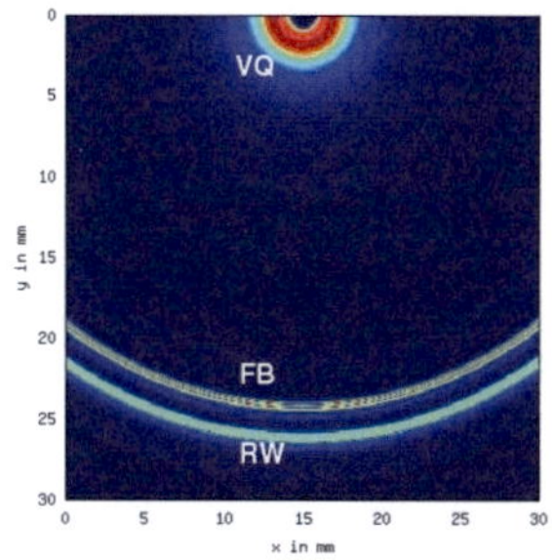

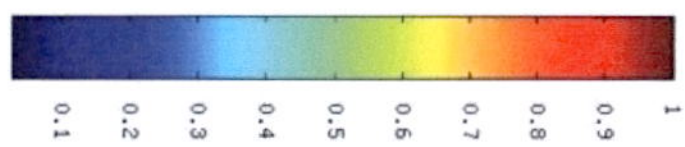

Tabelle 6.6: Ergebnisse der Bildrekonstruktion für ausgewählte Anordnungen mit Flachbodenbohrungen (FB). SPA+SAFT-Verfahren an einer festen Prüfkopfposition für ein 10 MHz-Linienarray mit 16 Elementen und einer Elementbreite von 0,31 mm. Immersionstechnik, Ansatz mit einer virtuellen Quelle auf der Oberfläche des Aluminiumtestkörpers. Dargestellt ist eine elektrische Spannung am Prüfkopf, die proportional zur Normalkomponente des Teilchengeschwindigkeitsvektors ist. RW Rückwand, VQ virtuelle Quelle, ∅ Durchmesser, H Höhe.

Schweißverbindung befindet sich eine Pufferung. Das Prüfobjekt ist mit einer Plattierung versehen. Der genaue Aufbau einer Mischschweißnaht wurde beispielsweise in [61] beschrieben.
Die Prüfung von Mischweißnähten ist für die Ultraschalltechnik aus folgenden Gründen anspruchsvoll:

- Grenzflächen zwischen dem Grundwerkstoff und der Schweißverbindung verursachen eine Schallreflexion und erschweren damit die Interpretation der Prüfergebnisse.
- Die Pufferung behindert die Ausbreitung von Ultraschallwellen.
- Durch das Schweißen bilden sich im Material Stengelkristalle (lange Kristalle mit der Ausdehnung in einer bevorzugten Richtung). Sie verursachen eine Anisotropie des Materials (d.h. die Wellenausbreitung erfolgt richtungsabhängig).
- Durch die Grobkornstruktur ergibt sich eine große Materialdämpfung.

c) Vorgehensweise

Die Messungen erfolgen manuell in der Kontakttechnik. Die Schweißnahtprüfung wird nach dem folgenden Schema durchgeführt:

1. Auswahl der Einschallpositionen,

(a) Verlauf der Transmissionskoeffizienten an der Grenzfläche Wasser-Aluminium	(b) $\theta = 11°$	(c) θ » 13°
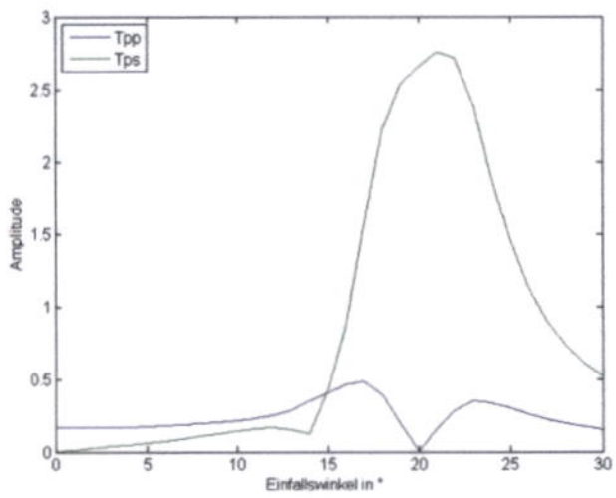	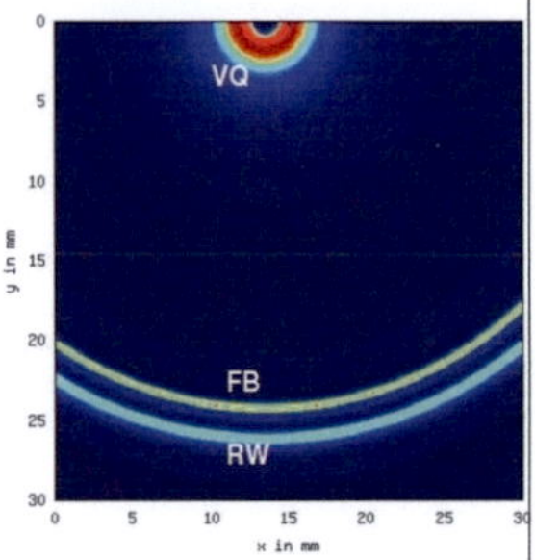	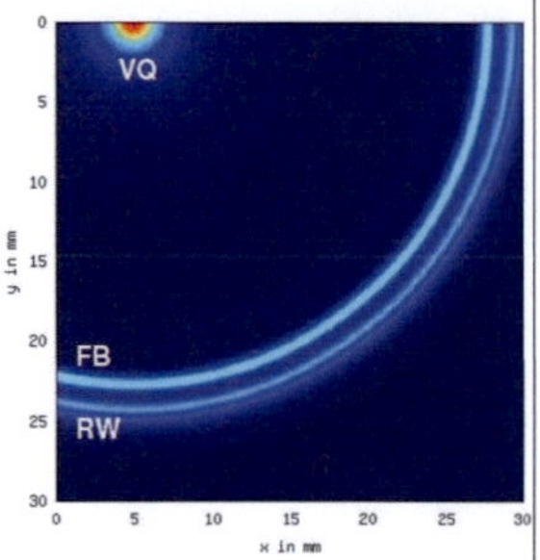
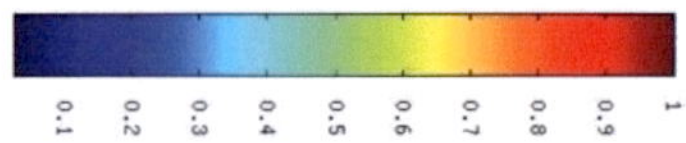		

Tabelle 6.7: Vergleich der Bildrekonstruktionergebnisse für eine Anordnung mit ∅ 2,50 mm-Flachbodenbohrung (FB). Immersionstechnik, Ansatz mit einer virtuellen Quelle, Fokussierung unter verschiedenen Schwenkwinkeln auf die Oberfläche des Aluminiumtestkörpers. SPA+SAFT-Verfahren an einer festen Prüfkopfposition für ein 10 MHz-Linienarray mit 16 Elementen und einer Elementbreite von 0,31 mm. T_{ps} Transmissionskoeffizient für Transversalwelle, die als Longitudinalwelle gesendet wurde, T_{pp} Transmissionskoeffizient für Longitudinalwelle, die als Longitudinalwelle gesendet wurde, θ Schwenkwinkel, RW Rückwand, VQ virtuelle Quelle, ∅ Durchmesser.

2. Abschätzung der Schallgeschwindigkeit,

3. Messungen mit der SPA-Technik.

Es wurden drei Einschallpositionen (EP) festgelegt, um die Prüfung der Schweißnaht aus verschiedenen Richtungen zu ermöglichen (Abildung 6.4). Bei der EP1 und EP2 liegt das Ultraschallarray senkrecht zur Schweißnaht. Für die Messungen an der EP1 wird die Schweißverbindung vom austenitischen Werkstoff und für die Messungen an der EP2 vom ferritischen Werkstoff aus eingeschallt. Bei der EP3 liegt ein Ultraschallarray parallel zum Schweißnahtverlauf. Die Prüfung erfolgt mit drei verschiedenen Ultraschallarrays bei den Prüffrequenzen von 2,25; 5 und 10 MHz, und jeweils 16 Elementen (Arrayparameter in der Tabelle 6.1).

Als erstes wurde die Schallgeschwindigkeit gemessen. Der ferritische Stahl hat die Schallgeschwindigkeit c_L der Longitudinalwelle von 5460 m/s $\pm$ 20 m/s, der austenitische Stahl dagegen von 5300 m/s $\pm$ 20 m/s.

Im nachfolgenden Auswertealgorithmus wird mit der Sampling-Phased-Array-Technik ein konventionelles Phased-Array nachgebildet. Die in der Informationsmatrix gespeicherten Zeitsignale werden mit dem SAFT-Verfahren so ausgewertet, als ob nur ausgewählte Schwenkwinkel im Bereich von 0 bis 30° realisiert würden und die Fokustiefe konstant wäre. Auf diese Art und Weise wird die Berechnungszeit für den bildgebenden Auswertealgorithmus reduziert.

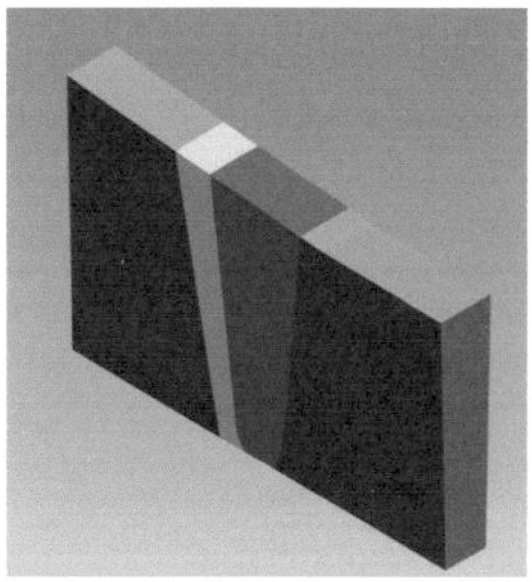

(a)

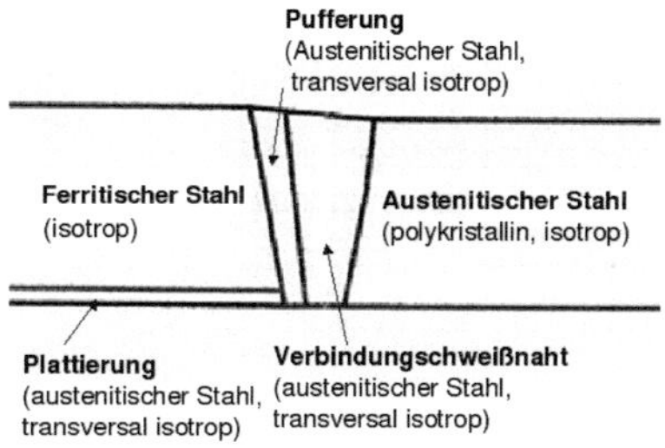

(b)

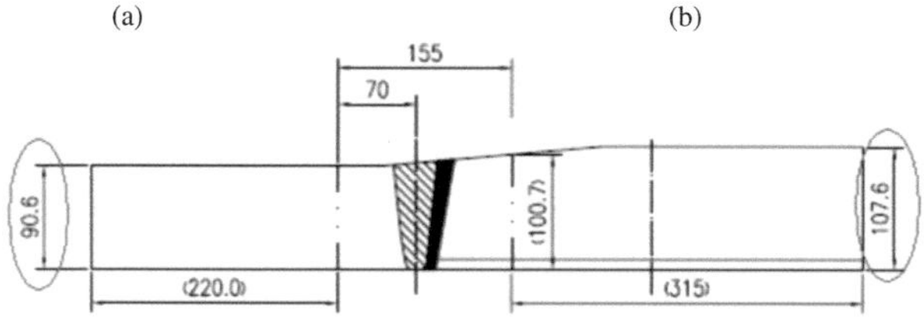

(c)

Abbildung 6.3: Prüfobjekt (Mischschweißnaht): (a) Ausschnitt, (b) Aufbau, (c) Abmessungen.

(a) EP 1

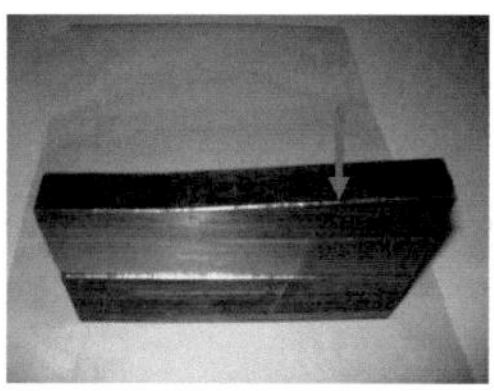

(b) EP 2

(c) EP 3

Abbildung 6.4: Festgelegte Einschallpositionen (EP) für die Schweißnahtprüfung mit der SPA-Technik.

d) Diskussion der Ergebnisse

Das Prüfobjekt wurde hinsichtlich Flanken- und Lagenbindefehler bzw. auf lokale Inhomogenitäten untersucht. Hierbei konnten im Grenzbereich zwischen dem Schweißgut und dem Grundstoff bildgebende Informationen gewonnen werden, die eventuell auf Anomalien hinweisen könnten. Wie in den dargestellten Sektorscans ersichtlich, konnten bisher die besten Ergebnisse mit dem 2,25 MHz-Linienarray gewonnen werden. Weitere Untersuchungen müssen deswegen im Frequenzbereich von ca. 1...3 MHz durchgeführt werden. Die Schallgeschwindigkeitsdifferenz zwischen dem Grundwerkstoff und dem Schweißgut wurde in der Messung zunächst vernachlässigt. Der SAFT+SPA-Algorithmus basiert auf einer isotropen Näherung und damit auf den Gesetzen der geometrischen Akustik. Die Ergebnisse für jede Prüffrequenz werden separat besprochen.

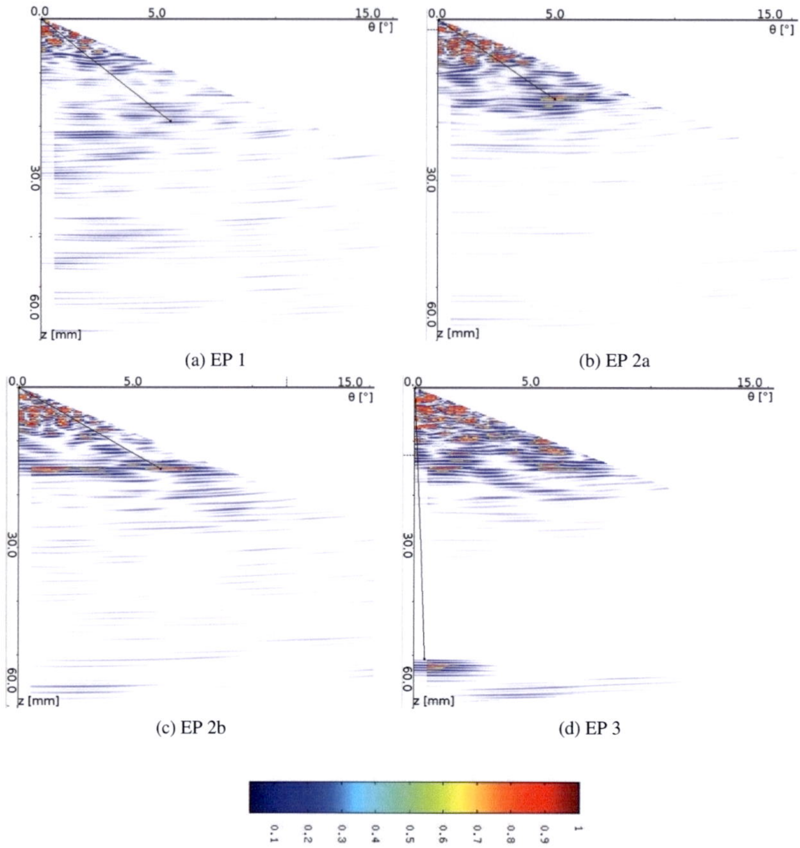

(a) EP 1

(b) EP 2a

(c) EP 2b

(d) EP 3

(e) Skala

Abbildung 6.5: Ergebnisse der Schweißnahtprüfung mit der SPA-Technik, 2,25 MHz-Linienarray mit 16 Elementen, Sektorscans aus verschiedenen Einschallpositionen.

e) Prüfung mit dem 2,25 MHz-Array

Die besten Ergebnisse wurden mit dem 2,25 MHz-Array erreicht (Abbildung 6.5). Die Materialdämpfung ist in diesem Fall noch nicht dominierend, so dass die Materialfehler detektiert werden können. Die Auflösung ist dabei ausreichend. An der Einschallposition EP 1 konnten keine Defekte festgestellt werden (Abbildung 6.5a). Aus der EP 2a (Abbildung 6.5b) kann man vermutlich eine Lagentrennung in der Schweißnaht sehen. Eingeschallt wurde hier in der Entfernung von 30 mm von der linken Bauteilkante aus. An der Position 2b (Abbildung 6.5c) bei der Entfernung von 45 mm von der linken Kante beobachtet man einen Flankenbindefehler zwischen dem Grundwerkstoff und dem Schweißgut. An der Messposition EP3 (Abbildung 6.5d) (Entfernung von 36 mm zwischen der linken Bauteilkante bis der Wandlervorderkante) sieht man das Interfaceecho zwischen dem Grundwerkstoff und dem Schweißgut, sowie das Formecho.

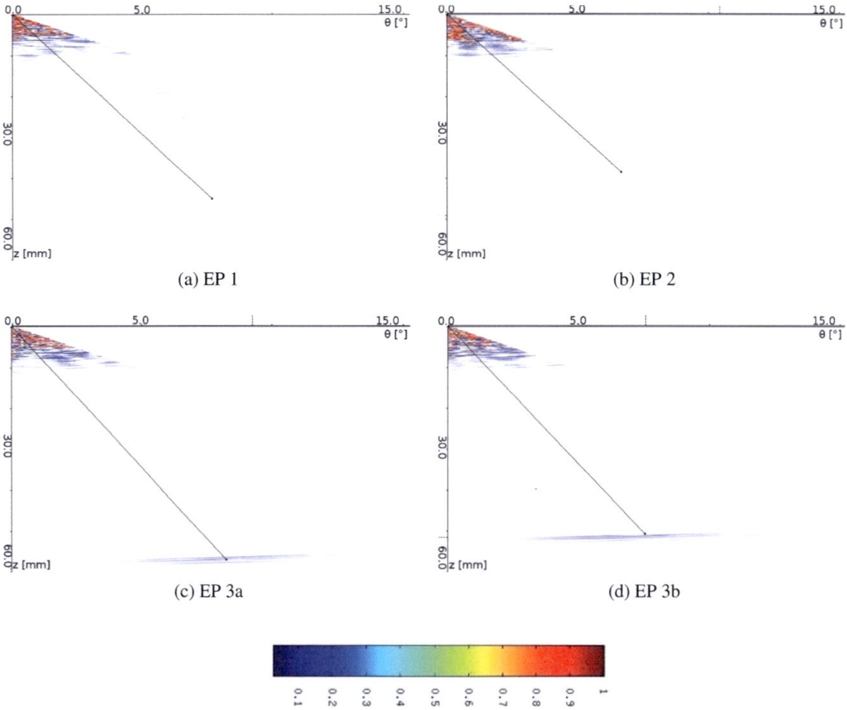

(a) EP 1 (b) EP 2 (c) EP 3a (d) EP 3b (e) Skala

Abbildung 6.6: Ergebnisse der Schweißnahtprüfung mit der SPA-Technik, 5 MHz-Linienarray mit 16 Elementen, Sektorscans aus verschiedenen Einschallpositionen.

f) Prüfung mit dem 5 MHz-Array

Bei der EP 1 (Einschallung mit der Verstärkung von 70 dB) sind keine Defekte zu sehen (Abbildung 6.6a). Bei der EP 2, wo die Messung bei der gleichen Verstärkung erfolgt, erkennt man eine viel stärkere Materialschwächung (Abbildung 6.6b). Die Bilder 6.6c und 6.6d zeigen die Ergebnisse aus der EP 3. In der Abbildung 6.6c stand der Ultraschallwandler an der linken Bauteilkante (EP 3a). Man sieht deutlich das Interfaceecho bei s = 57,6 mm. Bei der EP 3b aus der Abbildung 6.6d beträgt der Abstand zwischen der linken Bauteilkante und der Wandlervorderkante 43 mm. Auch hier sieht man deutlich das Interfaceecho im Winkelbereich zwischen 2° und 12°.
Es zeigt sich, dass bei der Prüfung mit dem 5 MHz-Array an bestimmten EP die Grenzfläche zwischen der Schweißnaht und dem Grundstoff gut zu sehen ist. Bindungsfehler konnten aber bei dieser Prüffrequenz nicht festgestellt werden.

g) Prüfung mit dem 10 MHz-Array

Bei der EP 1 ist die Materialschwächung so groß, dass trotz der hohen Verstärkung (70 dB) kein Interfaceecho zu sehen ist (Abbildung 6.7a). Bei der EP 2 (Einschallung beim Abstand von 43 mm

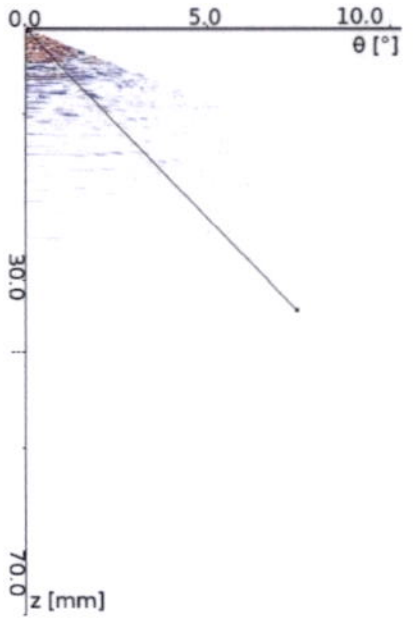

(a) EP 1

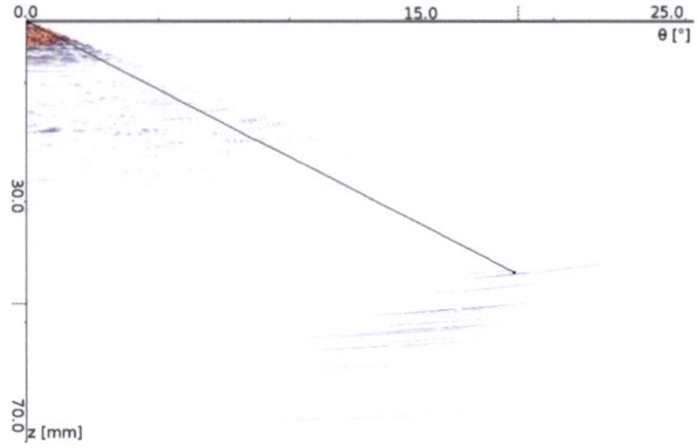

(b) EP 2

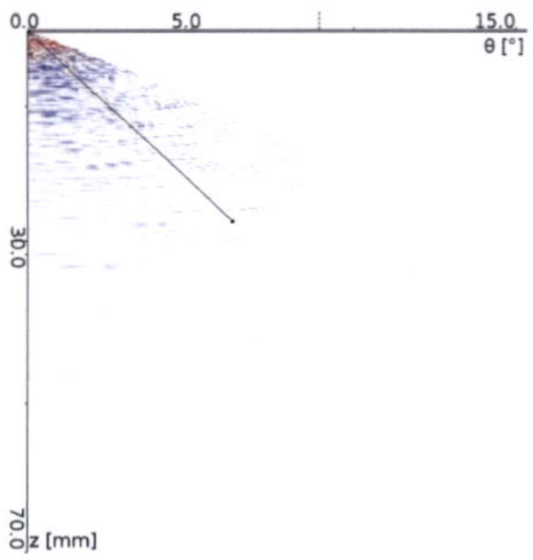

(c) EP 3

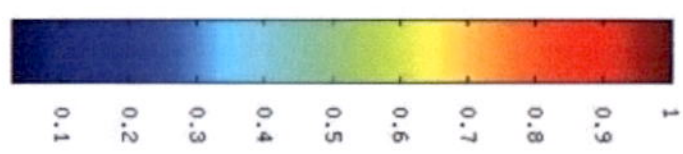

(d) Skala

Abbildung 6.7: Ergebnisse der Schweißnahtprüfung mit der SPA-Technik, 10 MHz-Linienarray mit 16 Elementen, Sektorscans aus verschiedenen Einschallpositionen.

zwischen linker Bauteilkante und Wandlervorderkante) wird die Oberflächenanomalie unter dem Winkel 20° im Sektorscan (Abbildung 6.7b) beobachtet. Bei der EP 3 stand der Wandler an der rechten Bauteilkante. Die Schwächung ist wieder so groß, dass bei der Verstärkung von 73 dB kein Interfaceecho zu sehen ist (Abbildung 6.7c). Prinzipiell zeigt sich, dass bei der Prüffrequenz von 10 MHz die Schwächung im Material viel zu groß ist, um Defekte an der Grenzfläche zwischen dem Grundstoff und der Schweißnaht sicher detektieren zu können. Man konnte aber deutliche Unterschiede in der Materialschwächung zwischen dem ferritischen und austenitischen Werkstoffbereich feststellen.

h) Ausblick

Für weitere Untersuchungen zur Fehlerinspektion in der Mischchweißnaht sind genauere Angaben bezüglich des Prüfobjektes notwendig, wie zum Beispiel mechanische Eigenschaften des Schweißgutes und des Grundwerkstoffes, Herstellungsverfahren für die Schweißnaht, Werkstoffzusammensetzung, Gefügestruktur und Orientierung. Da der Schweißnahtbereich anisotrop ist, stellt der isotrope SAFT-

Algorithmus nur eine Näherung dar, so dass bauteilspezifische Algorithmen implementiert werden müssen. Die für den SAFT-Algorithmus zu optimierenden Verzögerungszeiten können in diesem Fall messtechnisch mithilfe eines Laservibrometers oder durch eine Schallfeldsimulation bestimmt werden.
Bei der Verwendung eines Linienarrays mit 64 Elementen können zusätzliche Informationen aus der Struktur gewonnen werden. Weiterhin wäre es möglich, das Array auf einem Keil zu platzieren, um 3D-Schwenkwinkel zu realisieren und so tomographische Bilder zu erstellen.

6.3 Dynamische Messungen und Bildrekonstruktion mit einem scannenden Ultraschallsystem

6.3.1 Messungen in Kontakttechnik für isotrope Testkörper

a) Zielstellung

In diesem Abschnitt werden die Möglichkeiten und Probleme bildgebender Algorithmen für dynamische Messungen in Kontakttechnik im Fall eines 10 MHz-Linienarrays mit 16 Elementen in Verbindung mit einem scannenden System diskutiert. Dabei sollen insbesondere folgende Punkte betrachtet werden:

- Test und Optimierung einer $1 \times n$-Datenaufnahmetechnik sowie des SAFT-Algorithmus für scannende Systeme mit mehrkanaligen Ultraschallwandlern.
- Beschreibung und Beseitigung typischer Artefakte in der Bildrekonstruktion aus realen Messdaten.
- Vergleich der SAFT-Ergebnisse mit der konventionellen Bildrekonstruktion (B-Scan).
- Verfahrensoptimierung für eine dreidimensionale Visualisierung.
- Algorithmenerweiterung für die Prüfung anisotroper CFK-Körper.

Es wird mit gleichgerichteten Signalen gearbeitet. Der Sendeimpuls ist ein Rechteckimpuls mit einer eingestellten Länge von 50 ns. Die Übertragungsstrecke verursacht die Verzerrung des Eingangssignals. Die tatsächliche Pulslänge beträgt ca. 200 ns.

b) Iterationsschritt 1: 2D-Bildrekonstruktion ohne Optimierung

Im ersten Iterationsschritt werden typische Effekte und Einflüsse bei der Bildrekonstruktion mit mehrkanaligen Ultraschallwandlern dargestellt. Aus Übersichtsgründen wurden die Auswertealgorithmen hier auf einfache Beispiele mit Flachboden- und Querbodenbohrungen angewendet. Dabei wurde eine zweidimensionale Bildrekonstruktion entlang einer Scanlinie durchgeführt.
Für die Messung wurde die $1 \times n$-Datenaufnahmetechnik verwendet. Bei der Elementbreite von 0,31 mm ergaben sich auf einer Scanlinie mit der Länge von 80 mm 258 Messpositionen. Für jede Messposition wurde eine Binärdatei mit 16 aufgenommenen A-Scans sowie eine zusätzliche Datei mit den Ortskoordinaten geschrieben. Die Abtastfrequenz betrug 80 MHz. Die Vor- und Nachlaufstrecke wurde auf 31 mm eingestellt und war damit das Vielfache der Elementbreite. Auf diese Art und Weise wurde gesichert, dass das erste Triggersignal an der richtigen Position ausgelöst wird und dass sich

keine Verschiebung im Bild für benachbarte Scanlinien ergibt. Am Anfang wurden mehrere Testmessungen mit verschiedenen Scangeschwindigkeiten zwischen 10 und 100 mm/s durchgeführt. Dabei wurde festgestellt, dass unabhängig von der Scangeschwindigkeit

- keine Amplitudeninformation verloren geht,
- die Ortskoordinate an jeder Messposition richtig übergeben wird.

Damit ist die $1 \times n$-Datenaufnahmetechnik für praktische Anwendungen in einem scannenden System geeignet.
Die Tabellen 6.8 und 6.9 zeigen die Messanordnungen.
Im ersten Iterationsschritt wird auf die Messdaten ein SAFT-Algorithmus ohne Optimierung angewendet.

- Tabelle 6.8b, d, f zeigt die Ergebnisse der Bildrekonstruktion für Flachbodenbohrungen. Auf allen Bildern sieht man starke Artefakte im Bereich der Reflektoren. Die Lokalisierung der Reflektoren und das Ablesen deren Größe ist erschwert. Das Bild ist verschwommen. Die Messergebnisse aus einzelnen Positionen überlagern sich so, dass sie teilweise zu Störeffekten im Bild führen. Man sieht auch einen starken Einfluss des Sendeimpulses, dessen Länge als eine Art Wolke in der Nähe der Wandleroberfläche zu sehen ist. Darüber hinaus war die Dicke des Ankopplungsmediums (Ölschicht) nicht konstant über die Länge der Fahrstrecke, was im Bild im Bereich des Sendeimpulses als eine Tiefenänderung zu sehen ist. Wie schon bei den Messungen an der festen Prüfkopfposition besprochen, lassen sich diesbezüglich mit der Immersionstechnik bessere Ergebnisse erreichen. Durch die Blendenaktivierung lässt sich in diesem Fall genau die Lage des Eintrittsimpulses feststellen. Das Bild kann dann um die Länge des Sendeimpulses korrigiert werden.
- Tabelle 6.9b zeigt das Ergebnis der Bildrekonstruktion für die Querbohrungen. Ähnlich wie in der Tabelle 6.8 treten Artefakte in der Nähe der Reflektoren auf. Besonders betroffen ist dadurch die Auflösung in x-Richtung. Alle Reflektoren lassen sich gut voneinander trennen. Es fällt auf, dass die tiefer liegenden Reflektoren schwächer auf dem Bild zur Anzeige kommen, als die nah an der Oberfläche liegenden Reflektoren. Der Grund hier ist der fehlende Tiefenausgleichalgorithmus. Schlecht sichtbar sind auch die drei Querbohrungen an der rechten Seite des Bildes. Diese Reflektoren liegen an der Grenze des Messgebietes und werden dadurch aus nicht so vielen Messpositionen wie die mittleren Querbohrungen bestrahlt.

Anordnung mit FB	Ergebnis der Bildrekonstruktion ohne Optimierung
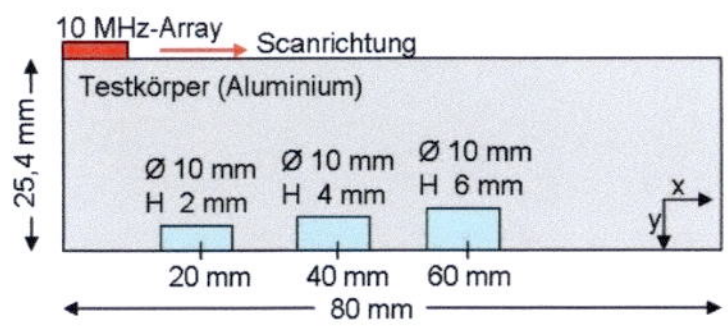 (a)	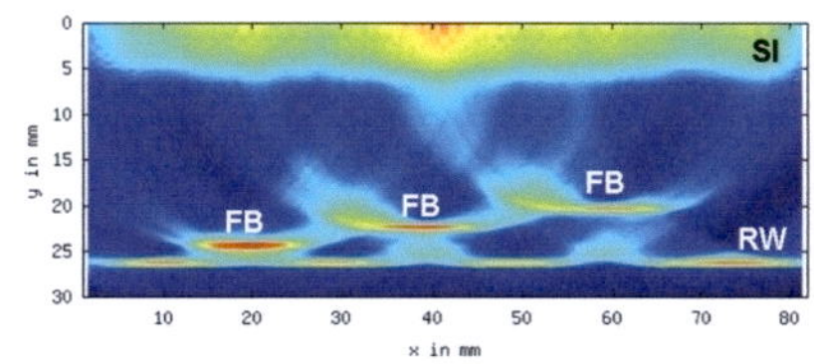 (b)
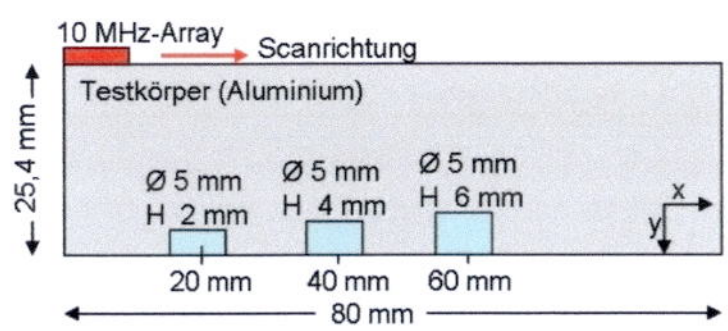 (c)	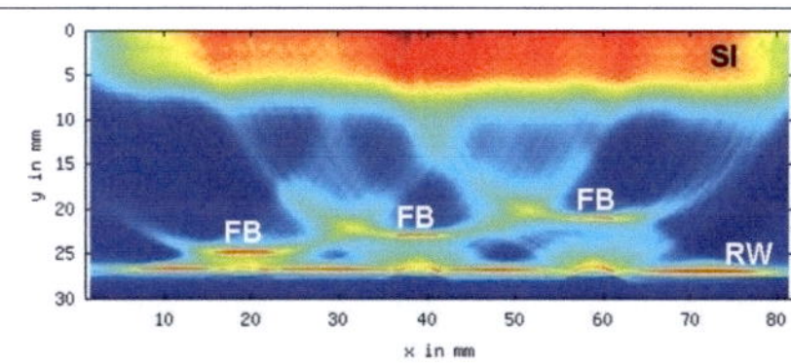 (d)
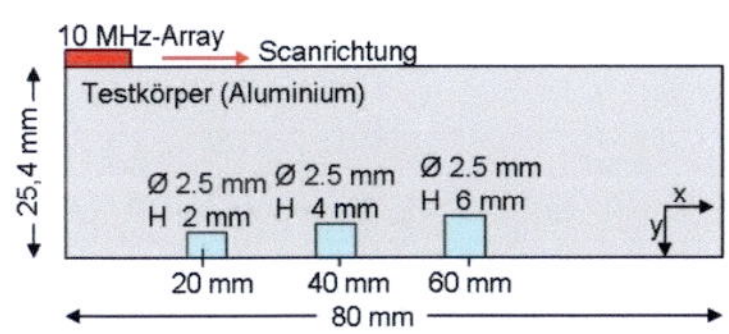 (e)	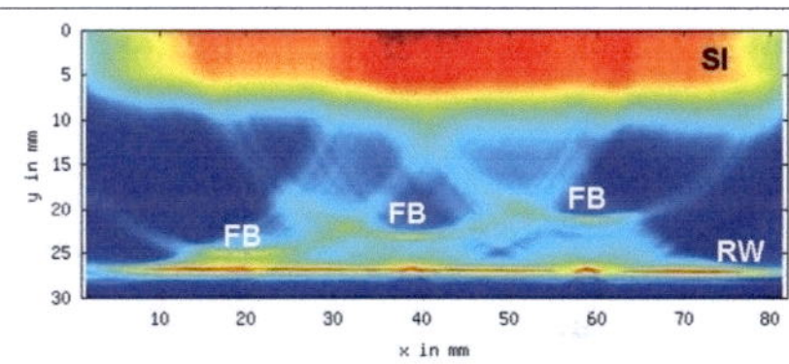 (f)
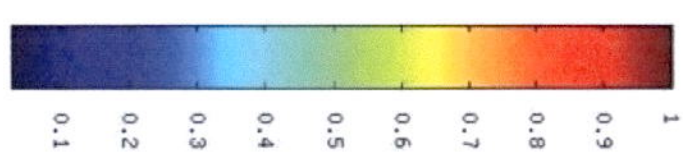	

Tabelle 6.8: Ergebnisse der Bildrekonstruktion aus realen Messdaten für ausgewählte Anordnungen mit Flachbodenbohrungen (FB). SPA+SAFT-Verfahren ohne Optimierung. Dargestellt ist eine elektrische Spannung am Prüfkopf, die proportional zur Normalkomponente des Teilchengeschwindigkeitsvektors ist. *H* Höhe, ∅ Durchmesser der Flachbodenbohrung, *SI* Sendeimpuls, *RW* Rückwand.

Anordnung	Ergebnis der Bildrekonstruktion ohne Optimierung

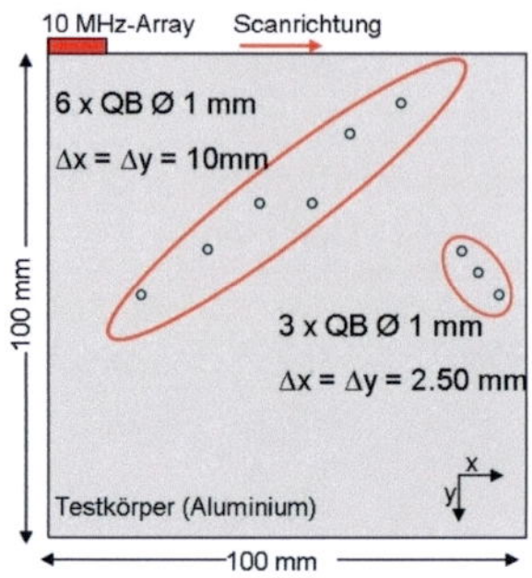

(a)

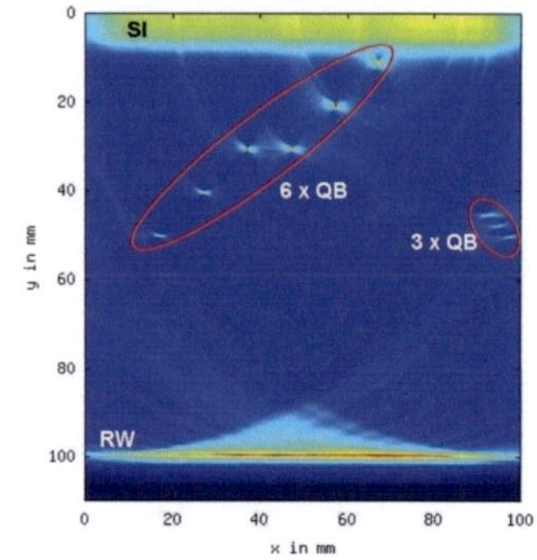

(b)

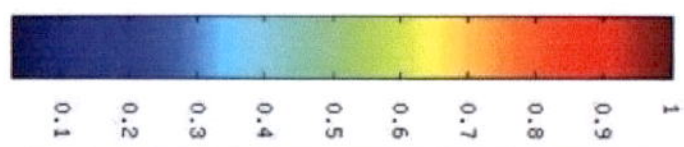

Tabelle 6.9: Ergebnisse der Bildrekonstruktion aus realen Messdaten für eine Anordnung mit Querbohrungen (QB). SPA+SAFT-Verfahren ohne Optimierung. Dargestellt ist eine elektrische Spannung am Prüfkopf, die proportional zur Normalkomponente des Teilchengeschwindigkeitsvektors ist. *H* Höhe, ∅ Durchmesser der Querbohrung, *SI* Sendeimpuls, *RW* Rückwand, $\triangle x$, $\triangle y$ Abstand zwischen zwei Querbohrungen in x- bzw. y-Richtung.

c) Iterationsschritt 2: 2D-Bildrekonstruktion mit Begrenzung auf die Strahlbreite

Der Grund für die Artefakte in den rekonstruierten Bildern der Tabellen 6.8 und 6.9 ist die Tatsache, dass im Auswertealgorithmus der Öffnungswinkel des Linienarrays nicht begrenzt worden war. Auf diesen Effekt wurde schon kurz bei den Messungen an einer festen Prüfkopfposition eingegangen (Abschnitt 6.2.2). Mit dem SAFT-Algorithmus ist es möglich, aus jeder Messposition softwaremäßig auf alle Pixel im Rekonstruktionsgebiet zu fokussieren. Dies kann allerdings aus folgenden Gründen zu Bildartefakten führen:

- Unter großen Schwenkwinkeln steigt der Anteil der Transversalwelle, der im bisherigen Auswertealgorithmus nicht berücksichtigt wurde.
- Da die einzelnen Messpositionen nah beieinander liegen (Messabstand $\approx$ Elementbreite), überlappen sich die Abstrahlbereiche einzelner synthetischer Arrays.

Durch die Wahl eines geringeren Öffnungswinkels kann man die Auswirkung der Artefakte auf das Bild minimieren und so das Rekonstruktionsbild erheblich verbessern.
Tabelle 6.10 zeigt das SAFT-Verfahren mit der Begrenzung auf die Strahlbreite. Während Artefakte bei dem Verfahren ohne Begrenzung der Strahlbreite deutlich sichtbar sind (Tabelle 6.10a), werden sie bei der Auswahl eines Öffnungsswinkels von z.B. 45° deutlich verringert (6.10c).

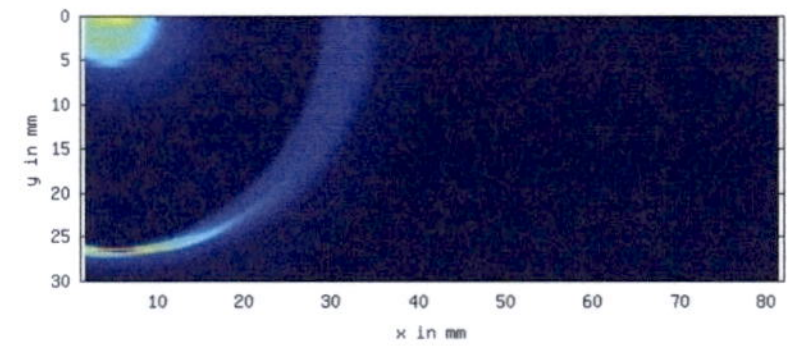

(a) keine Begrenzung

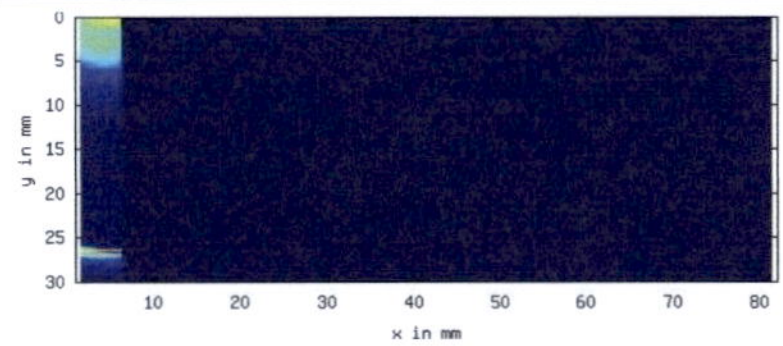

(b) Begrenzung auf 0°

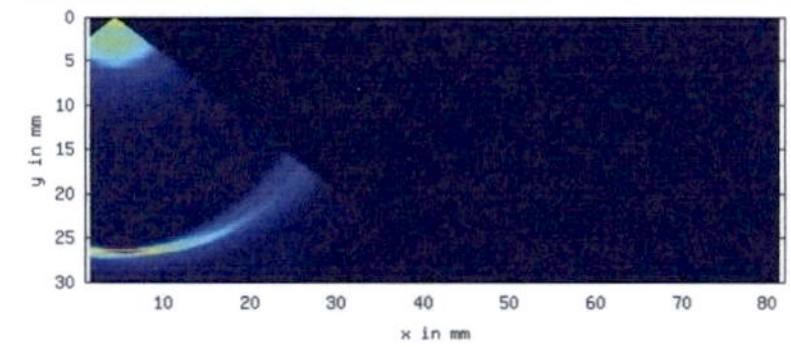

(c) Begrenzung auf 45°

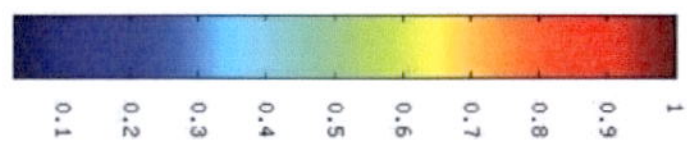

Tabelle 6.10: Darstellung der Optimierung von SAFT+SPA-Verfahren mit Öffnungswinkelbegrenzung, 10 MHz-Linienarray mit 16 Elementen. Dargestellt ist eine elektrische Spannung am Prüfkopf, die proportional zur Normalkomponente des Teilchengeschwindigkeitsvektors ist.

Tabelle 6.11 zeigt die Ergebnisse der Bildrekonstruktion mit Öffnungswinkelbegrenzung für ausgewählte Anordnungen mit Flachbodenbohrungen. Hier konnte man bei kleineren Öffnungswinkel eine bessere Auflösung in x-Richtung erreichen (Tabelle 6.11b, d, f). Tabelle 6.12 zeigt die Ergebnisse der Bildrekonstruktion für eine Anordnung mit Querbohrung. In diesem Fall degegen konnte man mit der Vergrößerung der Strahlbreite bessere Resultate erzielen (Tabelle 6.12b).
Zusammenfassend kann man sagen, dass die Begrenzung auf die Strahlbreite auf jeden Fall zur Verbesserung der Auflösung in x-Richtung beiträgt. Die Ausdehnung der Reflektoren kann man korrekt ablesen. Welcher Öffnungswinkel optimal ist, hängt aber mit der Reflektorform zusammen. Für ausgedehnte Reflektoren wie Flachbodenbohrungen scheinen kleinere Öffnungswinkel besser zu sein. Für kugelförmige Reflektoren wie Querbohrungen verbessert sich die Auflösung mit den größeren Öffnungswinkeln.

Öffnungswinkel 30°	Öffnungswinkel 10°
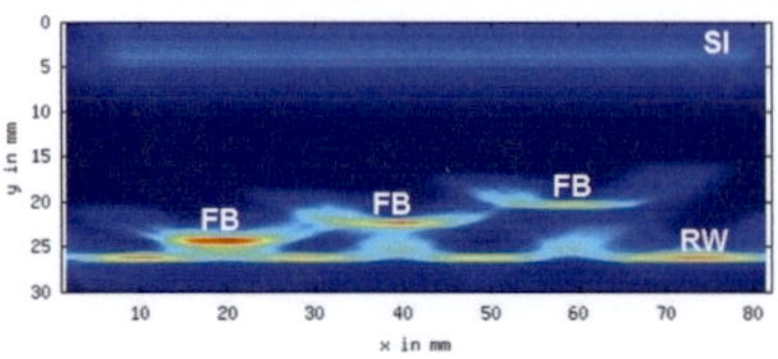 (a)	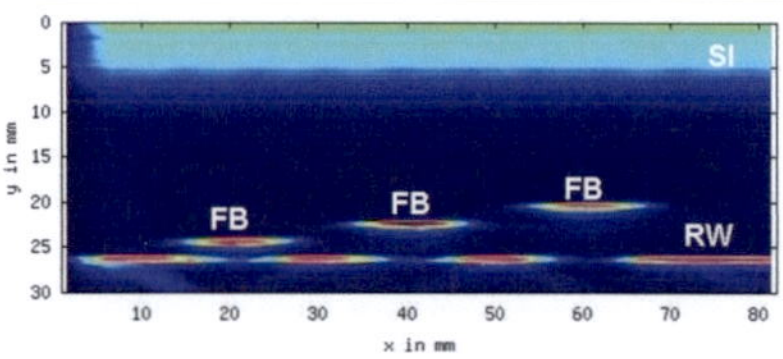 (b)
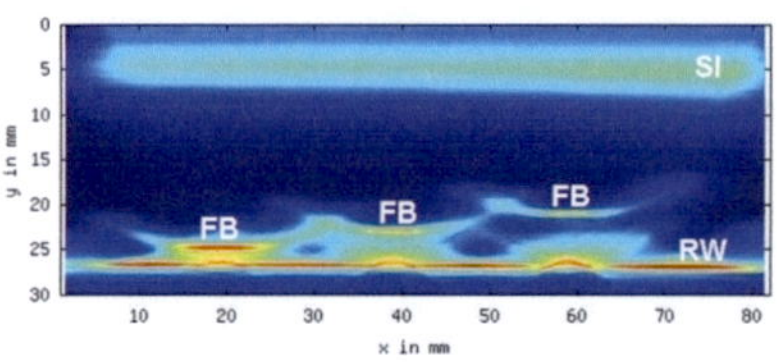 (c)	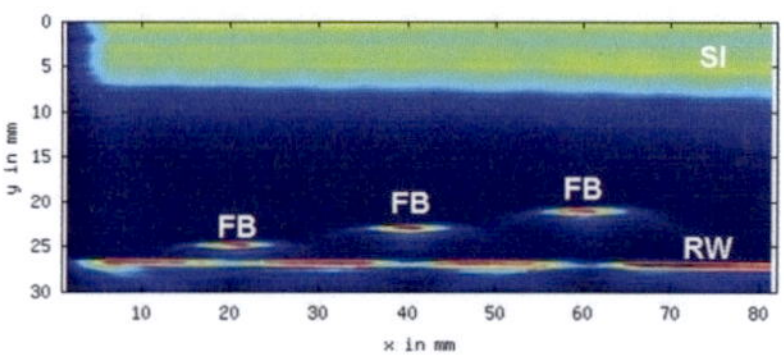 (d)
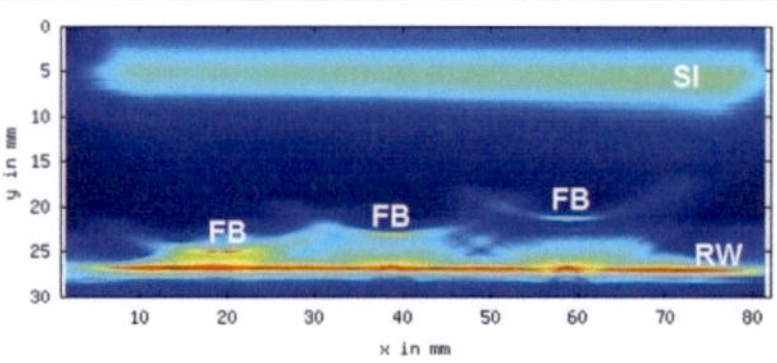 (e)	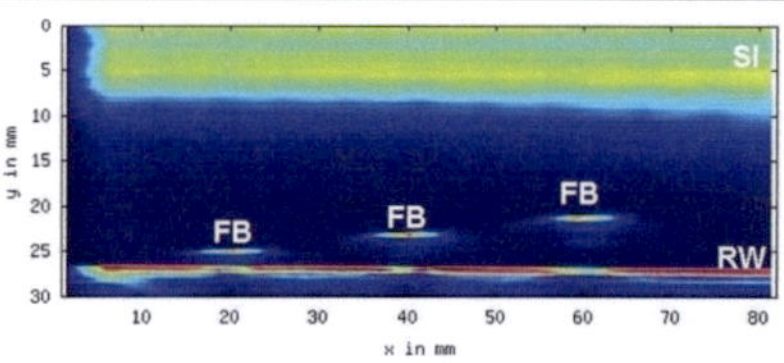 (f)
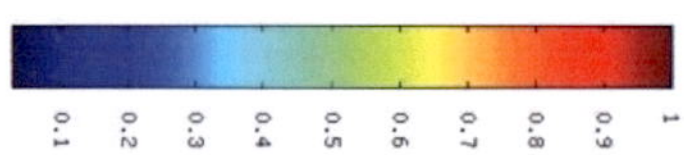	

Tabelle 6.11: Ergebnisse der Bildrekonstruktion aus realen Messdaten für ausgewählte Anordnungen mit Flachbodenbohrungen (FB). SPA+SAFT-Verfahren für ein Linienarray mit optimierten Öffnungswinkel. Dargestellt ist eine elektrische Spannung am Prüfkopf, die proportional zur Normalkomponente des Teilchengeschwindigkeitsvektors ist. *SI* Sendeimpuls, *RW* Rückwand. a, b): Anordnung mit FB wie in der Tabelle 6.8a; c, d): Anordnung mit FB wie in der Tabelle 6.8c; e, f): Anordnung mit FB wie in der Tabelle 6.8e.

<table>
<tr><th>Öffnungswinkel 10°</th><th>Öffnungswinkel 30°</th></tr>
<tr><td>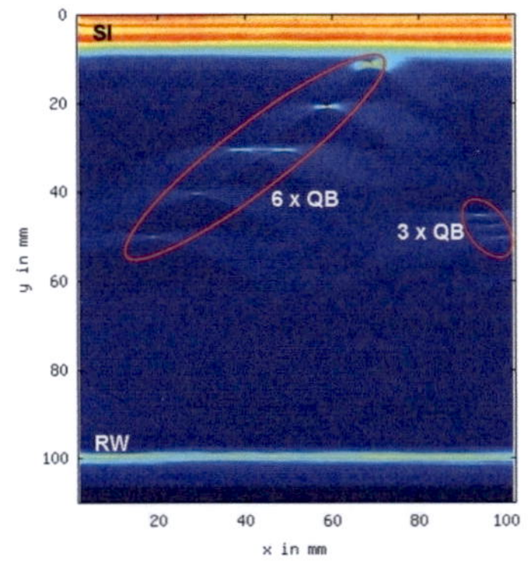

(a)</td><td>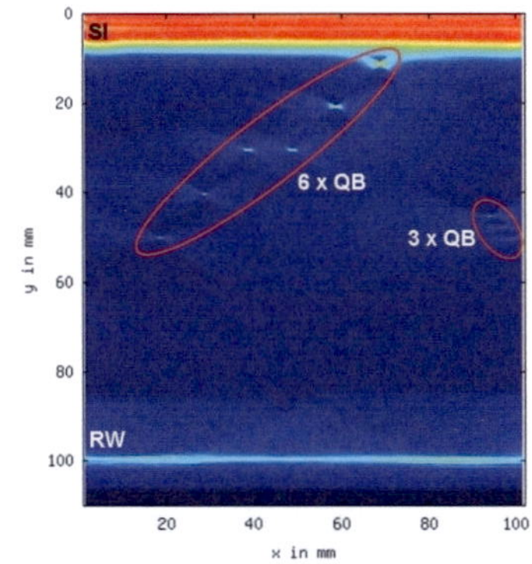

(b)</td></tr>
<tr><td colspan="2">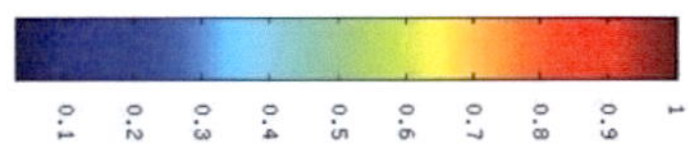</td></tr>
</table>

Tabelle 6.12: Ergebnisse der Bildrekonstruktion aus realen Messdaten für eine Anordnung mit Querbohrungen (QB). SPA+SAFT-Verfahren für ein Linienarray mit optimierten Öffnungswinkel. Dargestellt ist eine elektrische Spannung am Prüfkopf, die proportional zur Normalkomponente des Teilchengeschwindigkeitsvektors ist. *SI* Sendeimpuls, *RW* Rückwand. Anordnung mit QB wie in der Tabelle 6.9a.

d) Vergleich der SAFT-Ergebnisse mit der konventionellen Bildrekonstruktion (B-Scan)

Die SAFT-Ergebnisse, bei denen eine softwarebasierte Fokussierung stattfindet, werden mit der konventionellen Bildrekonstruktion (B-Scan, ohne Fokussierung) verglichen.

- Tabelle 6.13 zeigt den Vergleich für Anordnungen mit Flachbodenbohrungen. Hier kann man erkennen, dass bei der Verwendung des SAFT-Algorithmus die Auflösung sowohl in x- als auch in y-Richtung besser ist. Beim B-Scan sieht man sowohl bei Flachbodenbohrungen als auch an der Rückwand Artefakte (charakteristische Bögen).

- Tabelle 6.14 zeigt den Vergleich für eine Anordnung mit Querbohrungen. Hier sieht man deutlich, dass der SAFT-Algorithmus bessere Resultate liefert. Im B-Scan (Tabelle 6.14b) lässt sich die Lage der Querbohrungen und der Rückwand gut abschätzen, der Radius der Bohrungen dagegen nicht. Die Ausdehnung in x-Richtung ist sehr schlecht: es treten ausgedehnte Bögen in der Nähe der Querbohrungen auf. Die zwei in einer Tiefe von 30 mm liegenden Querbohrungen mit einem Abstand von 10 mm, lassen sich im Bild nicht trennen. Darüber hinaus ist der B-Scan verrauscht. Dank der konstruktiven Überlagerung von Zeitsignalen erreicht man dagegen beim SAFT-Algorithmus eine Verbesserung des Signal-Rausch-Verhältnisses (Tabelle 6.14a). Außerdem lassen sich alle Reflektoren gut voneinander trennen. Die Ausdehnung in x-Richtung ist besser als beim B-Scan, so dass man auch die Ausdehnung der Reflektoren ablesen kann.

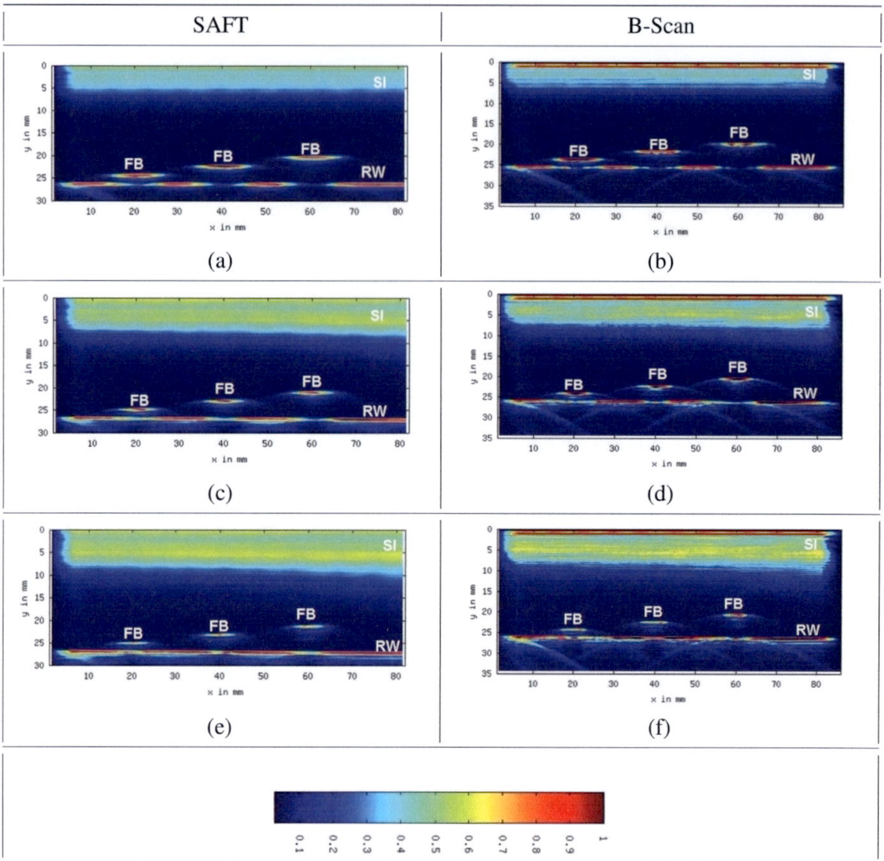

Tabelle 6.13: Vergleich der SAFT-Ergebnisse mit der konventionellen Bildrekonstruktion (B-Scan) für ausgewählte Anordnungen mit Flachbodenbohrungen (FB). Dargestellt ist eine elektrische Spannung am Prüfkopf, die proportional zur Normalkomponente des Teilchengeschwindigkeitsvektors ist. *SI* Sendeimpuls, *RW* Rückwand, a, b): Anordnung mit FB wie in der Tabelle 6.8a; c, d): Anordnung mit FB wie in der Tabelle 6.8c; e, f): Anordnung mit FB wie in der Tabelle 6.8e.

<table>
<tr><th>(a) SAFT</th><th>(b) B-Scan</th></tr>
<tr><td>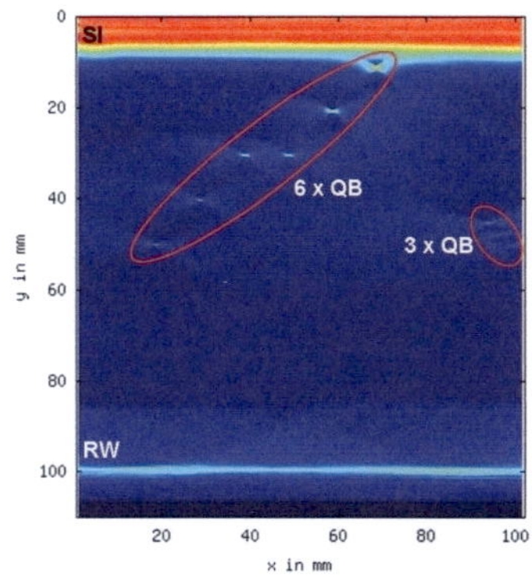
</td><td>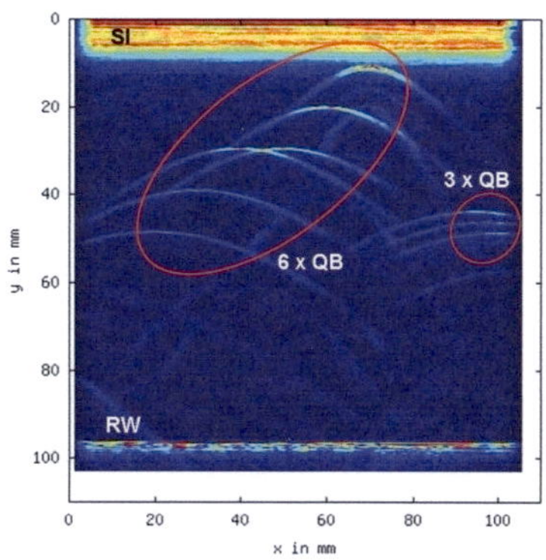
</td></tr>
<tr><td colspan="2">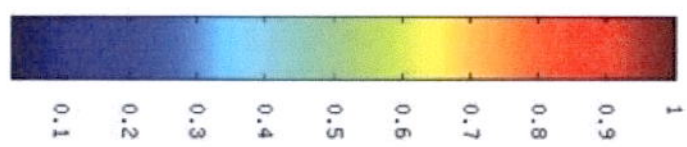
</td></tr>
</table>

Tabelle 6.14: Vergleich der SAFT-Ergebnisse mit der konventionellen Bildrekonstruktion (B-Scan) für eine Anordnung mit Querbohrungen (QB). Dargestellt ist eine elektrische Spannung am Prüfkopf, die proportional zur Normalkomponente des Teilchengeschwindigkeitsvektors ist. SI Sendeimpuls, RW Rückwand. Anordnung mit QB wie in der Tabelle 6.9a.

e) Iterationsschritt 3: Dreidimensionale Visualisierung

Nach der Beschreibung und Beseitigung typischer Artefakte bei der Bildrekonstruktion wird in diesem Abschnitt kurz auf die Möglichkeit der dreidimensionalen Visualisierung eingegangen. In diesem Fall ist es notwendig, die Messung entlang mehrerer Scanlinien durchzuführen. Um den gesamten Vorgang der Datengewinnung zu beschleunigen, kann der Messabstand in der Richtung senkrecht zur Schwenkrichtung größer als die Elementbreite gewählt werden.
Nach der Datenaquisition wird auf die Zeitsignale aus jeder Scanlinie separat der SAFT-Algorithmus angewendet. Die Auswertung erfolgt zur Zeit offline, d.h. nach der Messung. Die Längsschnitte werden anschließend mithilfe des Open-Source-Programms Povray zu einem dreidimensionalen Bild zusammengefügt. Durch die Rotation des Bildes kann man so das Bild aus verschiedenen Perspektiven betrachten. Abbildung 6.8 zeigt ein Beispiel für eine dreidimensionale Visualisierung für eine ausgewählte Anordnung mit Flachbodenbohrungen.

6.3.2 Messungen in Immersionstechnik für isotrope Testkörper

In diesem Abschnitt werden Messungen in Immersionstechnik bei Nutzung eines mechanischen Scanners und deren Auswertung besprochen.
Die Datengewinnung erfolgt wie in der Kontakttechnik mit der $1 \times n$-Datenaufnahmetechnik. Nach n -Messpositionen (hier $n = 16$) ist die SPA-Informationsmatrix vollständig. Die Aufnahmelänge für die Zeitsignale beinhaltet die Länge der Wasservorlaufstrecke sowie die Dicke des Testkörpers. Durch die Blendenaktivierung in der Software lässt sich die Lage des Eintrittsimpulses in das Aluminium ge-

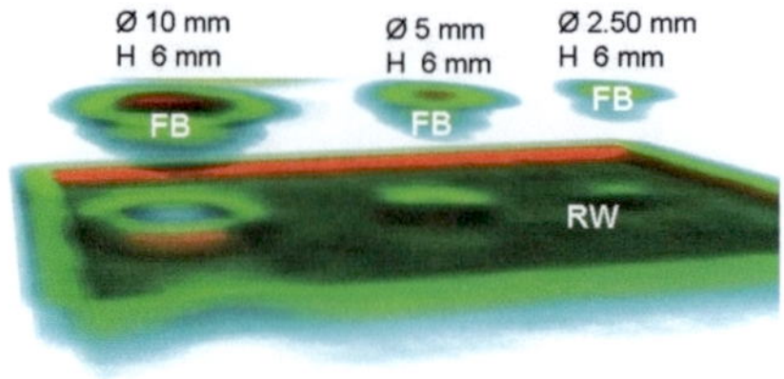

Abbildung 6.8: Dreidimensionale Visualisierung für eine ausgewählte Messanordnung mit Flachbodenbohrungen (FB). SPA+SAFT-Verfahren. Dargestellt ist eine elektrische Spannung am Prüfkopf, die proportional zur Normalkomponente des Teilchengeschwindigkeitsvektors ist. *RW* Rückwand, *H* Höhe und ∅ Durchmesser der Flachbodenbohrung.

nau abschätzen.
Nach der Datenaquise erfolgt die Datenauswertung mit dem modifizierten SAFT-Algorithmus. Man verwendet in diesem Fall den Ansatz mit einer virtuellen Quelle auf der Oberfläche des Testkörpers. Dabei ist es zu beachten:

- Grundlage für den Auswertealgorithmus bildet der Inhalt einer Informationsmatrix (hier 256 aufgenommene A-Scans).
- Die A-Scans werden softwaremäßig so überlagert, als ob auf der Oberfläche des Testkörpers unter verschiedenen Schwenkwinkeln auf der Sende- und Empfangsseite punktförmig fokussiert wurde.
- Anhand der Daten aus einer vollständigen Informationsmatrix lassen sich 16 virtuelle Quellen realisieren. Jede i-te virtuelle Quelle hat die gleiche x-Koordinate wie das i-te Arrayelement. Die Tiefenkoordinate entspricht der Länge der Wasservorlaufstrecke. Der Abstand zwischen zwei virtuellen Quellen entspricht der Elementbreite.
- Diese Auswertung wird für alle Informationsmatrizen entlang der Fahrtstrecke wiederholt.

Tabelle 6.15 zeigt die Ergebnisse der zweidimensionalen Bildrekonstruktion für ∅ 5 mm-Flachbodenbohrungen. Die Länge der Scanstrecke in x-Richtung beträgt 140 mm. Die Anordnung der Reflektoren kann man aus Tabelle 6.8c entnehmen.
Zur Vermeidung von Artefakten ist es notwendig, das Rekonstruktionsgebiet auf die Strahlbreite des Arrays zu begrenzen (siehe Tabelle 6.15a, b).

6.3.3 Anwendungsbeispiel: CFK-Bauteile und Bildrekonstruktion in isotroper Näherung

a) Zielstellung

CFK (Carbonfaserverstärkte Kunststoffe) sind neue Materialien, die in der Luft- und Raumfahrttechnik zunehmend eingesetzt werden. Vorteilhaft für diese Werkstoffe ist, dass sie im Vergleich zu Aluminium leichter und belastbarer gegen mechanische Einflüsse sind. Nachteilig ist aber deren komplexer Aufbau. Sie sind inhomogen und bestehen aus mehreren Schichten Carbonfasern in einer Epoxidmatrix. Darüber hinaus ist die Materialdämpfung sehr groß.
Damit stellen sogar fehlerfreie CFK-Teile für die Ultraschallprüfung eine große Herausforderung dar.

<table>
<tr><th>(a) Ergebnis der Bildrekonstruktion ohne Optimierung</th><th>(b) Ergebnis der Bildrekonstruktion mit Optimierung</th></tr>
<tr><td>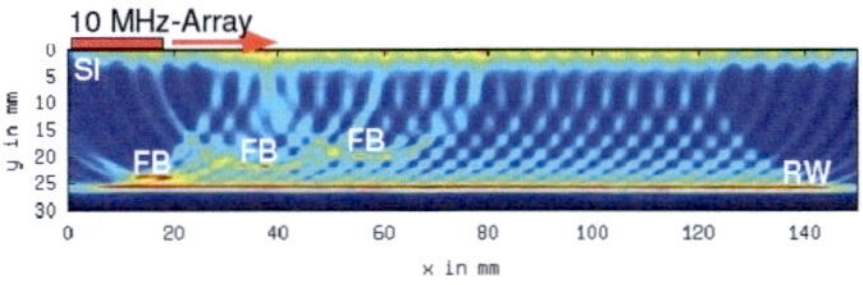
</td><td>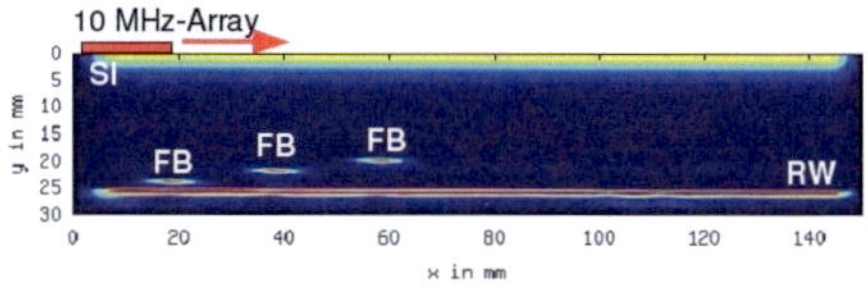
</td></tr>
<tr><td colspan="2">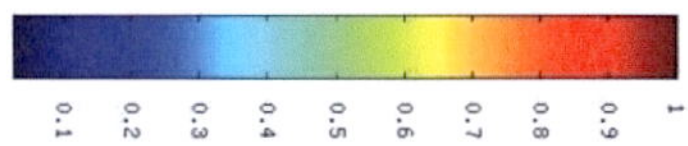
</td></tr>
</table>

Tabelle 6.15: Vergleich der Ergebnisse der zweidimensionalen Bildrekonstruktion für ausgewählte Anordnungen mit Flachbodenbohrungen (FB). SPA+SAFT-Verfahren ohne (a) und mit Optimierung (b). Immersionstechnik, Ansatz mit einer virtuellen Quelle auf der Oberfläche des Testkörpers. SI Sendeimpuls, RW Rückwand. Dargestellt ist eine elektrische Spannung am Prüfkopf, die proportional zur Normalkomponente des Teilchengeschwindigkeitsvektors ist.

Die vom Wandler gesendete Ultraschallwelle wird von einzelnen CFK-Grenzflächen mehrfach reflektiert. Wegen der großen Materialdämpfung ist die Prüfung mit der Sampling-Phased-Array-Technik kritisch, da dort nur mit einem Element gesendet wird.
Ziel hier ist es deshalb, die Möglichkeit der Prüfung von ebenen CFK-Teilen in einem scannenden System in Verbindung mit mehrkanaligen Ultraschallwandlern zu untersuchen. Künstlich eingebrachte Defekte sollen dabei zuverlässig erkannt werden. Dafür wurden entsprechende CFK-Teile angefertigt.

b) Typische Defekte in CFK-Bauteilen

Defekte in den CFK-Bauteilen entstehen entweder während des Herstellungsprozesses oder im Betrieb als Folge einer mechanischen Belastung (Abbildung 6.9). Besondere Bedeutung haben:

- Harzansammlungen,
- Faserbrüche, Änderungen der Lage von Fasern,
- Fremdeinschlüsse, Luftblasen,
- Ondulationen (durch Verschiebung der Lagen während des Herstellungsprozesses, verlaufen wellenförmig),
- Delaminationen (Ablösung zwischen zwei Lagen),
- Risse.

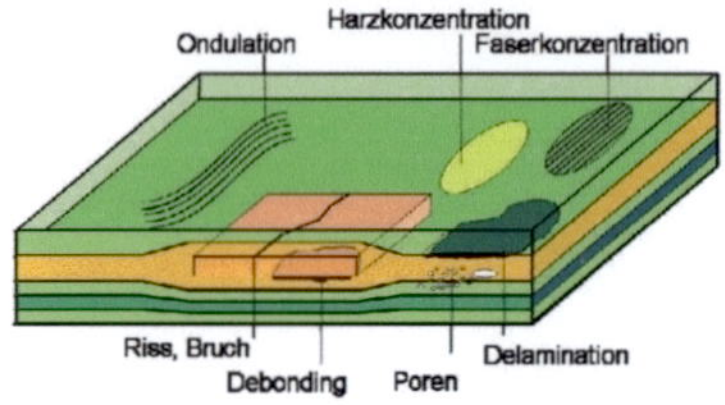

Abbildung 6.9: Typische Defekte in CFK-Strukturen [62].

c) Diskussion der Ergebnisse

Die Inspektion der CFK-Teile erfolgt in der Immersionstechnik bei einer Prüffrequenz von 10 MHz. Zur Bildrekonstruktion wird der SPA+SAFT-Algorithmus in isotroper Näherung angewendet. Die Ergebnisse werden an zwei Beispielen diskutiert:

- CFK-Testkörper 1: ebene Platte mit eingebrachten stark reflektierenden Folien,
- CFK-Testkörper 2: T-Stück (Prüfung im Zwickelbereich).

Tabelle 6.16 zeigt das schematische Bild vom Testkörper 1 sowie die Ergebnisse der Messung an einer festen Prüfkopfposition. Die statische Messung wurde als eine Orientierungsmessung zur Bestimmung der Schallgeschwindigkeit und der optimalen Aufnahmelänge durchgeführt. Mehrfachreflexionen an der Grenzfläche zwischen der Wasserschicht und dem CFK-Teil wurden vermieden (Tabelle 6.16b). Auf dem A-Scan (Tabelle 6.16c), welcher nur den Bereich der CFK-Platte enthält, sind Reflexionen von einzelnen Schichten mit verschiedener Faserorientierung zu erkennen. Trotz der starken Materialdämpfung ist das Rückwandecho bei 22 mm noch gut zu sehen. Tabelle 6.18 zeigt die Ergebnisse dynamischer Messungen für den CFK-Testkörper 1. Auf dem Längsschnitt (Tabelle 6.18a, b) sind:

- der Sendeimpuls (Eintrittsecho in CFK) und die Rückwand,
- die Reflexionen von einzelnen Schichten,
- die Reflexionen von eingebrachten Folien,
- die Faserorientierung

zu erkennen. An den Stellen, wo sich die Folien befinden, ist das Rückwandecho geschwächt. Man sieht, dass beispielsweise durch die Folien 3 und 5 eine stärkere Reflexion zur Anzeige gebracht wird, als durch die Folie 4.

Tabelle 6.18c zeigt einen Querschnitt durch die Folien. Die Folien 3 und 6 sind am besten zu erkennen, während die schwächste Reflexion von den Folien 1 und 4 kommt, was mit der Aussage aus dem Längsschnitt übereinstimmt. Infolge der begrenzten Scannergenauigkeit sind die Folienkanten nicht präzise abgebildet.

Tabelle 6.17 zeigt die Ergebnisse einer dynamischen Messung für den CFK-Testkörper 2. Die CFK-T-Teile werden standardmäßig im Zwickelbereich geprüft, da dieser den kritischen Bauteilbereich darstellt. Interessant dabei ist die Bestimmung der Lagenorientierung sowie der Radien im Prüfbereich. Für eine bessere Bildgebung wurden in diesem Fall zusätzliche Werte aus der linearen Interpolation der Messdaten gewonnen. Mit dem jetzigen Algorithmus kann man den Lagenverlauf in den Zwickelbereich hinein verfolgen. Die genaue Bestimmung der Radien war aber nicht möglich.

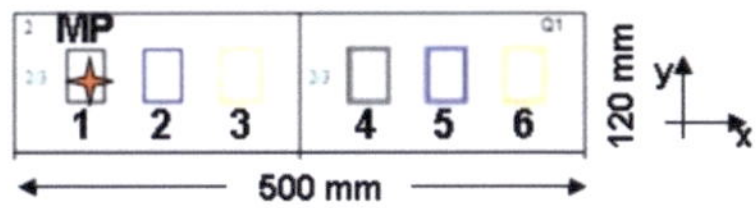

(a)

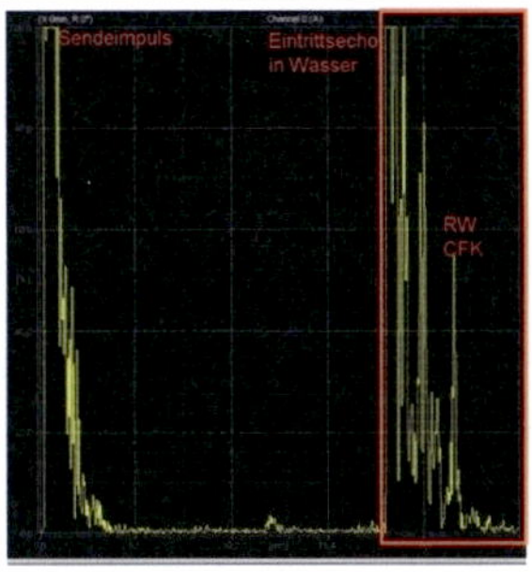

(b)

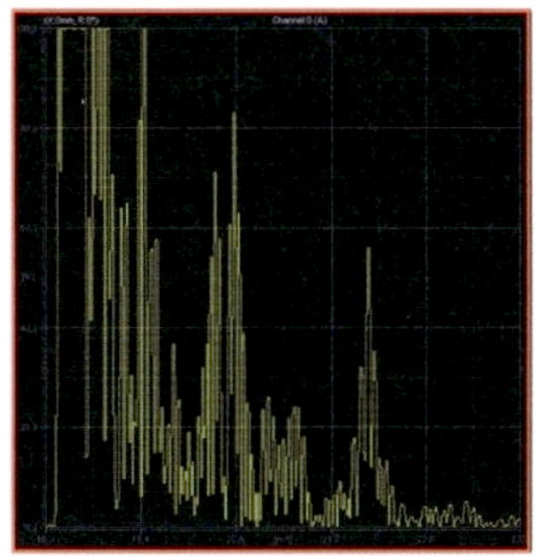

(c)

Tabelle 6.16: (a) Schematischer Aufbau des CFK-Testkörpers 1 mit eingebrachten stark reflektierenden Folien (1-6) sowie die Messergebnisse (A-Scans) an einer festen Prüfkopfposition MP. Aufnahmelänge (b) 25,6 mm und (c) 5,6 mm. RW CFK Rückwandecho von der Platte, Messung in der Immersionstechnik, Schallgeschwindigkeit der Longitudinalwelle in CFK 3700 m/s. SPA+SAFT-Verfahren mit einem 10 MHz-Linienarray mit 16 Elementen.

(a)

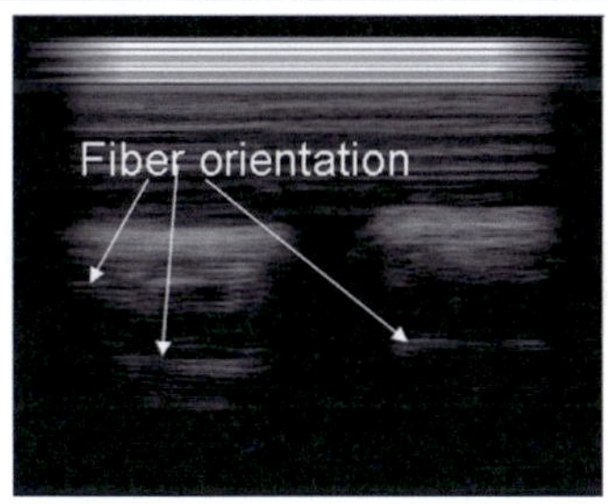

(b)

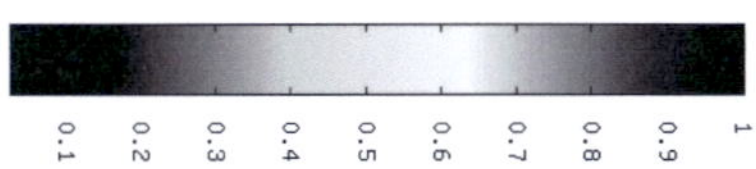

Tabelle 6.17: Ergebnisse der dynamischen Messung vom CFK-Testkörper 2. SPA+SAFT-Verfahren in einer isotropen Näherung mit einem 10 MHz-Linienarray mit 16 Elementen. x-z-Schnitt entlang einer Scanlinie mit der Länge von 30 mm. Dargestellt ist eine elektrische Spannung am Prüfkopf, die proportional zur Normalkomponente des Teilchengeschwindigkeitsvektors ist.

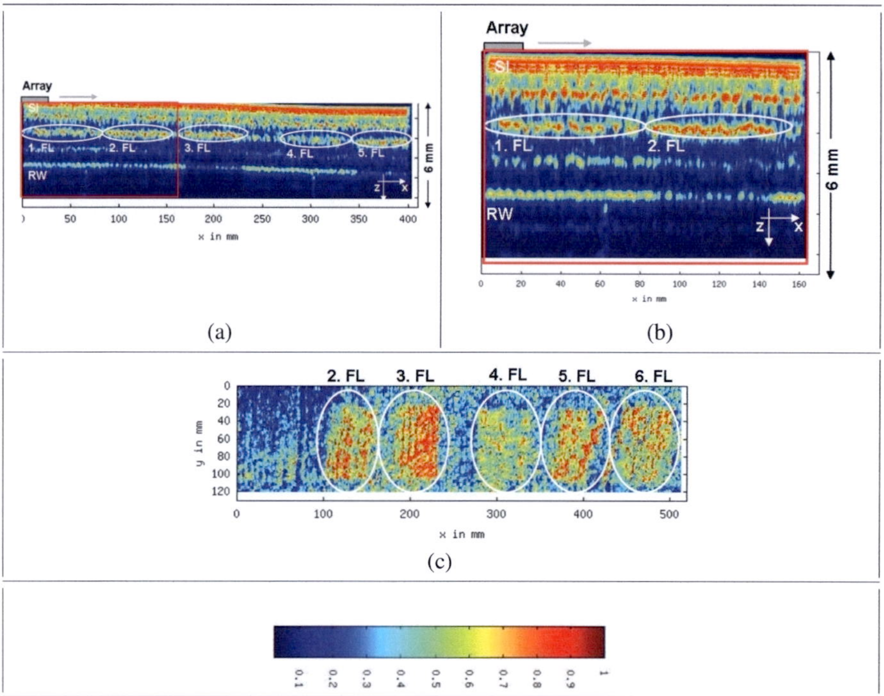

Tabelle 6.18: Ergebnisse der dynamischen Messung vom CFK-Testkörper 1. SPA+SAFT-Verfahren in einer isotropen Näherung mit einem 10 MHz-Linienarray mit 16 Elementen. x-z-Schnitt entlang einer Scanlinie mit der Länge von (a) 400 mm und (b) 160 mm. (c) x-y-Schnitt. Dargestellt ist eine elektrische Spannung am Prüfkopf, die proportional zur Normalkomponente des Teilchengeschwindigkeitsvektors ist. SI Sendeimpuls, RW Rückwandecho, FL reflektierende Folie.

7 Zusammenfassung und Ausblick

Diese Arbeit hatte zwei Zielstellungen:

- Entwicklung von Methoden zur effektiven Schallfeldberechnung von mehrkanaligen Ultraschallwandlern, um deren Parameter zu optimieren und synthetische Streudaten zu erzeugen.
- Entwicklung neuer bildgebender Auswertealgorithmen für die Phased-Array-Technik in Verbindung mit einem mechanischen Scanner, um eine zuverlässige automatisierte Prüfung von Bauteilen zu ermöglichen.

7.1 Ergebnisse

Konventionelle scannende Ultraschallsysteme arbeiten meistens einkanalig. Die Prüfergebnisse werden meistens als B- oder C-Scan dargestellt, bei denen die Amplitude des reflektierten Signals als Funktion des Ortes zur Anzeige kommt. Um genauere Informationen im Vergleich zur traditionellen Bildgebung aus dem Prüfobjekt zu gewinnen, wurde in dieser Arbeit der Einsatz von mehrkanaligen Ultraschallwandlern in Verbindung mit einem mechanischen Scanner untersucht.
Die Arrayparameter, z.B. Fokusbreite, Schwenkwinkel oder Elementanzahl, lassen sich vorab mithilfe von Modellierungsberechnungen optimieren. Aus diesem Grund beschäftigte sich der erste Teil der Arbeit mit der Entwicklung von effektiven Simulationstools zur Schallfeldberechnung. Dabei wurde ein neuer Ansatz untersucht, bei dem die Finite Integrationstechnik für elastische Wellen (EFIT) mit der transienten Punktquellensynthese (PSS) kombiniert wurde.

- Die Berechnung des transientes Schallfeldes erfolgte in zwei Schritten:
  1. Berechnung der Wellenausbreitung von einer Punktquelle,
  2. Summation elementarer Schallfelder von allen Punktquellen innerhalb der Wandlerapertur.

  Da die Wellenausbreitung von einer elementaren Punktquelle ein achsensymmetrisches Problem darstellt, vereinfacht sich der erste Simulationsschritt zu einem zweidimensionalen Problem in zylindrischen Koordinaten.
- In dieser Arbeit wurde die EFIT-PSS-Technik für die Schallfeldberechnungen in homogenen und isotropen Medien verwendet. Es wurden Schallfelder von Einzelelementwandlern verschiedener Geometrien und von Linienarrays für verschiedene Fokustiefen und Schwenkwinkel berechnet.
- Der neue Ansatz wurde numerisch und analytisch validiert. Die EFIT-PSS-Berechnungen weisen eine gute Übereinstimmung mit anderen Simulationstechniken sowohl für eine impulsförmige als auch für eine monochromatische Anregung auf.

Das Hauptthema des zweiten Teils der Arbeit waren bildgebende Algorithmen auf der Basis von mehrkanaligen Ultraschallwandlern. Die experimentellen Untersuchungen wurden mit 16-elementigen Linienarrays durchgeführt.

- Als vorteilhaft hat sich der Synthetic-Aperture-Focusing-Technique- (SAFT-) Algorithmus in Verbindung mit der Sampling-Phased-Array-Technik (SPA) erwiesen. Dank dem SAFT-Algorithmus kann man die Fokussierung auf jedem Pixel des Rekonstruktionsgebietes softwaremäßig realisieren. Mit der Anwendung der Sampling-Phased-Array-Technik gewinnt man die maximale Information über das Ausbreitungsmedium, da hier die A-Scans aus allen möglichen Sender/Empfänger-Kombinationen aufgenommen werden.

- Zuerst erfolgte die Implementierung der Auswertealgorithmen für Messungen an einer festen Prüfkopfposition. Die Bildrekonstruktion aus synthetischen EFIT-Streudaten wurde für ausgewählte Beispiele mit den experimentellen Ergebnissen verglichen.

- Im zweiten Schritt erweiterte man die Auswertealgorithmen auf Messungen mit einem scannenden Ultraschallsystem. Ein wichtiger Aspekt war dabei, die Scannerbewegung bei der Datenaufnahme explizit zu berücksichtigen. Als vorteilhaft hat sich die $1 \times n$-Datenaufnahmetechnik erwiesen, wobei an einer Messposition nur ein Arrayelement sendet und n Elemente empfangen. Da der Abstand zwischen zwei Messpositionen der Elementbreite entspricht, wird so die SPA-Informationsmatrix nach n Positionen vollständig.

- Die implementierten Algorithmen berücksichtigen zur Zeit nur die Ausbreitung von Longitudinalwellen.

- Sie sind nur für Bauteile mit ebenen Grenzflächen geeignet.

- Bei der Datenaufnahme mit der SPA-Technik entstehen umfangreiche Datenmengen, die die begrenzte RAM-Kapazität überschreiten. Aus diesem Grund wurde in der Software ein *Producer-Consumer*-Konzept implementiert, bei dem die Messdaten durch zwei Threads verwaltet werden.

- Zur Vermeidung von Artefakten wurde das Rekonstruktionsgebiet in mehrere Teilgebiete zerlegt. Jedes Teilgebiet ist durch den Öffnungswinkel des Phased-Array-Wandlers begrenzt.

Die Auswertealgorithmen wurden für die Prüfung sowohl in Kontakt- als auch Immersionstechnik entwickelt.

- Für Messungen in Kontakttechnik zeigte sich, dass die Schwankungen des Ankopplungsmediums das Ergebnis der Bildrekonstruktion negativ beeinflussen können.

- In der Immersionstechnik wurde die Länge der Wasservorlaufstrecke immer so ausgewählt, dass keine Mehrfachreflexionen zwischen dem Ultraschallwandler und Testkörper auftraten.

- Um die Brechung auf einer Grenzfläche zum Prüfobjekt zu berücksichtigen, wurde bei der Datenauswertung ein Verfahren mit einer virtuellen Quelle auf der Oberfläche des Testkörpers verwendet.

- Weiterhin wurde die Bildrekonstruktion mit dem konventionellen B-Scan und mit dem SPA + SAFT-Verfahren verglichen. Bei den mit dem SPA + SAFT-Verfahren rekonstruierten Bildern erreicht man in x-Richtung eindeutig eine bessere Auflösung.

Die Messungen erfolgten sowohl für isotrope Testkörper aus Aluminium als auch für CFK-Bauteile und Mischschweißnähte. Dank der Fokussierung auf der Softwareseite ließ sich eine konstante Auflösung innerhalb der Nahfeldlänge der synthetischen Apertur erreichen. Dabei konnte man problemlos

Bezugsreflektoren in Aluminium sowie einzelne Fasern und künstliche Defekte bei CFK-Teilen erkennen.
Die vorgestellte Datenaufnahmetechnik und die vorgestellten Auswertealgorithmen sind skalierbar und können in der Zukunft direkt auf typische Prüffrequenzen der Ultraschallmikroskopie übertragen werden.

7.2 Ausblick

Mögliche Erweiterungen hinsichtlich der Simulationstechnik EFIT-PSS sind:

- Schallfeldberechnung in anisotropen Medien und für nichtachsensymmetrische Probleme,
- Schallfeldberechnungen für Matrixarrays. Die Implementierung der EFIT-PSS-Technik erlaubt eine effektive Berechnung von dreidimensionalen Schallfeldern. Dieses Merkmal ist von besonderer Bedeutung für zukünftige Schallfeldberechnungen für Matrixarrays, wo eine echte dreidimensionale Schallfeldsteuerung möglich ist.
- Adaptives Gitter. Im Fall eines adaptiven Gitters wird die Größe der Gitterzelle an das aktuelle Ausbreitungsmedium angepasst. So ergibt sich zum Beispiel in einer Wasserschicht ein feines räumliches und zeitliches Gitternetz, während im angrenzenden Festkörper die Gitterzellen größer sein können. Dieser Ansatz kann zur zusätzlichen Verkürzung der Berechnungszeit für dreidimensionale transiente Schallfelder führen.

Im Rahmen dieser Arbeit wurde ein Messplatz aufgebaut, der sich allerdings noch im Prototypenstadium befindet. Um ihn zu einem kommerziellen Messsystem auszubauen, sind folgende Schritte notwendig:

- Die separaten Softwarekomponenten sind in ein benutzerfreundliches Bedienungsprogramm zu integrieren. Zur Zeit existiert nur eine GUI-Software für statische SPA-Messungen.
- Die Messdaten sollten in Echtzeit auswertbar sein. Das ließe sich erreichen, wenn die hier entwickelten Auswertealgorithmen auf einer Graphikkarte implementiert wären. Eine andere Möglichkeit wäre, die Auswertealgorithmen im Frequenzbereich zu implementieren.
- Um die Präzision von Ultraschallmikroskopen zu erreichen, muss für die Manipulatoren die Genauigkeit erhöht werden.
- Weiterhin wird eine Hochfrequenzelektronik benötigt.
- Zur Zeit arbeitet der Messplatz nur im SPA-Betrieb. Für den Betrieb der konventionellen Phased-Array-Technik ist eine Erweiterung existierender Hardware- und Software notwendig.

Es wäre denkbar den Betrieb eines Einzelelementwandlers in das Messsystem zu integrieren. So ein System würde dann erweiterte Messmöglichkeiten haben, wie zum Beispiel ein zweistufiges Prüfverfahren aus einer groben Prüfung mit Einzelelementwandlern und einer genauen Prüfung mit der Phased-Array-Technik.
An dieser Stelle wären auch hybride Ansätze interessant, wie zum Beispiel ein kombiniertes Wirbelstrom-/ Ultraschallsystem mit einem mechanischen Scanner, um mit der Wirbelstromsonde nach Oberflächen- und mit dem Ultraschallwandler nach Volumenfehlern suchen zu können.

Wie die Messungen gezeigt haben, sind die in dieser Dissertation entwickelten Algorithmen für isotrope Strukturen mit vergleichsweise einfacher Geometrie geeignet. Spezielle Anwendungen mit komplexer Geometrie und anisotroper Wellenausbreitung erfordern die Entwicklung bauteilsspezifischer Auswertealgorithmen. Dazu gehören zum Beispiel:

- Prüfobjekte mit einer unregelmäßigen oder gekrümmten Oberfläche,
- CFK-Strukturen,
- Mischschweißnähte.

Die für den SAFT-Algorithmus benötigten Verzögerungszeiten sollen in diesem Fall messtechnisch mithilfe eines Laservibrometers oder durch eine Schallfeldsimulation bestimmt werden.

A Schallfelder von Einzelelementwandlern

A.1 Schallfeld eines ringförmigen Wandlers

Phys. Größe	*x*-*z*-Schnitt bei *y* = 0 cm	*x*-*z*-Schnitt bei *y* = 1,8 cm	
v_b	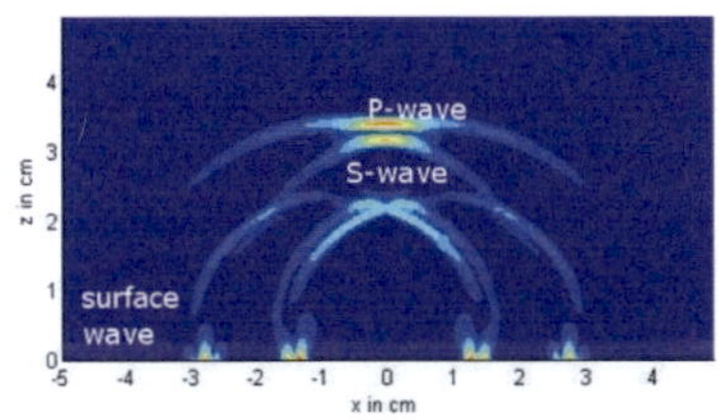	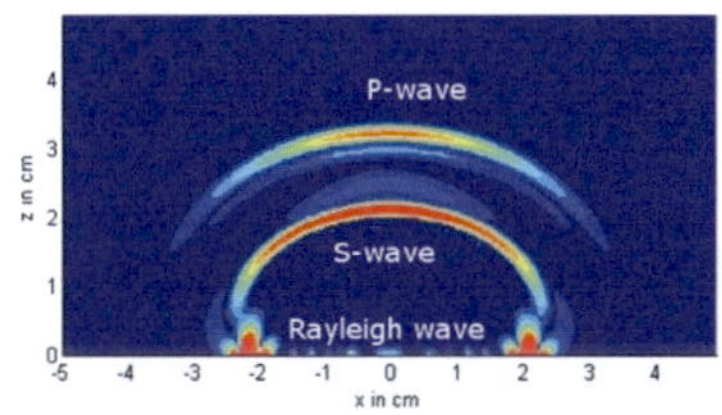	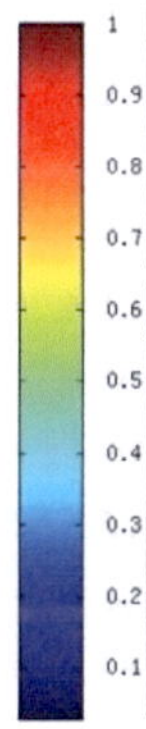
v_z	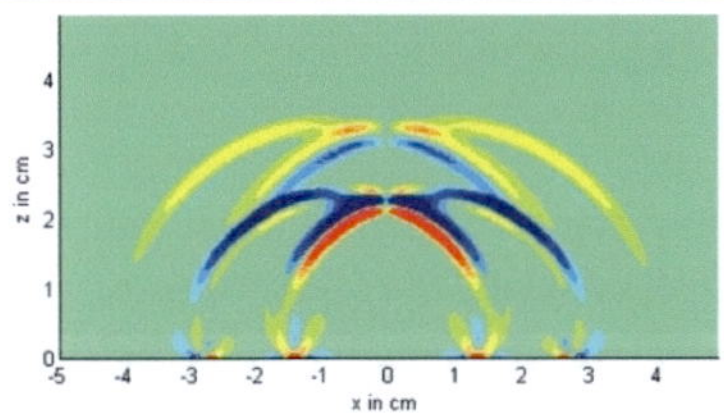	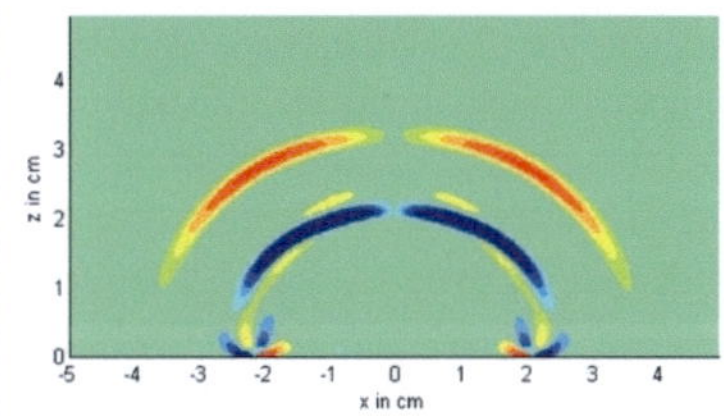	
Anordnung	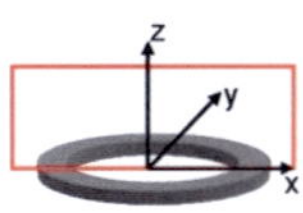		

Tabelle A.1: Mit EFIT-PSS berechnetes Schallfeld eines ringförmigen Ultraschallwandlers mit einem inneren Radius von 6 mm und einem äußeren Radius von 8 mm an der Grenzfläche zu Stahl nach der Normalkraftanregung durch einen RC2-Puls, Mittenfrequenz 2 MHz, Wellenmomentaufnahme bei t = 8,4 μs. Betrag des Teilchengeschwindigkeitsvektors und seine z-Komponente. Dargestellt ist die auf das Maximum normierte Teilchengeschwindigkeit.

A.2 Schallfeld eines quadratischen Wandlers

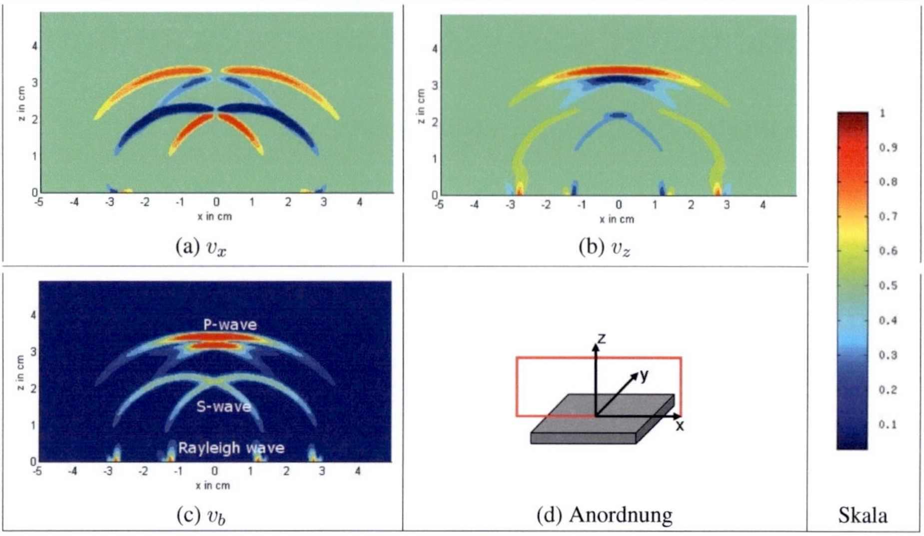

Tabelle A.2: Mit EFIT-PSS berechnetes Schallfeld eines quadratischen Ultraschallwandlers mit einer Seitenlänge von 8 mm an der Grenzfläche zu Stahl bei der Normalkraftanregung durch einen RC2-Puls, Mittenfrequenz 2 MHz, Wellenmomentaufnahme bei t = 8,4 μs, x-z-Schnitt bei y = 0 mm. Dargestellt ist die auf das Maximum normierte Teilchengeschwindigkeit. (a) x-Komponente, (b) z-Komponente und (c) Betrag des Teilchengeschwindigkeitsvektors v_b, (d) Anordnung.

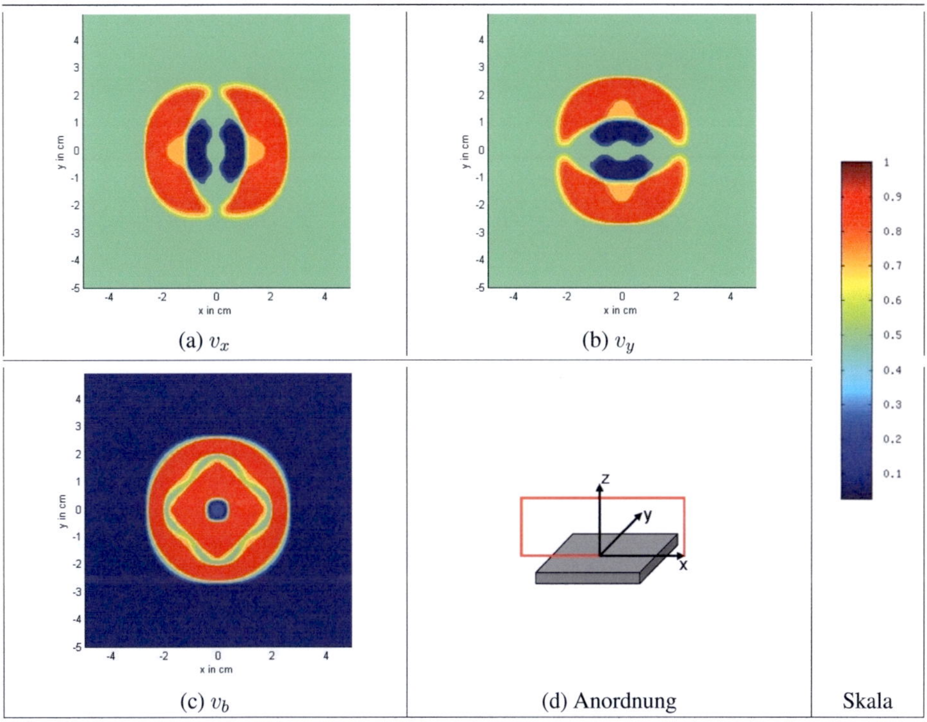

(a) v_x (b) v_y (c) v_b (d) Anordnung Skala

Tabelle A.3: Mit EFIT-PSS berechnetes Schallfeld eines quadratischen Ultraschallwandlers mit einer Seitenlänge von 8 mm an der Grenzfläche zu Stahl bei der Normalkraftanregung durch einen RC2-Puls, Mittenfrequenz 2 MHz, Wellenmomentaufnahme bei t = 8,4 μs, x-y-Schnitt bei z = 42 mm. Dargestellt ist die auf das Maximum normierte Teilchengeschwindigkeit. (a) x-Komponente, (b) y-Komponente und (c) Betrag des Teilchengeschwindigkeitsvektors v_b, (d) Anordnung.

A.3 Analytisches Modell für die Wellenausbreitung eines kreisförmigen Wandlers

	EFIT-PSS	Analytische Lösung
x-z-Schnitt bei y = 0 mm	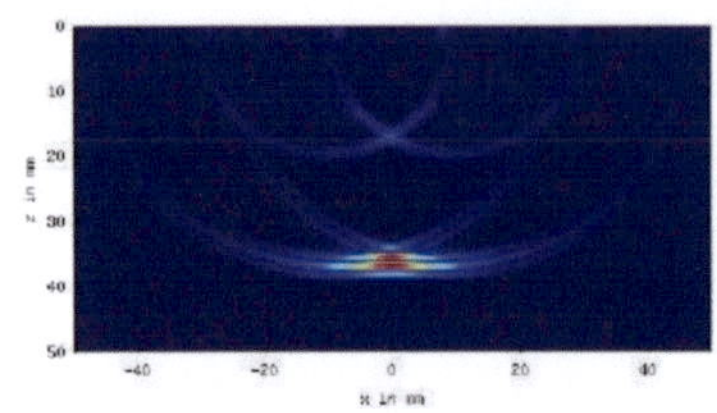	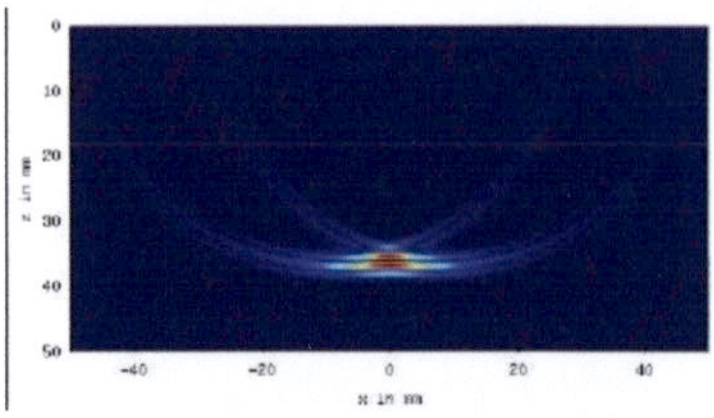
x-z-Schnitt bei y = 10 mm	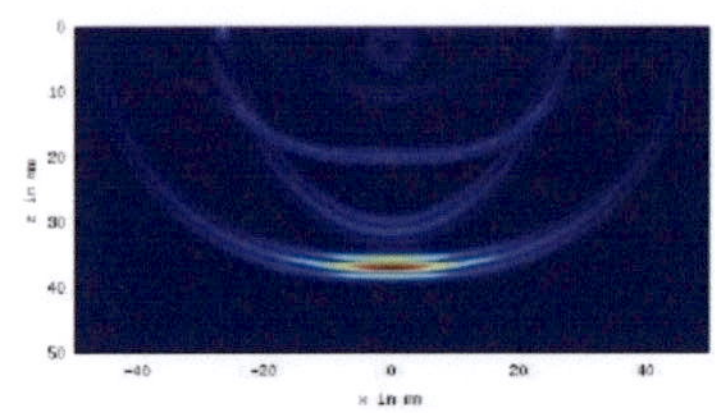	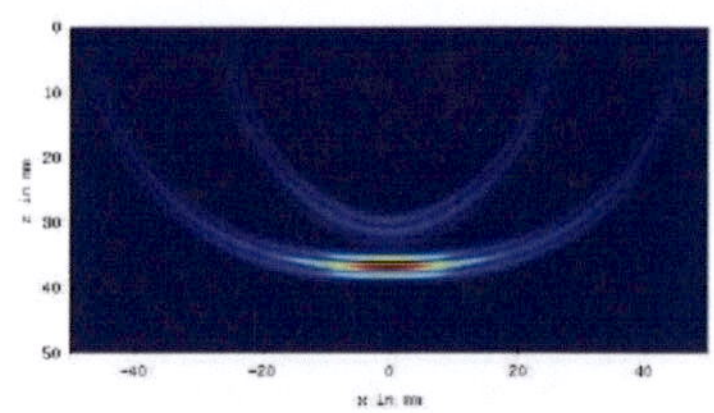
x-y-Schnitt bei z = 35 mm	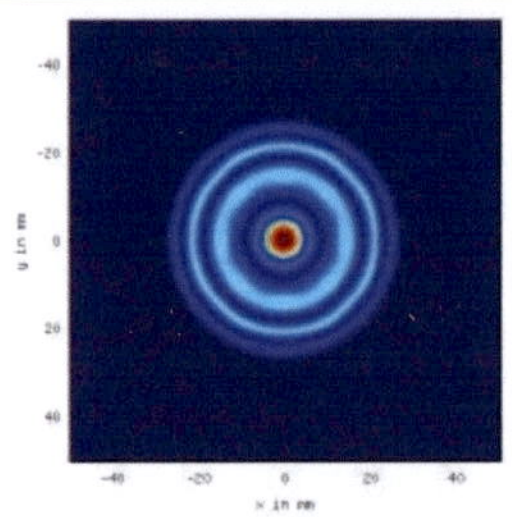	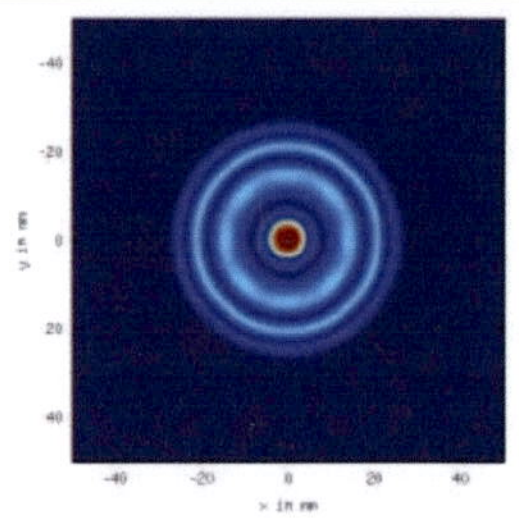
	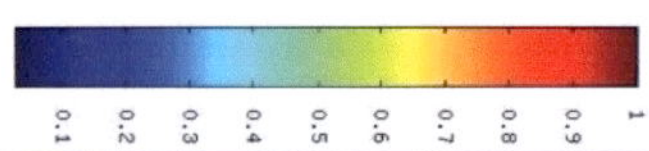	

Tabelle A.4: Vergleich der EFIT-PSS-Simulation mit der analytischen Berechnung am Beispiel des Schallfeldes eines kreisförmigen Ultraschallwandlers an der spannungsfreien Grenzfläche zu Stahl. Wandlerdurchmesser 20 mm. Transiente Normalkraftanregung mit einem RC2-Puls, Mittenfrequenz 2 MHz. Wellenmomentaufnahme bei t = 8,4 μs. Dargestellt wurde der auf das Maximum normierte Betrag des Teilchengeschwindigkeitsvektors (v_b).

B Herleitung der Richtcharakteristik für das Fernfeld

B.1 Lösung der Wellengleichung in Integralform

Der Ausgangspunkt für diese Herleitung ist die dreidimensionale homogene Wellengleichung für die Verschiebungen:

$$\triangle u - \frac{1}{c^2}\frac{\partial^2 u}{\partial t^2} = 0. \tag{B.1}$$

Geht man von einer harmonischen Anregung $\exp(-i\omega t)$ aus, dann kann man die Gleichung (B.1) in den Frequenzbereich Fourier-transformieren und erhält die Helmholtz-Gleichung:

$$\triangle u + k^2 u = 0, \tag{B.2}$$

wobei k der Wellenvektor ist. Die Lösung der Gleichung (B.2) wurde in [56] gelöst und in Integralform dargestellt:

$$u\left(x, y, z, \omega\right) = \sum_{i=1}^{3} \int_{-\infty}^{\infty} \int_{-\infty}^{\infty} A^i\left(k_x, k_y\right) \exp\left(j\phi^i\right) dk_x dk_y \tag{B.3}$$

Diese Lösung beschreibt die Verschiebung im Empfangspunkt $E\ (x, y, z)$ im Innern eines Festkörpers (Abbildung 4.6). Die Summation bedeutet, dass diese Lösung aus drei Wellenanteilen besteht:

- Anteil der transversal polarisierten Transversalwelle (Index 1),
- Anteil der horizontal polarisierten Transversalwelle (Index 2),
- Anteil der Longitudinalwelle (Index 3).

Jede Wellenart ist eine ebene Welle im k-Raum. $A^i{=}\beta^i U^i$ ist ein Amplitudenterm und $\phi^i{=}k^i x'$ ein Phasenterm. β^i sind unbekannte Koeffizienten, die aus Randbedingungen hergeleitet werden müssen, und U^i der Polarisationsvektor.

B.2 Zusammenhang zwischen Wellen- und Polarisationsvektor

Transversal- und Longitudinalwellen breiten sich in gleicher Richtung (Richtung des Wellenvektors k^i), aber mit verschiedenen Schallgeschwindigkeiten (c_p,c_s) aus. Der Polarisationsvektor zeigt in die Richtung der Teilchenschwingung:

- Bei der Longitudinalwelle schwingen die Teilchen in Ausbreitungsrichtung. Deswegen gilt für das Kreuzprodukt zwischen k und U

$$k^3 \times U^3 = 0 \tag{B.4}$$

- Bei den Transversalwellen schwingen die Teilchen senkrecht zur Ausbreitungsrichtung. Deswegen gilt für das Skalarprodukt aus k und U

$$k^1 \cdot U^1 = k^2 \cdot U^2 = 0 \tag{B.5}$$

B.3 Herleitung der β-Koeffizienten

Die unbekannten β-Koeffizienten im Amplitudenterm von Gleichung (B.3) für die Verschiebung im Innern müssen aus Randbedingungen hergeleitet werden. Auf der Wandlerfläche S (also für $z = 0$, Abbildung 4.6) wirkt die Normalspannung, sonst bleibt die Oberfläche spannungsfrei:

$$T_{zz} = \begin{cases} -p_0 & \text{falls auf } S \text{ liegend} \\ 0 & \text{sonst} \end{cases} \tag{B.6}$$

und

$$T_{xz} = T_{yz} = 0 \tag{B.7}$$

Den Zusammenhang zwischen Spannungen und Verschiebungen lautet [55]

$$T_{zz} = \lambda \triangle + 2\mu \frac{\partial u_z}{\partial z} \tag{B.8}$$

$$T_{xz} = \mu \left[\frac{\partial u_x}{\partial z} + \frac{\partial u_z}{\partial x} \right] \tag{B.9}$$

$$T_{yz} = \mu \left[\frac{\partial u_y}{\partial z} + \frac{\partial u_z}{\partial y} \right] \tag{B.10}$$

Die Lame'schen Konstanten λ und μ können auch als Funktion der Schallgeschwindigkeiten c_p und c_s ausgedrückt werden:

$$\lambda = \rho \left(c_p^2 - 2c_s^2 \right) \tag{B.11}$$

$$\mu = c_s^2 \rho \tag{B.12}$$

Nun setzt man die Gleichungen (B.3), (B.11) und (B.12) unter Berücksichtigung der Randbedingungen (B.6) und (B.7) in die Gleichungen (B.8) bis (B.10) ein. Das wird an dieser Stelle beispielhaft für die Gleichung (B.8) durchgeführt. Die Ergebnisse für die zwei anderen Gleichungen (B.9) und (B.10) können direkt aus [56] übernommen werden.
Mit dem Wellenvektor $k^i = \left(k_x^i, k_y^i, k_z^i\right)$, dem Polarisationsvektor $U^i = \left(U_x^i, U_y^i, U_z^i\right)$ und dem Empfangspunkt $E = (x, y, z)$ sieht die Gleichung (B.3) folgendermaßen aus:

$$u(x, y, z, \omega) = \sum_{i=1}^{3} \int_{-\infty}^{\infty} \int_{-\infty}^{\infty} \beta^i U^i \exp\left(j \left[k_x^i x + k_y^i y + k_z^i z\right]\right) dk_x dk_y. \tag{B.13}$$

Daraus ergeben sich

$$\triangle = \left(\frac{\partial u_x}{\partial x} + \frac{\partial u_y}{\partial y} + \frac{\partial u_z}{\partial z} \right) = \sum_{i=1}^{3} \int_{-\infty}^{\infty} \int_{-\infty}^{\infty} j\beta^i \left\{ U_x^i k_x^i + U_y^i k_y^i + U_z^i k_z^i \right\} \exp\left(j \left[k_x^i x + k_y^i y + k_z^i z\right]\right) dk_x d \tag{B.14}$$

und

$$\frac{\partial u_z}{\partial z} = \sum_{i=1}^{3} \int_{-\infty}^{\infty} \int_{-\infty}^{\infty} j\beta^i U_z^i k_z^i \exp\left(j\left[k_x^i x + k_y^i y + k_z^i z\right]\right) dk_x dk_y \tag{B.15}$$

Setzt man die Gleichungen (B.14) und (B.15) in die Gleichung (B.8) ein und berücksichtigt die Randbedingung von Gleichung (B.6) bei $z = 0$, erhält man:

$$j\rho \sum_{i=1}^{3} \int_{-\infty}^{\infty} \int_{-\infty}^{\infty} \left[\left(c_p^2 - 2c_s^2\right)\beta^i \left(U_x^i k_x^i + U_y^i k_y^i + U_z^i k_z^i\right) + 2c_s^2 \beta^i U_z^i k_z^i\right] \cdot$$

$$\cdot \exp\left(j\left[k_x^i x + k_y^i y\right]\right) dk_x dk_y = \begin{cases} -p_0 & \text{falls auf } S \text{ liegend} \\ 0 & \text{sonst} \end{cases} \tag{B.16}$$

Die linke Seite dieser Gleichung ist eine zweidimensionale Fourier-Transformation. Durch die inverse Fourier-Transformation bekommt man

$$j\rho \sum_{i=1}^{3} \left[\left(c_p^2 - 2c_s^2\right)\beta^i \left(U_x^i k_x^i + U_y^i k_y^i + U_z^i k_z^i\right) + 2c_s^2 \beta^i U_z^i k_z^i\right] =$$

$$\frac{-p_0}{(2\pi)^2} \int_S p_0 \exp\left[-j\left(k_x x'' + k_y y''\right)\right] dS \tag{B.17}$$

Der Punkt $\left(x'', y''\right)$ ist ein Quellpunkt auf der Wandleroberfläche.

Nach Einsetzen der Verschiebungsableitungen in die Gleichungen (B.8) bis (B.10) ergibt sich ein Gleichungssystem aus drei Gleichungen. Die Lösung dieses Gleichungssystems liefert die gesuchten Koeffizienten β^i. Schmerr [56] gibt diese Koeffizienten in folgender Form an:

$$\hat{\beta}^i = \frac{\beta^i}{\Phi} \text{bzw.} \beta^i = \hat{\beta}^i \Phi \tag{B.18}$$

mit

$$\Phi = \frac{i}{(2\pi)^2} \int_S p_0 \exp\left[-j\left(k_x x'' + k_y y''\right)\right] dS \tag{B.19}$$

Setzt man die Gleichung (B.19) in Gleichung (B.13) ein, bekommt man

$$u\left(x', \omega\right) = \sum_{i=1}^{3} \int_{-\infty}^{\infty} \int_{-\infty}^{\infty} \hat{\beta}^i \frac{i}{4\pi^2} U^i \left(\int_A p_0 \exp\left[-j\left(k_x x'' + k_y y''\right)\right] dx'' dy'' \right) \cdot$$

$$\cdot \exp\left(j\left[k_x^i x + k_y^i y + k_z^i z\right]\right) dk_x dk_y \tag{B.20}$$

Nach Änderung des Integrationsweges erhält man

$$u\left(x', \omega\right) = \sum_{i=1}^{3} \frac{i p_0}{4\pi^2} \int_S \{(*)\}\, dS \tag{B.21}$$

mit

$$dS = dx'' dy'' \tag{B.22}$$

und

$$(*) = \int_{-\infty}^{\infty} \int_{-\infty}^{\infty} \hat{\beta}^i U^i \exp\left[i\left(k_x\left(x - x''\right) + k_y\left(y - y''\right) + k_z z\right)\right] dk_x dk_y. \tag{B.23}$$

B.4 Methode der stationären Phase

Man kann zeigen, dass Integrale der Form, wie sie Gleichung (B.23) hat:

$$I = \int_a^b \int_a^b f(x, y) \exp[ik\phi(x, y)] \, dxdy \tag{B.24}$$

unter der Voraussetzung, dass

- k groß ist (hohe Frequenzen, diese Bedingung ist für typische Ultraschallfrequenzen immer erfüllt)
- sich ϕ (Phasenterm) sehr schnell und $f(x, y)$ (Amplitudenterm) langsam ändern,

folgende Lösung ergeben [56]:

$$I = \begin{cases} I_{st} & \text{falls } x \in (x_{st} - \varepsilon, x_{st} + \varepsilon) \text{ und } x \in (y_{st} - \varepsilon, y_{st} + \varepsilon) \\ 0 & \text{sonst} \end{cases} \tag{B.25}$$

mit

$$I_s = \frac{2\pi}{k} \frac{f(x_{st}, y_{st})}{\sqrt{H}} \exp[ik\phi(x_{st}, y_{st}) + i\pi\sigma/4] \tag{B.26}$$

$$H = \frac{\partial^2 \phi^{st}}{\partial x^2} \frac{\partial^2 \phi^{st}}{\partial y^2} - \left(\frac{\partial^2 \phi^{st}}{\partial x \partial y} \right) \tag{B.27}$$

und σ:

$$\sigma = \begin{cases} 0 & \text{falls } H < 0 \\ 2 & \text{falls } H > 0 \text{ und } \dfrac{\partial^2 \phi^{st}}{\partial y^2} > 0 \\ -2 & \text{falls } H > 0 \text{ und } \dfrac{\partial^2 \phi^{st}}{\partial y^2} < 0 \end{cases} \tag{B.28}$$

Das heißt, dass Integrale nach Gleichung (B.24) nur in einem kleinen Bereich in der Nähe vom Punkt (x_{st}, y_{st}) ungleich Null sind. Dort ist auch der Phasenterm ϕ konstant (stationär). Außerhalb dieses Bereiches ändert sich ϕ sehr schnell, was starke Oszillationen der Funktion zwischen positiven und negativen Werten verursacht. Dementsprechend ist die Fläche unter dieser Funktion Null. Man kann zeigen, dass die Funktion im Intervall (a, b), das dem Integrationsweg in der Gleichung (B.24) entspricht, nur einen einzigen solchen Punkt (x_{st}, y_{st}) hat.

B.5 Lösung des Integrals für die Verschiebung im Volumen bei hohen Frequenzen

Die Gleichung (B.23) hat die Form des Integrals (B.24) und kann damit mit der Methode der stationären Phase gelöst werden:

$$\int_{-\infty}^{\infty} \int_{-\infty}^{\infty} \hat{\beta}^i U^i \exp\left[i\left(k_x\left(x - x''\right) + k_y\left(y - y''\right) + k_z z\right)\right] dk_x dk_y =$$
$$\frac{2\pi\hat{\beta}^i U^i}{\sqrt{|H|}} \exp\left[j\left(k_x\left(x - x''\right) + k_y\left(y - y''\right) + k_z z\right) + j\pi\sigma/4\right] \tag{B.29}$$

Die folgenden Betrachtungen sollen sich nur auf die Longitudinalwelle (Index 3) beziehen. Die Bedingung der stationären Phase ist für den Punkt

$$k_x^{st} = \frac{k_p\left(x - x^{''}\right)}{R} \tag{B.30}$$

$$k_y^{st} = \frac{k_p\left(y - y^{''}\right)}{R} \tag{B.31}$$

erfüllt. Setzt man die Gleichungen (B.30) und (B.31) in den Phasenterm aus der Gleichung (B.29) ein, dann bekommt man

$$\begin{aligned}\phi\left(k_x^{st}, k_y^{st}\right) = k_x^{st}\left(x - x^{''}\right) + k_y^{st}\left(y - y^{''}\right) + \sqrt{k_p^2 - k_x^{2,st} - k_y^{2,st}}\, z = \\ k_p\frac{\left(x - x^{''}\right)^2}{R} + k_p\frac{\left(y - y^{''}\right)^2}{R} + \sqrt{\frac{k_p^2\left(R^2 - \left(x - x^{''}\right)^2 - \left(y - y^{''}\right)^2\right)}{R^2}} = \\ k_p\frac{\left(x - x^{''}\right)^2}{R} + k_p\frac{\left(y - y^{''}\right)^2}{R} + k_p\frac{(z)^2}{R} = \frac{k_p}{R}.\end{aligned} \tag{B.32}$$

Für den Faktor H werden folgende Ableitungen im stationären Punkt gebraucht:

$$\frac{\partial\phi^{st}}{\partial k_x^{st}} = \left(x - x^{''}\right) - \frac{k_x z}{\sqrt{k_p^2 - k_x^2 - k_x^2}} \tag{B.33}$$

$$\frac{\partial\phi^{st}}{\partial k_y^{st}} = \left(y - y^{''}\right) - \frac{k_y z}{\sqrt{k_p^2 - k_x^2 - k_x^2}} \tag{B.34}$$

$$\frac{\partial^2\phi^{st}}{\partial k_x^{2,st}} = -\frac{\left[z + \dfrac{\left(x - x^{''}\right)^2}{z}\right]}{\dfrac{k_p z}{R}} \tag{B.35}$$

$$\frac{\partial^2\phi^{st}}{\partial k_y^{2,st}} = -\frac{\left[z + \dfrac{\left(y - y^{''}\right)^2}{z}\right]}{\dfrac{k_p z}{R}} \tag{B.36}$$

$$\frac{\partial^2\phi^{st}}{\partial k_x^{st}\partial k_y^{st}} = -\frac{\left(x - x^{''}\right)\left(y - y^{''}\right)R}{k_p z^2} \tag{B.37}$$

Werden sie in die Gleichung (B.27) eingesetzt, dann erhalten wir im stationären Punkt (k_x^{st}, k_y^{st}):

$$H\left(k_x^{st}, k_y^{st}\right) = \frac{R^4}{\left(k_p z\right)^2} \tag{B.38}$$

und $\sigma = 2$.
Jetzt muss noch der Amplitudenterm $\hat{\beta}^3 U^3$ im stationären Punkt ausgerechnet und in die Gleichung (B.29) eingesetzt werden. Die Gleichungen für $\hat{\beta}^3$ und U^3 wurden direkt aus [56] übernommen:

$$\hat{\beta}^3 = \frac{k_p\left[k_s^2 - 2\left(k_x^2 + k_y^2\right)\right]}{\rho c_p^2\left\{4\sqrt{k_s^2 - k_x^2 - k_y^2}\sqrt{k_p^2 - k_x^2 - k_y^2}\left(k_x^2 + k_y^2\right) + \left[k_s^2 - 2\left(k_x^2 + k_y^2\right)\right]^2\right\}} \tag{B.39}$$

$$U^3 = \frac{1}{k_p}\left(k_x + k_y + \sqrt{k_p^2 - k_x^2 - k_y^2}\right) \tag{B.40}$$

Außerdem sehen wir aus der Abbildung 4.6, dass

$$\cos\theta = \frac{z}{R}. \tag{B.41}$$

Wir setzen die Koordinaten des stationären Punktes in die Gleichung (B.40) ein:

$$U^3 = \frac{\left(x - x''\right)}{R}e_x + \frac{\left(y - y''\right)}{R}e_y + \frac{z}{R}e_z = d_p \tag{B.42}$$

Zur Vereinfachung der Gleichung (B.39) führen wir zuerst einige Hilfsvariablen und -beziehungen, die im Punkt der stationären Phase gelten:

$$\kappa = \frac{c_p}{c_s} \tag{B.43}$$

$$\left(k_x^2 + k_y^2\right) = k_p^2\left(1 - \cos^2\theta\right) \tag{B.44}$$

$$\sqrt{k_s^2 - k_x^2 - k_y^2} = k_p\sqrt{\kappa^2 - \sin^2\theta} \tag{B.45}$$

$$\sqrt{k_p^2 - k_x^2 - k_y^2} = k_p\cos\theta \tag{B.46}$$

$$\left[k_s^2 - 2\left(k_x^2 + k_y^2\right)\right] = -2k_p^2\left(\sin^2\theta - \frac{\kappa^2}{2}\right) \tag{B.47}$$

$$G(x) = \left(x^2 - \frac{\kappa^2}{2}\right)^2 + x^2\sqrt{1 - x^2}\sqrt{\kappa^2 - x^2}, \tag{B.48}$$

wobei $x = \sin\theta$ ist. Man erhält für den Amplitudenterm:

$$\frac{A}{\sqrt{|H|}} = \frac{\hat{\beta}^3 U^3}{\sqrt{|H|}} = \frac{\cos\theta\left[\dfrac{\kappa^2}{2} - \sin^2\theta\right]}{\rho c_p^2 R 2G(\sin\theta)}d_p = \frac{K_p(\theta)\,d_p}{\rho c_p^2 R}, \tag{B.49}$$

wobei $K_p(\theta)$ die winkelabhängige Richtcharakteristik für die Longitudinalwelle

$$K_p(\theta) = \frac{\cos\theta\left[\dfrac{\kappa^2}{2} - \sin^2\theta\right]}{2G(\sin\theta)} \tag{B.50}$$

dargestellt. Nach Einsetzen in die Gleichung (B.29) ergibt sich für $\sigma = 2$ im Punkt der stationären Phase:

$$\frac{2\pi\hat{\beta}^i U^i}{\sqrt{|H|}} \exp\left[j\left(k_x\left(x - x''\right) + k_y\left(y - y''\right) + k_z z\right) + j\pi\sigma/4\right] = \frac{2\pi K_p(\theta)\, d_1^p}{\rho c_p^2 R} \frac{\exp\left(j\phi\left(k_x^{st}, k_y^{st}\right)\right)}{j}. \quad \text{(B.51)}$$

Nach Einsetzen der Gleichung (B.51) in die Gleichung (B.21) bekommen wir die Lösung für die Verschiebung im Innern bei hohen Frequenzen. Hier wurde nur der Anteil der Longitudinalwelle hergeleitet. Dieser entspricht den ersten Summanden in der Gleichung (4.5):

$$u_p\left(x', \omega\right) = \frac{p_0}{2\pi\rho c_p^2} \int_S K_p(\theta)\, d_p \frac{\exp(jk_p R)}{R} dS. \quad \text{(B.52)}$$

C Methode der Gaußschen Strahlen

C.1 Model für kreisförmige Wandler

Das Model stammt aus [54] und ist auch in weiter Entfernung von der akustischen Achse eines Ultraschallwandlers gültig (keine paraxiale Näherung). Es wird angenommen, dass sich der Wandler auf der spannungsfreien Grenzfläche zu Stahl befindet. Die Herleitung erfolgt hier nur für die Ausbreitung der Longitudinalwelle. Ausgangspunkt ist wieder die Gleichung (4.5). Die Ableitung davon ist die Teilchengeschwindigkeit im Inneren eines Festkörpers:

$$v(x, y, z, \omega) = \frac{-i\omega p_0}{2\pi\rho c_p^2} \int_S d_p K_p(\theta) \frac{\exp(ikR)}{R} dS. \tag{C.1}$$

ρ ist die Dichte, c_p die Schallgeschwindigkeit der Longitudinalwelle, p_0 der Schalldruck auf der Wandleroberfläche, d_p Polarisationsvektor, k_p Wellenvektor, R der Abstand zwischen einer Punktquelle auf der Wandleroberfläche mit den Koordinaten $(x_0, y_0, z_0 = 0)$ und einem Empfangspunkt mit den Koordinaten (x, y, z), S die Wandlerfläche und K_p die Richtcharakteristik für die Longitudinalwelle.

Bei der Methode der Gaußschen Strahlen wird der Schalldruck p_0 näherungsweise als Überlagerung von 15 Gaußschen Strahlen berechnet:

$$p_0(x_0, y_0, z_0 = 0) = \begin{cases} 1 & \text{falls } \sqrt{x_0^2 + y_0^2} \leqslant r \\ 0 & \text{sonst} \end{cases} = \sum_{n=1}^{15} A_n \exp\left(-B_n \frac{x_0^2 + y_0^2}{r^2}\right) \tag{C.2}$$

r ist der Radius des Wandlers. A_n und B_n sind komplexe Koeffizienten nach Wen und Breazeale [63]. Weiterhin gilt für den Abstand R:

$$\begin{aligned} R = \sqrt{(x - x_0)^2 + (y - y_0)^2 + z^2} &= \sqrt{\Re^2 + \left(x_0^2 + y_0^2 - 2xx_0 - 2yy_0\right)} \\ &= \Re\sqrt{1 + \frac{x_0^2 + y_0^2 - 2xx_0 - 2yy_0}{\Re^2}} \end{aligned} \tag{C.3}$$

mit $\Re = \sqrt{x^2 + y^2 + z^2}$.

Für die Gleichung (C.3) erfolgt die Näherung durch die Taylorreihe:

$$(1 + a)^m \approx 1 + ma \tag{C.4}$$

mit $m = \frac{1}{2}$ und $a = \dfrac{x_0^2 + y_0^2 - 2xx_0 - 2yy_0}{\Re^2}$.

Damit ergibt sich für Gleichung (C.3):

$$R \approx \Re + \frac{x_0^2 + y_0^2 - 2xx_0 - 2yy_0}{2\Re} \tag{C.5}$$

Gleichung (C.5) wird in den Exponenten der Gleichung (C.1) eingesetzt. Der Faktor $1/R$ in Gleichung (C.1) wird durch den Faktor $1/\Re$ ersetzt. Zusammen mit den Gleichungen (C.2) und (C.5) ergibt sich für Gleichung (C.1):

$$v\left(x,y,z,\omega\right) = \frac{-i\omega p_0}{2\pi\rho c_p^2 \Re} K_p \int\limits_S \sum_{n=1}^{15} A_n \exp\left(-B_n \frac{x_0^2+y_0^2}{r^2}\right) \cdot \\ \cdot \exp\left(ik_p\left(\Re + \frac{\left(x-x_0\right)^2}{2\Re} + \frac{\left(y-y_0\right)^2}{2\Re}\right)\right) dS \tag{C.6}$$

Nach der Änderung des Integrationsweges folgt:

$$v\left(x,y,z,\omega\right) = \frac{-i\omega p_0}{2\pi\rho c_p^2} K_p \cdot \frac{\exp\left(ik_p\Re\right)}{\Re} \cdot \frac{\exp\left(ik_p x^2\right)}{2\Re} \cdot \frac{\exp\left(ik_p y^2\right)}{2\Re} \cdot \\ \cdot \sum_{n=1}^{15} A_n \times \int\limits_{-\infty}^{\infty} \exp\left[-\left(\frac{B_n}{r^2} - \frac{ik_p}{2\Re}\right) x_0^2 - \frac{ik_p x}{\Re} x_0\right] dx_0 \times \\ \times \int\limits_{-\infty}^{\infty} \exp\left[-\left(\frac{B_n}{r^2} - \frac{ik_p}{2\Re}\right) y_0^2 - \frac{ik_p y}{\Re} y_0\right] dy_0 \tag{C.7}$$

Die Integrale in Gleichung (C.7) können näherungsweise mit

$$\int\limits_{-\infty}^{\infty} \exp\left(-\alpha x^2 + \beta x\right) dx = \sqrt{\frac{\pi}{\alpha}} \exp\frac{\beta^2}{4\alpha} \tag{C.8}$$

gelöst werden. Das erste Integral in Gleichung (C.7) vereinfacht sich mit

$$\alpha = \left(\frac{B_n}{r^2} - \frac{ik_p}{2\Re}\right) \tag{C.9a}$$

$$\beta = -\frac{ik_p x}{\Re} \tag{C.9b}$$

zu

$$\int\limits_{-\infty}^{\infty} \exp\left[-\left(\frac{B_n}{r^2} - \frac{ik_p}{2\Re}\right) x_0^2 - \frac{ik_p x}{\Re} x_0\right] dx_0 = \frac{\sqrt{\pi}}{\sqrt{\frac{-ik_p}{2\Re}\left(1 + \frac{iB_n\Re}{D}\right)}} \cdot \exp\left[\frac{-ik_p}{2\Re} \cdot \frac{1}{\left(1 + \frac{iB_n\Re}{D}\right)} \cdot x^2\right] \tag{C.10}$$

mit $D = \frac{k_p r^2}{2}$. Das gleiche gilt für das zweite Integral in Gleichung (C.7) mit dem Integrationsweg nach y_0. Schließlich bekommt man nach einigen algebraischen Umformungen von Gleichung (C.1):

$$\frac{v\left(x,y,z,\omega\right)}{\rho c_p} = -K_p \exp\left(ik_p\Re\right) \sum_{n=1}^{15} A_n \frac{1}{1 + \frac{iB_n\Re}{D}} \cdot \exp\left(\frac{-k_p}{2} \frac{B_n/D}{1 + iB_n\Re/D} x^2\right) \cdot \exp\left(\frac{-k_p}{2} \frac{B_n/D}{1 + iB_n\Re/L}\right. \tag{C.11}$$

Gleichung (C.11) beschreibt die Teilchengeschwindigkeit bei der Mittenfrequenz im Innern eines Festkörpers.

C.2 Programm zur Berechnung eines harmonischen Schallfeldes mit der Methode der Gaußschen Strahlen

Zur analytischen Berechnung eines harmonischen Schallfeldes wurde ein einfaches Matlab-Programm geschrieben. Nach der Eingabe der Eingangsparameter wie z.B. das Ausbreitungsmedium, der Wandlerradius und die Mittenfrequenz erfolgt die Berechnung der Teilchengeschwindigkeit mit der Methode der Gaußschen Strahlen. Der Programmverlauf ist in Listing C.1 dargestellt.

```
%Funktion MGbeam zur Berechnung des Schallfeldes eines Ultraschallwandlers
% mit oder ohne Wasservorlaufstrecke
function v = MGbeam(setup)
%--------------------
%Eingangsparameter
f = setup.f; %Mittenfrequenz
a = setup.trans.d/2; %Halber Radius
z1 = setup.geom.z1; %Dicke der Vorlaufstrecke im Wasser
z2 = setup.geom.z2; %Dicke des Festkoerpers
x2 = setup.geom.x2; %Ausdehnung des Berechnungsgebietes (x-Richtung)
y2 = setup.geom.y2; %Ausdehnung des Berechnungsgebietes (y-Richtung)
d1 = setup.matl.d1; %Dichte (Medium 1)
d2 = setup.matl.d2; %Dichte (Medium 2)
cp1 = setup.matl.cp1; %Schallgeschwindigkeit, L-Welle (Medium 1)
cp2 = setup.matl.cp2; %Schallgeschwindigkeit, L-Welle (Medium 2)
cs1 = setup.matl.cs1; %Schallgeschwindigkeit, T-Welle (Medium 1)
cs2 = setup.matl.cs2; %Schallgeschwindigkeit, T-Welle (Medium 2)

setup.wave.T12 = fluid_solid(setup); %Transmissionskoeffizient
T = setup.wave.T12;

[A, B] = gauss_c15(); %komplexe Koeffizienten nach Wen & Breazeale
%------------
zr = eps*(f==0) + 1000*pi*(a^2)*f./c1; %Rayleigh Distanz

for j = 1:15 %Ueberlagerung von 15 Gausschen Strahlen (j-Schleife)
    b = B(j);
    q = z1 - i*zr./b;
    M1 = 1.0;
    M2 = 1.0;
    ZR1 = q./M1;
    ZR2 = q./M2;
    m11 = 1./(ZR1+(c2/c1).*z2);
    m22 = 1./(ZR2+(c2/c1).*z2);
    t1 = A(j)./(1 + (i.*b./zr).*z1);
    t2 = t1.*T.*sqrt(ZR1).*sqrt(ZR2).*sqrt(m11).*sqrt(m22); %Richtcharakteristik


    v = v + t2.*exp(i.*(k1./2).*(m11.*(x2.^2)+m22.*(y2.^2))); %Teilchengeschwindigkeit
end
end
```

Listing C.1: Berechnung des harmonischen Schallfeldes mit der Methode der Gaußschen Strahlen. Vereinfachte Version des Programms aus [56].

Symbolverzeichnis

Symbol	Beschreibung	Einheit
A	Amplitude	
A	Mitte des Arrayelementes l mit den Koordinaten (x_l, y_l, z_l)	
A	aktueller Aufpunkt	
A_F	Amplitude für das Pixel F	
A_{S-E}	ein Signal (A-Scan) in der Informationsmatrix, das sich am Empfänger E infolge des Senders S ergibt	
A_n	erster Koeffizient nach Breazeale	
a	Ausdehnung eines Linienarrays in x-Richtung	m
a	Seitenlänge eines rechteckigen Wandlers	m
a	untere Grenze des Integrals bei der Herleitung der Richtcharakteristik für das Fernfeld	
aperturx	x-Koordinate für eine Punktquelle	m
apertury	y-Koordinate für eine Punktquelle	m
apknzr	Anzahl der Aperturpunkte	
B_n	zweiter Koeffizient nach Breazeale	
b	Seitenlänge eines rechteckigen Wandlers	m
b	obere Grenze des Integrals bei der Herleitung der Richtcharakteristik für das Fernfeld	
c	Schallgeschwindigkeit	m/s
c_A	Verzögerung des Anregungsimpulses	m/s
c_L	Schallgeschwindigkeit (Longitudinalwelle)	m/s
c_T	Schallgeschwindigkeit (Transversalwelle)	m/s
c_f	Schallgeschwindigkeit der Longitudinalwelle im Festkörper	m/s
c_{max}	maximale Schallgeschwindigkeit	m/s
c_{min}	minimale Schallgeschwindigkeit	m/s
c_p	Schallgeschwindigkeit (Longitudinalwelle, engl. pressure wave)	m/s
c_s	Schallgeschwindigkeit (Transversalwelle, engl. shear wave)	m/s
c_w	Schallgeschwindigkeit der Longitudinalwelle im Wasser	m/s
D	Durchmesser	m
D	Koeffizient bei der Einführung der Methode der Gaußschen Strahlen	
d	Elementabstand (Linienarray)	m

d	Durchmesser eines kreisförmigen Ultraschallwandlers	m
d	Abstand zwischen der Elementmitte A und dem Fokuspunkt F	m
d	Abstand zwischen der Wandleroberfläche und der Hauptwellenfront	m
d	Abstand in x-Richtung zwischen Sender und Aufpunkt	m
dx	Schrittweite (x-Richtung)	m
dy	Schrittweite (y-Richtung)	m
dz	Schrittweite (z-Richtung)	m
d_p	Polarisationsvektor der Longitudinalwelle	
d_s	Polarisationsvektor der Transversalwelle	
E	Empfänger	
EP	Einschallposition	
F	aktuelles Pixel	
F	Fokuspunkt	
F	Fouriertransformation	
FB	Flachbodenbohrung	
f	Prüffrequenz	Hz
f	Volumenkraftdichte	N/m^3
f_A	Mittenfrequenz	Hz
f_c	Mittenfrequenz	Hz
f_{max}	maximale Frequenz	Hz
G	Hilfsfunktion zur Berechnung der Richtcharakteristik	
H	Hilberttransformation	
H	Höhe	m
H	Faktor bei der Herleitung der Richtcharakteristik für das Fernfeld	
hf	Abstand in z-Richtung zwischen der Grenzfläche und dem aktuellen Aufpunkt A	m
hw	Länge der Wasservorlaufstrecke	m
i	Index	
j	Index	
j	Nummer des Empfängers (Linienarray)	
K	Kopfwelle	
K_p	Richtcharakteristik (Longitudinalwelle)	
K_s	Richtcharakteristik (Transversalwelle)	
k	Nummer des Senders (Linienarray)	
k	Nummer eines Bezugsarrayelementes mit der Elementmitte bei $(0, 0, 0)$	
k	Wellenvektor, Wellenzahl	1/m
$\underline{k}$	Wellenvektor	1/m
k_i	i-Komponente des Wellenvektors	
k_i^{st}	i-Komponente des Wellenvektors im Punkt der stationären Phase	

L	primäre Longitudinalwelle	
L	Impulslänge	s
LL	reflektierte Longitudinalwelle nach der Wechselwirkung der Querbohrung mit der primären Longitudinalwelle	
LLL	reflektierte Longitudinalwelle nach der Wechselwirkung der Rückwand mit der primären Longitudinalwelle	
LLL'	reflektierte Longitudinalwelle nach der Wechselwirkung der sekundären Longitudinalwelle mit der spannungsfreien Oberfläche	
l	Index für den aktuellen Zeitschritt	
M	Anzahl der Gitterzellen in einer Zeile	
MP	Messposition	
m	Nummer der aktuellen Messposition	
N	Nahfeldlänge	m
N	Elementanzahl (Linienarray) bei der Berechnung des maximalen Schwenkwinkels	
n	Elementanzahl (Linienarray)	
n	Nummer der aktuellen Gitterzelle	
n	Anzahl der Empfängerposition	
n	Normale	
P	Longitudinalwelle (pressure wave)	
PL	Pulslänge	s
p_0	Spannungsverteilung auf der Wandleroberfläche	N/m^2
QB	Querbohrung	
QB	Querbohrung	
R	Wandlerradius	m
R	Abstand zwischen Quelle und Empfänger	m
$\underline{R}$	Ortsvektor	m
RAY	Rayleighwelle	
RW	Rückwand	
RCn	Raised Cosine-Impuls mit n Schwingungen	s
RW	Rückwand	
r	Wandlerradius	m
r_0	r-Koordinate einer Punktquelle	m
S	Beschleunigung (speedup)	
S	Fläche	m^2
S	Sender	
S	Transversalwelle (shear wave)	
SI	Sendeimpuls	s
s	Schallweg	m
s_1	Schallweg zwischen dem aktuellen Sender und dem aktuellen Pixel	m
s_2	Schallweg zwischen dem aktuellen Pixel und dem aktuellen Empfänger	m

s_{gesamt}	Schallweg zwischen dem aktuellen Sender und dem aktuellen Empfänger	m
T	primäre Transversalwelle	
TL	reflektierte Transversalwelle nach der Wechselwirkung der Querbohrung mit der primären Longitudinalwelle	
T_{ji}	mechanische Spannung, Querkomponente	N/m^2
T_{jj}	mechanische Spannung, Normalkomponente	N/m^2
T_{pp}	Transmissionskoeffizient für Longitudinalwelle, die als Longitudinalwelle gesendet wurde	
T_{ps}	Transmissionskoeffizient für Transversalwelle, die als Longitudinalwelle gesendet wurde	
t	Laufzeit	s
t	Wellenmomentaufnahme	s
t_F	Wellenmomentaufnahme am Pixel F	s
t_b	Beobachtungszeit	s
t_b	Bezugszeit	s
t_{max}	obere Grenze eines Zeitintervalls	s
t_n	Ankunftzeit der aus der Mitte des Arrayelementes n gesendeten Welle am Fokuspunkt F	s
t_v	Vorlaufzeit	s
U	Polarisationsvektor	
u	Verschiebung	m
u	Wichtungsfaktor	
u_p	durch die Longitudinalwelle hervorgerufene Verschiebung	m
u_s	durch die Transversalwelle hervorgerufene Verschiebung	m
V	Verhältnis zwischen der Array- und Reflektorausdehnung	
VQ	virtuelle Quelle	
v	Teilchengeschwindigkeitsvektor	m/s
v_b	Betrag des Teilchengeschwindigkeitsvektors	m/s
v_i	Komponente des Teilchengeschwindigkeitsvektors in i-Richtung	m/s
XMAX	Ausdehnung des Berechnungsgebietes (x-Richtung)	m
xpos	x-Koordinate für einen Empfangspunkt	m
x''	x-Koordinate einer Punktquelle	m
x_E	x-Koordinate des Empfängers	m
x_F	x-Koordinate des aktuellen Pixels F	m
x_S	x-Koordinate des Senders	m
x_0	x-Koordinate einer Punktquelle	m
x_b	Abstand in x-Richtung zwischen Sender und Brechungspunkt	m
x_{ende}	Ende des Scanbereiches	m
x_f	x-Koordinate des aktuellen Fokuspunktes F	m
x_j	Ortskoordinate (j-Richtung)	m

x_l	x-Koordinate der Mitte des Arrayelementes l	m
x_n	x-Koordinate der Mitte des Arrayelementes n	m
x_{st}	x-Koordinate für den Punkt der stationären Phase	m
x_{start}	Anfang des Scanbereiches	m
YMAX	Ausdehnung des Berechnungsgebietes (y-Richtung)	m
ypos	y-Koordinate für einen Empfangspunkt	m
y''	y-Koordinate einer Punktquelle	m
y_E	y-Koordinate des Empfängers	m
y_F	y-Koordinate des aktuellen Pixels F	m
y_S	y-Koordinate des Senders	m
y_0	y-Koordinate einer Punktquelle	m
y_f	y-Koordinate des aktuellen Fokuspunktes F	m
y_l	y-Koordinate der Mitte des Arrayelementes l	m
y_n	y-Koordinate der Mitte des Arrayelementes n	m
y_{st}	y-Koordinate für den Punkt der stationären Phase	m
Z	akustische Impedanz	Ns/m^3
ZMAX	Ausdehnung des Berechnungsgebietes (z-Richtung)	m
zpos	z-Koordinate für einen Empfangspunkt	m
z_L	aktuelle Lage der primären Longitudinalwelle	m
z_0	z-Koordinate einer Punktquelle	m
z_f	z-Koordinate des aktuellen Fokuspunktes F	m
z_l	z-Koordinate der Mitte des Arrayelementes l	m
z_n	z-Koordinate der Mitte des Arrayelementes n	m
α	Koeffizient	
β	Koeffizient	
$\hat{\beta}$	normierter β Koeffizient	
β_{max}	maximaler Schwenkwinkel	$\circ$
δ_{ij}	Kronecker-Symbol	
θ	Schwenkwinkel	$\circ$
θ	Einfallswinkel	$\circ$
θ	Winkel, unter dem die effektive Apertur vom Fokuspunkt aus gesehen wird	$\circ$
ϑ	Einfallswinkel	$\circ$
ϑ_0	erster Grenzwinkel der Totalreflexion	$\circ$
κ	Verhältnis der Schallgeschwindigkeiten c_p und c_s	
λ	Wellenlänge	m
λ	erste Lame'sche Konstante	N/m^2
λ_{min}	minimale Wellenlänge	m
μ	zweite Lame'sche Konstante	N/m^2
ρ	Materialdichte	kg/m^3
σ	Faktor bei der Herleitung der Richtcharakteristik für das Fernfeld	
ϕ	Phasenterm	$\circ$
ω	Kreisfrequenz	Hz
ω_0	Kreisfrequenz	Hz
$\triangle b$	Gitterschrittweite	m

$\triangle r$	räumliche Schrittweite (r-Richtung)	m
$\triangle t$	Zeitschrittweite	s
$\triangle t_n$	Verzögerungszeit für das n. Arrayelement	s
$\triangle x$	räumliche Schrittweite (x-Richtung)	m
$\triangle x$	Abstand (x-Richtung) zwischen zwei Querbohrungen	m
$\triangle x$	laterale Auflösung	m
$\triangle x$	Elementlänge (Linienarray)	m
$\triangle x$	Vor- bzw. Nachlaufstrecke (Messplatz)	m
$\triangle y$	räumliche Schrittweite (y-Richtung)	m
$\triangle y$	Abstand (y-Richtung) zwischen zwei Querbohrungen	m
$\triangle y$	Elementbreite (Linienarray)	m
$\triangle z$	axiale Auflösung	m
$\triangle z$	räumliche Schrittweite (z-Richtung)	m
$\frac{\partial}{\partial t}$	zeitliche Ableitung	
$\frac{\partial}{\partial x}$	räumliche Ableitung	
$\varnothing$	Durchmesser	m

Literaturverzeichnis

[1] D. Hentschel: *Prüfung von Laserschweissnähten an Flugzeugstrukturen.* Jahresbericht des Fraunhofer IZFP, Seite 51, Dresden 2007.

[2] R. Meier und R. Henrich: *Anwendung von Linienarrays zur schnellen und wirtschaftlichen Prüfung von Flugzeugkomponenten.* In: *Proceedings der Jahrestagung der Deutschen Gesellschaft für Zerstörungsfreie Prüfung (DGZfP)*, Mainz 2003.

[3] L. von Bernus, A. Bulavinov, D. Joneit, M. Kröning, M. Dalichov und K. M. Reddy: *Sampling Phased Array: a new technique for signal processing and ultrasonic imaging.* In: *Proceedings of 9th ECNDT - European Conference for Nondestructive Testing*, Berlin 2006.

[4] H. Wüstenberg und G. Schenk: *Entwicklungen und Trends bei der Anwendung von steuerbaren Schallfeldern in der ZfP mit Ultraschall.* In: *Proceedings der Jahrestagung der Deutschen Gesellschaft für Zerstörungsfreie Prüfung (DGZfP)*, Mainz 2003.

[5] J. Poguet und P. Ciorau: *Reproducibility and reliability of NDT phased array probes.* In: *Proc. 16th WCNDT*, Toronto 2004.

[6] J. Poguet und P. Ciorau: *Special linear phased array probes used for ultrasonic examination of complex turbine components.* In: *Proc. 8th ECNDT*, Barcelona 2002.

[7] J. Poguet, A. Garcia, J. Vazquez, J. Marguet und F. Pichonnat: *Phased array technology: concepts, probes and applications.* In: *Proc. 8th European Congress on Non Destructive Testing*, Barcelona 2002.

[8] J. A. Brown, C. E.M. Demore und G. R. Lockwood: *Design and fabrication of annular arrays for high-frequency ultrasound.* IEEE Transactions on Ultrasonics, Ferroelectrics, and Frequency Control, 51(8):110–1017, 2004.

[9] L. Wan, P. C. Pedersen und S. K. Jespersen: *Modeling of received signals from annular array ultrasound transducers due to extended reflectors.* IEEE Transactions on Ultrasonics, Ferroelectrics, and Frequency Control, 50(11):1525–1541, 2003.

[10] J. Brown und G. R. Lockwood: *Design and fabrication of annular array for high-frequency imaging.* In: *Proceedings of IEEE Ultrasonics Symposium*, Rotterdam 2005.

[11] S. Norton: *Synthetic aperture imaging with arrays of arbitrary shape- Part II: The annular array.* IEEE Transactions on Ultrasonics, Ferroelectrics, and Frequency Control, 49(4):404–408, 2002.

[12] B. Lamek: *Optimierung eines Ringarrays zur Bestimmung von Krümmungsradien.* Diplomarbeit, Technische Universität Dresden, 2007.

[13] C.J. Martin, O. Martinez, N. Gomez, L.G. Ullate, A. Octavio und F. Montero: *Influence of SAFT activation sequence in 2D arrays performance.* IEEE International Ultrasonics Symposium Proceedings, Seiten 725–728, Beijing 2008.

[14] http://www.olympus.com, März 2009.

[15] A. Bulavinov: *Der getaktete Gruppenstrahler.* Dissertation, Universität des Saarlandes, Saarbrücken 2005.

[16] O. Casula, G. Toullelan, O. Roy und Ph. Dumas: *Ultrasonic nondestructive testing of complex components with flexible phased-array transducers.* In: *Proceedings of 10th ECNDT - European Conference for Nondestructive Testing*, Moscow 2010.

[17] M. Jobst und G.D. Connolly: *Demonstration of the application of the total focusing method to the inspection of steel welds.* In: *Proceedings of 10th ECNDT - European Conference for Nondestructive Testing*, Moscow 2010.

[18] I. Trots, A. Nowicki und M. Lewandowski: *Synthetic transmit aperture in ultrasound imaging.* Archives of Acoustics, 34(1):685–695, 2009.

[19] Autorenkollektiv: *Advances in Phased Array Ultrasonic Technology Applications.* Olympus NDT, 2007.

[20] P. Zinin und W. Weise: *Theory and applications of acoustic microscopy.* In: *Ultrasonic Nondestructive Evaluation: Engineering and Biological Material Characterization*, 2004.

[21] http://www.samtec.com, März 2009.

[22] http://www.sonoscan.com, März 2009.

[23] A. Jakob, E.C. Weiss, T. Knoll, F. Bauerfeld, J. Hermann und R. Lemor: *Silicon based GHz acoustic lenses for time resolved acoustic microscope.* Proceedings IEEE Ultrasonics Symposium, Seiten 1605–1608, New York 2007.

[24] Y. Ito, K. Kushida und H. Takeuchi: *A 100-MHz ultrasonic transducer array using ZnO thin films.* IEEE Transactions on Ultrasonics, Ferroelectrics, and Frequency Control, 42(2):316–324, 1995.

[25] J. Kubota, H. Okada, Y. Musha, Y. Takishita, A. Iwasaki und S. Sasaki: *Electronic scanning of 25 MHz ultrasound for imaging IC Packages.* Proceedings IEEE Ultrasonics Symposium, Seiten 767–770, Chicago 1988.

[26] N. Gust: *Untersuchung der Verbesserung der Signalauswertung beim Ultraschallmikroskop Sonoscan 600.* Diplomarbeit, Technische Universität Dresden, 2005.

[27] M. Barth, B. Köhler und F. Schubert: *Volumenabbildung bei der zeitaufgelösten Ultraschall-Mikroskopie: Verbesserungen durch Signalverarbeitung.* In: *Proceedings Jahrestagung der Deutschen Gesellschaft für Zerstörungsfreie Prüfung (DGZfP)*, Münster 2009.

[28] M. Schickert und W. Hiller: *Automated ultrasonic scanning and imaging system for application in civil structures.* In: *Proceedings of 10th ECNDT - European Conference for Nondestructive Testing*, Moscow 2010.

[29] E. Kühnicke: *Three-dimensional waves in layered media with nonparallel and curved interfaces: A theoretical approach.* J. Acoust. Soc. Am., 100(2):1996, 709–716.

[30] M. Spies: *Transducer modeling in general transversely isotropic media via point-source-synthesis: Theory*. Journal of Nondestructive Evaluation, 13(2):85–99, 1994.

[31] F. Schubert, A. Peiffer, B. Köhler und T. Sanderson: *The elastodynamic finite integration technique for waves in cylindrical geometries*. J. Acoust. Soc. Am., 104(5):2604–2614, 1998.

[32] R. Marklein: *Numerische Verfahren zur Modellierung von akustischen, elektromagnetischen, elastischen und piezoelektrischen Wellenausbreitungsproblemen im Zeitbereich basierend auf der Finiten Integrationstechnik*. Dissertation, Universität Kassel, 1997.

[33] J. Hegemann: *Simulation und Bewertung von Porosität in CFK mit Ultraschall*. Dissertation, TU München, 2009.

[34] K.-J. Langenberg, R. Marklein und K. Mayer: *Theoretische Grundlagen der zerstörungsfreien Materialprüfung mit Ultraschall*. Oldenbourg Verlag, München 2009.

[35] A. Peiffer, B. Köhler und S. Petzold: *The acoustic finite integration technique for waves in cylindrical geometry*. J. Acoust. Soc. Am., 102(5):697–706, 1997.

[36] K. Nakahata, J. Tokunaga, K. Kimoto und S. Hirose: *A large scale simulation of ultrasonic wave propagation in concrete using parallelized EFIT*. Journal of Solid Mechanics and Materials Engineering, 2(11):1462–1469, 2008.

[37] F. Schubert: *Ausbreitungsverhalten von Ultraschallimpulsen in Beton und Schlussfolgerungen für die zerstörungsfreie Prüfung*. Dissertation, Technische Universität Dresden, 1999.

[38] T. Stepinski: *SAFT performance in ultrasonic inspection of coarse grained metals*. In: *Proceedings of 6th International Conference on NDE in Relation to Structural Integrity for Nuclear and Pressurized Components*, Budapest 2007.

[39] L. von Bernus, A. Bulavinov, D. Joneit, M. Kröning, M. Dalichov und K.M. Reddy: *Sampling Phased Array a new technique for signal processing and ultrasonic imaging*. In: *Proc. 9th ECNDT*, Berlin 2006.

[40] S. J. Rupitsch und B. G. Zagar: *Acoustic microscopy technique to precisely locate layer delamination*. IEEE Transactions on Instrumentation and Measurement, 56(4):1429–1434, 2007.

[41] L. Yu und V. Giurgiutiu: *In-situ optimized PWAS phased arrays for Lamb wave Structural Health Monitoring*. Journal of Mechanics of Materials and Structures, 2(3):459–487, 2007.

[42] K. Nakahata, F. Schubert und B. Köhler: *3-D image-based simulation for ultrasonic wave propagation in heterogeneous and anisotropic materials*. In: *Review of Progress in Quantitative Nondestructive Evaluation*, San Diego 2010.

[43] M. Jobst und G.D. Conolly: *Demonstration of the application of the Total Focusing Method to the inspection of steel welds*. In: *10th ECNDT- European Conference for Nondestructive Testing*, Moscow 2010.

[44] O. Casula, G. Toullelan, O. Roy und P. Dumas: *Ultrasonic inspection through complex surfaces with flexible arrays*. In: *10th ECNDT- European Conference for Nondestructive Testing*, Moscow 2010.

[45] F. Schubert und B. Lamek: *3-D ultrasonic transducer modeling using the Elastodynamic Finite Integration Technique in combination with Point-Source-Synthesis.* In: *Proceedings of International Workshop NDT in Progress*, Prague 2007.

[46] B. Lamek und F. Schubert: *Dreidimensionale Berechnung des transienten Schallfeldes von Ultraschallwandlern basierend auf einer schnellen Hybridtechnik.* In: *Proceedings of DAGA - Jahrestagung der Deutschen Gesellschaft für Akustik*, Dresden 2008.

[47] B. Lamek und F. Schubert: *Simulation platform for modeling and optimization of ultrasonic sensors.* In: *Proceedings of Eurosensors XXII - International Conference of Sensors, Actuators and Microsystems*, Dresden 2008.

[48] B. Lamek, S. Creutz, F. Schubert und G. Gerlach: *Effektive Techniken zur Schallfeldberechnung von mehrkanaligen Ultraschallwandlern.* In: *Proceedings of 20. Symposium Simulationstechnik der Arbeitsgemeinschaft Simulation in der Gesellschaft Informatik*, BTU Cottbus 2009.

[49] F. Schubert und B. Lamek: *Efficient calculation of guided wave phased array wave fields based on symmetry principles.* In: *Proceedings of International Workshop NDT in Progress*, Prague 2009.

[50] F. Schubert und B. Lamek: *Fast numerical calculations of transient 3-D phased array wave fields based on symmetry and reciprocity principles.* In: *Proceedings of 10th ECNDT - European Conference for Nondestructive Testing*, Moscow 2010.

[51] F. Schubert und B. Lamek: *Wellenfeldoptimierung von Ultraschallwandlern.* Jahresbericht des Fraunhofer IZFP, Seiten 51–52, Dresden 2009.

[52] `http://de.wikipedia.org/wiki/Zylinderkoordinaten`, März 2011.

[53] M. Fink, W.A. Kuperman, J.-P. Montagner und A. Tourin: *Imaging of complex media with acoustic and seismic waves.* Springer Verlag, 2002.

[54] X. Zhao und T. Gang: *Nonparaxial multi-Gaussian beam models and measurement models for phased array transducers.* Ultrasonics, 49(1):126–130, 2009.

[55] L.W. Schmerr und S.-J. Song: *Ultrasonic Nondestructive Evaluation Systems: Models and Measurements.* Springer Verlag, 2007.

[56] L. W. Schmerr: *Fundamentals of ultrasonic nondestructive evaluation: A modeling approach.* Plenum Press New York, 1998.

[57] J. Krautkrämer und H. Krautkrämer: *Werkstoffprüfung mit Ultraschall.* Springer Verlag, 1986.

[58] R.O. Claus und P.S. Zerwekh: *Ultrasonic transducer with a two-dimensional Gaussian field profile.* IEEE Transactions on sonics and ultrasonics, 30(1):36–39, 1983.

[59] C. Richter: *PCUS pro Array (Phased Array Ultrasound Frontend).* Datenblatt, Dresden 2010.

[60] `http://www.sonotec.de`, April 2011.

[61] K.J. Langenberg, A. Shlivinski, R. Marklein, V. Schmitz und W. Müller: *Fehlerabbildung in Mischschweißnähten mit einem angepassten SAFT-Algorithmus.* In: *Proceedings Jahrestagung der Deutschen Gesellschaft für Zerstörungsfreie Prüfung (DGZfP)*, Rostock 2005.

[62] M. Krüger und G. Mook: *Schadensdetektion adaptiver CFK-Piezokeramik-Verbunde mit Hilfe der Scanning Laser Vibrometrie*. In: *Proceedings der Jahrestagung der Deutschen Gesellschaft für Zerstörungsfreie Prüfung (DGZfP)*, Rostock 2005.

[63] J.J. Wen und M.A.Breazeale: *A diffraction beam field expressed as the superposition of Gaussian beams*. Journal of the Acoustical Society of America, (83):1752–1756, 1988.

Lebenslauf

Persönliche Daten

Name:	Bożena Zofia Lamek-Creutz
Geboren am:	15. Juli 1982

Berufserfahrung

01.01.2011 – 30.06.2011	Projektleiterin im BMBF-Projekt „Aufbau einer deutsch-polnischen Kooperation auf dem Gebiet der zerstörungsfreien Mikro- und Nanoprüftechnik“ am Fraunhofer IZFP-D
01.10.2007 – 31.12.2010	Doktorandin am Fraunhofer IZFP-D
01.04.2007 – 30.09.2007	WHK am Fraunhofer IZFP-D

Ausbildung

01.10.2007 – 30.05.2011	Promotionsstudium an der TU Dresden, Fakultät Elektrotechnik und Informationstechnik
2003 – 2007	Hauptstudium an der TU Dresden, Fakultät Elektrotechnik und Informationstechnik, Studiengang Elektrotechnik
2001 – 2003	Grundstudium an der TU Wrocław (Polen), Fakultät Elektronik, Studiengang Elektronik und Telekommunikation
1996 – 2001	Alexander-Fredro-Gymnasium in Wrocław (Polen), bilinguale Klasse mit der deutschen Sprache

Stipedien und Auszeichnungen

01.10.2007 – 30.09.2010	Stipendiatin des Doktorandinnenprogramms der FhG
01.03.2008 – 30.09.2010	Kollegiatin im Graduiertenkolleg 1401/1 der DFG „Nano- und Biotechniken für das Packaging elektronischer Systeme”
01.10.2007 – 01.10.2008	Mentee im Mentoringprogramm der FhG
2004 – 2007	Stipendium der Gesellschaft von Freunden und Förderern der TU Dresden
2005 – 2006	Stipendium „Leonardo-da-Vinci” der Europäischen Kommission
2003 – 2004	Stipendium an der TU Dresden im Rahmen des „Socrates-Erasmus”-Programms
2000	Stipendium des Pädagogischen Austauschdiensts für junge Ausländer in der „Europa Schule” in Bornheim bei Bonn

Praktika

2006 – 2007	SHK am Fraunhofer IZFP-D
2006	SHK im Institut für Festkörperelektronik der TU Dresden
2005/2006	Fachpraktikum am Fraunhofer IKTS
2004 – 2005	SHK im Institut für Akustik und Sprachkommunikation der TU Dresden
2004	Grundpraktikum im Konstruktionsbüro für Maschinenbau in Wrocław (Polen)

Sonstige Tätigkeiten und Weiterbildungskurse

November 2010	DGM-Weiterbildungskurs „Nanoanalytik“
Januar 2009	Weiterbildungskurs „Projektmanagment“ der Fraunhofer Zentrale
März 2009	Zertifizierungskurs „Ultraschallprüfung Stufe 1 (UT1)” der DGZfP
Sommersemester 2008	Businessplan Seminar im Rahmen des DFG-Graduierenkollegs 1401/1
2008 – 2009	Weiterbildungsseminare im Rahmen des Doktorandinnen- und Mentoringprogramms der FhG, u.a. „Der Weg zur erfolgreichen Promotion”, „Konfliktmanagment”
2005 – 2006	Tätigkeit als studentische Tutorin im Rahmen des Projektes „Betreutes Studium” des Akademischen Auslandsamts an der TU Dresden
2004 – 2005	Nebentätigkeit als Dolmetscherin (Deutsch-Polnisch) im EU-Projekt „FOPES” (Fortbildung von pädagogischen Personal für Schülerbegegnungen) im Rahmen des Socrates-Comenius-2.1-Programms, Bayerische Akademie für Schullandheimpädagogik, Nürnberg

EDV-Kenntnisse

Betriebssysteme	Windows, Linux
Programmierung	C, Visual Basic for Applications, Fortran
Mathematische Tools	Matlab, Octave
Andere	AutoCad
Textsatzsysteme	LaTeX

Sprachkenntnisse Polnisch (Muttersprache), Deutsch, Englisch, Französisch

Veröffentlichungsliste

1 **B. Lamek**, C. Richter, M. Arnold, F. Schubert, G. Gerlach, Imaging techniques for scanning acoustic microscopy based on multi-channel ultrasonic transducers, In: Proceedings of EAA Euroregio, European Congress on Sound and Vibration, Ljubljana 2010.

2 F. Schubert, **B. Lamek**, Fast numerical calculations of transient 3-D phased array wave fields based on symmetry and reciprocity principles. In: Proceedings of 10th ECNDT- European Conference for Nondestructive Testing, Moscow 2010.

3 F. Schubert, **B. Lamek**, Wellenfeldoptimierung von Ultraschallwandlern (im Jahresbericht des Fraunhofer IZFP-D), Dresden 2009.

4 F. Schubert, **B. Lamek**, Efficient calculation of quided wave phased array wave fields in plates and pipes based on symmetry and reciprocity principles, In: Proceedings of 5th NDT in Progress – Int. Workshop of NDT Experts, Prague, October 12-14, 2009.

5 **B. Lamek**, S. Creutz, F. Schubert, G. Gerlach, Effektive Techniken zur Schallfeldberechnung von mehrkanaligen Ultraschallwandlern, In: Proceedings of 20. ASIM Symposium für Simulationstechnik, Brandenburgische Technische Universität, Cottbus, 23-25.09.2009.

6 S. Walter, K. Nieweglowski, L. Rebenklau, K.-J. Wolter, H. Heuer, **B. Lamek**, N. Meyendorf, Manufacturing and electrical interconnection of piezoelectric 1-3 composite materials for phased array ultrasonic transducers, 31st International Spring Seminar on Electronics Technology, Budapest 2008.

7 **B. Lamek**, F. Schubert, Dreidimensionale Berechnung des transienten Schallfeldes von Ultraschallwandlern basierend auf einer schnellen Hybridtechnik, Berichtsband zur Jahrestagung der Deutschen Gesellschaft für Akustik DAGA, Dresden 2008.

8 **B. Lamek**, F. Schubert, Simulation platform for modeling and optimization of ultrasonic sensors, Eurosensors-XXII International Conference for Sensors, Actuators and Microsystems, Dresden 2008.

9 F. Schubert, **B. Lamek**, 3D ultrasonic transducer modeling using the Elastodynamic Finite Integration Technique in combination with point-source-synthesis, 4th Workshop "NDT in Progress", Prague 2007.

10 **B. Lamek**, Optimierung eines Ringarrays zur Bestimmung von Krümmungsradien, Diplomarbeit, TU Dresden, 2007.

11 F. Schubert, B. Frankenstein, D. Hentschel, K.-J. Fröhlich, M. Küttner, **B. Lamek**, R. Petricevic, J. Schwenkkros, K. Kerkhof, Guided wave based structural health monitoring of industrial piping systems, Berichtsband zur Jahrestagung der Deutschen Gesellschaft für Zerstörungsfreie Prüfung (DGZfP), Fürth 2007.

12 F. Schubert, B. Frankenstein, K.-J. Fröhlich, M. Küttner, **B. Lamek**, L. Schubert, Structural Health Monitoring (SHM) mit geführten elastischen Wellen am Beispiel von Rohrleitungen und Windkraftflügeln, Workshop „Moderne Systemtechnik bei Prüfungen mit Ultraschall", Wuppertal 2007.

13 T. Rödig, A. Schönecker, **B. Lamek**, Design and characterisation of 1-3 ultrasonic composites with randomly spaced PZT fibers using ultra fast laser and hydrophone measurements, Actuator - 10th International Conference on New Actuators, Bremen 2006.

14 T. Rödig, A. Schönecker, A.-C. Hladky, **B. Lamek**, Design and characterisation of focusing ultrasonic composites using ATILA and ultra fast laser measurements, Actuator - 10th International Conference on New Actuators, Bremen 2006.